Eine neue, ebenso realistische wie kritische Wahrnehmung von Technik ist dringend gefragt.
Der Schweizer Wissenschaftsjournalist Marcel Hänggi untersucht in zwölf Fortschrittsgeschichten, wie technischer Wandel zustande kommt, wie wir ihn wahrnehmen und was er der Gesellschaft bringt. Abschließend münden seine Überlegungen in der Vision einer Welt in 30 Jahren, die verantwortungsvoll mit Technik umgeht.

Marcel Hänggi hat an der Universität Zürich Geschichte studiert. Er arbeitet seit 1996 als Journalist und war unter anderem Auslandsredakteur der *Weltwoche* und Wissenschaftsredakteur der *Wochenzeitung*. Seit 2007 ist er freischaffender Wissenschaftsjournalist. 2007 erhielt er den Zürcher Journalistenpreis.

Weitere Informationen, auch zu E-Book-Ausgaben, finden Sie bei www.fischerverlage.de

Marcel Hänggi

Fortschrittsgeschichten
Für einen guten Umgang mit Technik

FISCHER Taschenbuch

Entwürfe für eine Welt mit Zukunft
Herausgegeben von Harald Welzer und Klaus Wiegandt

MIX
Papier aus verantwor-
tungsvollen Quellen
FSC® C083411

Erschienen bei FISCHER Taschenbuch
Frankfurt am Main, März 2015

© S. Fischer Verlag GmbH, Frankfurt am Main 2015

Satz: Dörlemann Satz, Lemförde
Druck und Bindung: CPI books GmbH, Leck
Printed in Germany
ISBN 978-3-596-03220-4

Für Sarah

Inhalt

Entwürfe für eine Welt mit Zukunft

Das 19. und 20. Jahrhundert waren die Epoche der expansiven Moderne. Immer weitere Teile der Welt folgten dem wachstumswirtschaftlichen Pfad, ihre Bewohnerinnen und Bewohner erlebten materiellen und vor allem auch immateriellen Fortschritt: die Gesellschaften demokratisierten sich, wurden freiheitliche Rechtsstaaten, Arbeitsschutzrechte, Bildungs-, Gesundheits- und Sozialversorgung wurden erkämpft. Im 21. Jahrhundert, da die Globalisierung fast den ganzen Planeten in den wachstumswirtschaftlichen Sog gezogen, aber dabei keineswegs überall Freiheit, Demokratie und Recht etabliert hat, stehen wir vor der Herausforderung, den erreichten zivilisatorischen Standard zu sichern, denn dieser gerät immer mehr unter den Druck von Umweltzerstörung, Ressourcenkonkurrenz, Klimaerwärmung – um nur einige der gravierendsten Probleme zu nennen. Wie sieht eine moderne Gesellschaft aus, die nicht mehr dem Prinzip der immerwährenden Expansion folgt, sondern gutes Leben mit nur einem Fünftel des heutigen Verbrauchs an Material und Energie sichert? Das weiß im Augenblick niemand; einen Masterplan für eine solche Moderne gibt es nicht. Wir brauchen daher Zukunftsbilder, die die Lebensqualität in einer nachhaltigen Moderne vorstellbar machen und mit den Entwürfen einer anderen Mobilität, einer anderen Ernährungskultur, eines anderen Bauens und Wohnens die Veränderung der gegenwärtigen Praxis attraktiv und nicht abschreckend erscheinen lassen.

Deshalb haben wir für die Buchreihe »Entwürfe für eine
Welt mit Zukunft« Wissenschaftlerinnen und Wissenschaftler gebeten, konkrete Utopien künftiger Wirtschafts- und Le-
benspraktiken zu skizzieren. Konkrete Utopien, das heißt:
Szenarien künftiger Wirklichkeiten, die auf der Basis heute
vorliegender technischer und sozialer Möglichkeiten herstell-
bar sind. Erst vor dem Hintergrund solcher Zukunftsbilder
lässt sich abwägen, welche Entwicklungsschritte heute sinnvoll sind, um sich in Richtung einer wünschenswerten Zukunft aufzumachen. Anders gesagt: Ohne Zukunftsbilder lässt
sich weder eine gestaltende Politik denken noch die Rolle, die
die Zivilgesellschaft für eine solche Politik spielt. Wenn Politik und Zivilgesellschaft wie Kaninchen vor der Schlange ausschließlich auf die Bewahrung eines fragiler werdenden status
quo fixiert sind, verlieren sie die Fähigkeit, sich auf ein anderes Ziel zuzubewegen. Sie verbleiben in der schieren Gegenwart, was in einer sich verändernden Welt eine tödliche Haltung ist.

Nach 18 Bänden der ebenfalls im Fischer-Taschenbuch erschienenen Vorgängerreihe, die unter großer öffentlicher Re-
sonanz eine wissenschaftliche Bestandsaufnahme des natura-
len status quo der Erde in den einzelnen Dimensionen von
den Ozeanen bis zur Bevölkerungsentwicklung vorgelegt hat,
wenden wir nun also den Blick von der Gegenwart in die
Zukunft – in der Hoffnung, konkrete Perspektiven für die
Gestaltungsmöglichkeiten einer nachhaltigen modernen Gesellschaft aufzuzeigen, Perspektiven, die der Politik wie den
Bürgerinnen und Bürgern Mut machen, ihre Handlungsspiel-
räume zu nutzen und Wege zum guten Leben einzuschlagen.

Harald Welzer & Klaus Wiegandt

Vorwort von Harald Welzer

Wenn man dieses Buch gelesen hat, ist man erheblich klüger, als man vor seiner Lektüre war. Gut, mit einer solchen Erwartung macht man sich ans Lesen eines jeglichen Sachbuchs, aber nur selten wird sie so eindrucksvoll erfüllt wie hier. Das liegt weniger an der Fülle »neuester Forschungsergebnisse«, die hier ausgebreitet würden, noch liegt es an mundgerecht aufbereiteten Diagrammen und Bildchen, die scheinbar komplizierte Sachverhalte auch »dem interessierten Laien« verständlich machen. Nein, es liegt daran, dass Marcel Hänggi den Blick auf etwas verändert, was man gut zu kennen meint: nämlich den Fortschritt. Hänggis Fallgeschichten sind weder fortschritts- noch kulturkritisch in einem trivialen Sinn, sie richten sich vielmehr auf das Jagen der Mythen, die mit dem Fortschritt verbunden sind. Die Dampfmaschine stand am Beginn der industriellen Revolution? Gutenbergs Bibel am Anfang der massenweisen Verbreitung von Schrifttum? Das Rad wurde einmal erfunden und dann war es da? Man kann in Hänggis Fallgeschichten aus der Technikgeschichte eine Menge darüber lernen, wie sich bestimmte Techniken ausgebreitet haben und andere vergessen worden sind, und dabei lernt man zugleich, dass Einsatz und Durchsetzung von Techniken weniger mit ihnen, den Techniken selbst, zu tun haben, sondern viel mehr mit der kulturellen Situation, in der sie zum Einsatz kommen oder eben auch nicht. Alle hier versammelten Fallgeschichten sollten Pflichtlektüre für jene Apolo-

geten des »technischen Fortschritts« sein, die die Lösung von
Gegenwartsproblemen vom Klimawandel bis zum Artenster-
ben, von wachsender sozialer Ungleichheit bis zur überdre-
henden Beschleunigung moderner Lebensverhältnisse davon
erwarten, dass »die Ingenieure« schon etwas dagegen erfinden werden. Das Gegenteil ist richtig: viele dieser Probleme
gibt es nicht trotz, sondern wegen des Technikeinsatzes, und
zwar eines solchen, der sich über die kulturellen Bedingungen
und Folgen des Einsatzes keine Rechenschaft abgelegt hat.

»Die neuen Energien des 19. Jahrhunderts – Erdöl, Erdgas und
elektrischer Strom aus Wasserkraft – haben die alten Energien nicht abgelöst, sondern die Menschheit verbraucht mehr
Brennholz und mehr Kohle denn je, und nie zuvor wurden
weltweit so viele kohlegetriebene Dampfmaschinen respektive Dampfturbinen gebaut wie heute. Die Moderne verbraucht mehr Stein als die Steinzeit, mehr Eisen als die Eisenzeit, mehr Kohle als das ›Kohlezeitalter‹. Und es gibt keinen Grund anzunehmen, die aktuelle Förderung erneuerbarer
Energie würde den Verbrauch der nicht erneuerbaren Energien verdrängen, solange diese nicht aktiv zurückgebunden
werden.« Warum? Weil alle diese Erfindungen in einer expansiven Kultur eingesetzt werden, und die hat es an sich,
dass sie alles, aus dem sich »mehr« machen lässt, auch benutzt. In einer solchen Kultur wird nicht ersetzt, sondern addiert, das Ergebnis können wir an den jährlichen Steigerungs-
raten von Material- und Energieeinsatz, von Emissionen und
Müll ablesen.

Und hier kommt noch ein weiterer Aspekt ins Spiel, der
Hänggis Buch so erhellend macht: Der Begriff des Fortschritts
ist eigentlich nur zu gebrauchen, wenn er sich auf einen ge-

sellschaftlichen Wert bezieht – also etwa die Einführung
erneuerbarer Energieträger nicht mit »höherer Effizienz«
oder »geringeren Emissionen« begründet, sondern damit,
dass man in einer Gesellschaft leben möchte, die in ihre Vorstellung vom guten Leben einschließt, dass es nicht auf Kosten von anderen geführt wird. Ein solcher Fortschrittsbegriff
hängt also an einer ganz und gar untechnischen Kategorie:
nämlich am »guten Leben«, was den demokratischen Streit
darüber, was das sein kann, natürlich nicht ausschließt. Er
hängt aber eben nicht an der Technik selbst, die ist bloß ein
Mittel und niemals Zweck.

Hänggi zeigt aber auch, wie der Fortschrittsbegriff zunehmend abgelöst worden ist durch den Begriff »Innovation«,
dem schon genügt, wenn etwas neu ist, gleichgültig, ob es
auch »gut« in einem kulturellen Sinn ist. Sein Buch setzt den
Fortschrittsbegriff kritisch wieder ins Recht und verteidigt
ihn gegen leerlaufende Innovationen und Technikeinsätze,
deren Sinn sich eben nicht aus sich selbst heraus begründet. Deshalb schreibt er nach seinen Fallgeschichten die Geschichte des Fortschritts in die Zukunft hinein fort und zeigt
eindrucksvoll, dass eine Welt mit Zukunft ohne utopischen
Vorgriff weder gedacht noch gemacht werden kann. Anders gesagt: Eine künftige, nachhaltige, reduktive Gesellschaft braucht
eine Vorstellung davon, welchen Fortschritt sie braucht. Der
Pfadwechsel von der fortschreitenden Naturzerstörung durch
marktgesteuerten Technikeinsatz zu einem Stoffwechsel zwischen Menschen und Naturbedingungen, in dem der Einsatz
von ökonomischen und technischen Mitteln kulturell bestimmt wird, wird ohne einen Schritt fort vom immer Mehr
zum immer Weniger nicht gelingen.

Fortschritt? Eine Einleitung

> Der Ruf nach Innovation ist, paradoxerweise, ein belieb-
> ter Weg, Veränderungen abzuwehren, wenn sie nicht
> erwünscht sind. Das Argument, die Wissenschaft und
> die Technik der Zukunft würden mit dem Klimawandel
> schon fertig, ist ein Beispiel dafür. (…) Technik war nicht
> generell eine revolutionäre Kraft; sie war ebenso sehr da-
> für verantwortlich, dass die Dinge blieben, wie sie waren,
> wie dafür, sie zu verändern.
>
> *David Edgerton*[1*]

Dieses Buch erzählt Geschichten vom technischen Wandel.
»Fortschrittsgeschichten« nenne ich sie, nicht um zu behaupten, jede stelle einen Mosaikstein dar im Bild des großen Fort-
schreitens der Menschheit. Es sind Geschichten von Fort-
schritten und Rückschritten, und inwieweit sich diese in der
Gesamtbilanz zu »Fortschritt« addieren – oder allenfalls zu
»Rückschritt« –, das ist auf den zweiten Blick meist weniger
eindeutig, als es auf den ersten scheint. Die Geschichten sind
Anlass, darüber nachzudenken, was »Fortschritt« ist oder sein
könnte.

Bevor ich aber mit Erzählen beginne, will ich mich Fortschrittsgeschichten zuwenden, die jemand anderes erzählt hat

---

und die mir beim Schreiben dieses Buchs über den Weg gelaufen sind.

Im November 2013 publizierte die US-amerikanische Monatszeitschrift *The Atlantic* eine Rangliste der »fünfzig wichtigsten Durchbrüche seit dem Rad«.[2] Die Liste beruhte auf einer Umfrage unter vier Expertinnen und acht Experten in den USA – Technik- und Wirtschaftshistoriker, Ökonominnen, Unternehmerinnen, Ingenieure. Jeder »Durchbruch« war mit einer Zeitangabe versehen. Es lohnt sich, etwas bei der *Atlantic*-Liste zu verweilen.

Die Menschheit sieht sich heute von Problemen herausgefordert, die in ihren Dimensionen neu sind. Zu einem Gutteil hat der Mensch – mit seiner Technik – die Probleme selbst zu verantworten. Die Selbstzerstörung der menschlichen Zivilisation ist technisch möglich. Welche Rolle man der Technik bei der Lösung der Probleme zuschreibt, hängt davon ab, wie man Technik wahrnimmt: welche Geschichten man sich über Technik und technischen »Fortschritt« erzählt. Auf der Suche nach einem guten Umgang mit Technik weisen falsche Vorstellungen davon, wie Technik sich wandelt und was sie dabei bewirkt, in falsche Richtungen.

Mehreren Techniken, die der *Atlantic* auf seine Liste gesetzt hat, widme auch ich in diesem Buch ein Kapitel. Das hat weniger damit zu tun, dass ich die Wichtigkeit dieser Techniken gleich einschätzen würde wie die Jury des *Atlantic*. Die Liste enthält einige offensichtliche Absurditäten – jede Liste würde solche enthalten –, so etwa die zufälligen Nachbarschaften: Das Telefon belegt Platz 24, darauf folgt die Schrift; die Anästhesie auf Platz 46 wird gefolgt vom Nagel – als könnte man die Wichtigkeit des Nagels mit der der Anästhesie, die der Schrift mit der des Telefons vergleichen! Die Parallelen zwischen den »Durchbrüchen« auf der Liste

»Die fünfzig größten Durchbrüche seit dem Rad« laut *The Atlantic* vom November 2013.

1. Die Druckerpresse (1430er Jahre)	26. Der Telegraf (1837)
2. Die Elektrizität (19. Jahrhundert)	27. Die mechanische Uhr (15. Jahrhundert)
3. Das Penicillin (1928)	28. Der Funk (1906)
4. Die Halbleiter-Elektronik (Mitte 20. Jahrhundert)	29. Die Fotografie (frühes 19. Jahrhundert)
5. Optische Linsen (13. Jahrhundert)	30. Der Wendepflug (18. Jahrhundert)
6. Das Papier (2. Jahrhundert)	31. Die archimedische Schraube (3. Jahrhundert v. Chr.)
7. Der Verbrennungsmotor (spätes 19. Jahrhundert)	32. Die Egreniermaschine (Cotton Gin) (1793)
8. Die Impfung (1796)	33. Die Pasteurisierung (1863)
9. Das Internet (1960er Jahre)	34. Der gregorianische Kalender (1582)
10. Die Dampfmaschine (1712)	35. Die Ölraffinierung (Mitte 19. Jahrhundert)
11. Die Stickstofffixierung (Haber-Bosch-Verfahren) (1918)	36. Die Dampfturbine (1884)
12. Die Abwasserkanalisation (Mitte 19. Jahrhundert)	37. Der Zement (1. Jahrtausend v. Chr.)
13. Die Kühltechnik (1850er Jahre)	38. Die wissenschaftliche Pflanzenzucht (1920er Jahre)
14. Das Schießpulver (10. Jahrhundert)	39. Die Ölbohrung (1859)
15. Das Flugzeug (1903)	40. Das Segelschiff (4. Jahrtausend v. Chr.)
16. Der Personal Computer (1970er Jahre)	41. Die Rakete (1926)
17. Der Kompass (12. Jahrhundert)	42. Das Papiergeld (11. Jahrhundert)
18. Das Auto (spätes 19. Jahrhundert)	43. Der Abakus (3. Jahrtausend v. Chr.)
19. Die industrielle Stahlproduktion (1850er Jahre)	44. Die Klimaanlage (1902)
20. Die Anti-Baby-Pille (1960)	45. Das Fernsehen (frühes 20. Jahrhundert)
21. Die Atomspaltung (1939)	46. Die Anästhesie (1846)
22. Die »Grüne Revolution« (Mitte 20. Jahrhundert)	47. Der Nagel (2. Jahrtausend v. Chr.)
23. Der Sextant (1757)	48. Der Hebel (3. Jahrtausend v. Chr.)
24. Das Telefon (1876)	49. Das Fließband (1913)
25. Die Schrift (1. Jahrtausend v. Chr.)	50. Der Mähdrescher (1930er Jahre)

und den Techniken, deren Geschichten ich in diesem Buch zu
zeichnen versuche, haben damit zu tun, dass ich mich hier für
die Wahrnehmung von Technik interessiere. So wenig eine
Rangliste dafür taugt, der »tatsächlichen« Bedeutung von Einzeltechniken gerecht zu werden, gibt die Liste des *Atlantic*
doch ein recht gutes Bild davon, wie ein typisches nordameri-
kanisches oder europäisches Publikum Technik *wahrnimmt*.
Man hätte mit einer anderen Jury aus demselben Kulturkreis
wohl ein ähnliches Resultat erhalten.

Die Liste impliziert eine Reihe von Aussagen über Technik:

• Technik (sagt die Liste) entwickelt sich in einer Abfolge von
  »Durchbrüchen«, die sich datieren lassen.
• Wichtige Technik ist häufiger komplex und spektakulär
  (Dampfmaschine, Flugzeug, Internet) als simpel und unscheinbar, und wenn simple Techniken wichtig sind (Papier,
  Nagel, Hebel), sind sie alt. Das Auto (Platz 18) steht weit
  oben. Das gleich alte, aber unscheinbarere Fahrrad hingegen
  fehlt, obwohl es heute weltweit von weit mehr Menschen
  benutzt wird und in der Verkehrsgeschichte lange Zeit die
  Vorreiterrolle spielte, also in gewissem Sinne »wichtiger«
  ist als das Auto. Dass eine Technik wie das Wellblech auf der
  Liste fehlt, überrascht nicht – aber ist es nicht weit »wichtiger« als etwa die Rakete (Platz 41)? Denn das Wellblech ist
  ein Paradebeispiel einer »wahrhaft globalen Technik« des
  20. Jahrhunderts, wie der Technikhistoriker David Edgerton
  festgestellt hat – gerade weil es so billig und vielseitig ver-
  wendbar ist.[3] Ohne es hätte nicht ein Ort wie Ibadan in Ni-
  geria innerhalb eines Jahrhunderts vom Marktflecken zur
  Multimillionen-Agglomeration anwachsen können.
• Technik, sagt die Liste weiter, ist häufig (und in jüngerer
  Zeit fast ausschließlich) das Werk von Männern, Ingenieu-

ren und Wissenschaftlern. Die von Ingenieuren erfundene
Konservierungstechnik des Kühlschranks findet sich auf
der Liste (Platz 13), nicht aber die Konservierungstechni-
ken des Pökelns, Räucherns, Dörrens oder Vergärens von
Lebensmitteln. Die von Louis Pasteur erfundene Pasteuri-
sierung, die Milch für einige Tage haltbar macht, steht auf
der Liste (Platz 33), nicht aber die traditionellerweise weib-
lichen Techniken des Buttermachens oder Käsens, deren
ökonomische Bedeutung lange Zeit enorm war und die die
Inhaltsstoffe der Milch für Wochen bis Jahre haltbar machen.[4] Das vor allem für die Düngerproduktion genutzte
Verfahren der Stickstofffixierung, das der Chemiker Fritz
Haber und der Ingenieur Carl Bosch erfunden haben, steht
auf der Liste (Platz 11), nicht aber die Techniken der Stickstofffixierung durch Fruchtfolgen mit geeigneten Pflanzen,
deren Erfinder und Erfinderinnen niemand kennt.

- Technik ist westlich: Als Zeitangabe zur Druckerpresse
(Platz 1) nennt *The Atlantic* die 1430er Jahre. Aber in China
kannte man sie seit dem 8. Jahrhundert. Die landwirtschaftlichen Techniken auf der Liste sind das Haber-Bosch-Ver-
fahren, die »Grüne Revolution« (Platz 22), der Wendepflug
(Platz 30), die wissenschaftliche Pflanzenzucht (Platz 38)
und der Mähdrescher (Platz 50): Lauter »westliche« Techniken. Mit der »Grünen Revolution« wird zwar eine Bewegung zur Modernisierung der Landwirtschaft außerhalb der westlich-industrialisierten Welt im 20. Jahrhundert
bezeichnet, aber diese »Modernisierung« hatte die Nachah-
mung »westlicher« Landwirtschaft zum Inhalt. Nähme man
eine globale Perspektive ein, verlören die aufgelisteten Techniken viel von ihrer Bedeutung: Die intensivsten Agrar-
kulturen der Welt befinden sich in Südostasien und Japan,
wo Wendepflug und Mähdrescher nutzlos sind, und auf

den tropischen, erosionsanfälligen Böden Afrikas hat der
Pflug mehr Verheerungen angerichtet als Nutzen gestiftet.[5]
(Selbst für Europa könnte man argumentieren, der simple
Spaten sei historisch wichtiger gewesen als der so oft ins
Zentrum der Agrargeschichte gerückte Pflug: Im vormoder-
nen Europa ernteten Bauern, die ihre Felder umstachen, auf
gleicher Fläche mehr als Bauern, die pflügten.[6])

- Technik, suggeriert die Liste, ist zielgerichtet und alterna-
tivlos: Die Begründung, weshalb der Wendepflug wichtig
sei, lautet, dass es ohne ihn »die Landwirtschaft nicht gäbe,
wie wir sie in Nordeuropa oder im amerikanischen Mittleren Westen kennen«. In der Tat: Ohne Wendepflug gäbe es
dort eine andere Landwirtschaft. Aber diese andere Landwirtschaft (oder diese anderen Landwirtschaften) würde
dann vermutlich als genauso wichtig betrachtet. Das Argument sagt nichts anderes, als dass die Welt so ist, wie sie ist,
weil sie sich so entwickelt hat, wie sie sich entwickelt hat.

- Schließlich: Technik verändert Gesellschaft und Kultur. Das
ist gewiss richtig, aber in der Logik der Rangliste verläuft
die Wirkung immer in diese Richtung und nie umgekehrt.
Die Anti-Baby-Pille habe »eine soziale Revolution ausgelöst«, begründet *The Atlantic* deren Platz (20) auf der Liste –
als hätten die Menschen zuvor nicht gewusst, wie sich
Schwangerschaften verhüten lassen. Die Einführung der
Anti-Baby-Pille ging tatsächlich mit einem anderen Umgang mit Sex einher, was zu sozialen Umwälzungen beitrug – aber neu war vor allem, dass die Pille die Verhütung
zur Sache der Medizin machte und sie so vom Schmuddel-
Image befreite, das dem Präservativ anhaftete. Das war ein
in erster Linie kultureller und kein technischer Wandel,
und wäre die Pille nicht in eine Zeit sozialen Aufbruchs ge-
fallen, stünde sie heute wohl nicht auf der Liste.

Die populäre Wahrnehmung von Technik, wie die *Atlantic*-Rangliste sie widerspiegelt, ist die Geschichte vom Fortschritt. Sie lässt sich in großen Linien erzählen: vom Höhlenbewohner, der das Feuer beherrschen und Geräte herstellen lernt, über den Bauern, der Pflanzen und Tiere domestiziert, später die Metallbearbeitung erlernt, um Ackergeräte und Waffen herzustellen, mit denen er Land urbar macht und Reiche aufbaut, weiter zum modernen Menschen, der die Wissenschaft entdeckt und das mythische Denken überwindet, die Welt verstehen und dadurch noch besser beherrschen lernt.

Diese Fortschrittsgeschichte hält einer kritischen Betrachtung nicht stand, und davon handelt dieses Buch.

Aber was ist das: *Fortschritt?*

Die Idee, die Menschheit schreite fort in eine bessere Zukunft, kommt in Europa im 16. Jahrhundert auf und wird zunächst vor allem wissenschaftlich-technisch verstanden. Der Begriff »*progrès*« entsteht im Frankreich des 18. Jahrhunderts, woraus in Deutschland ab etwa 1800 der »Fortschritt« wird. Er ist verbunden mit dem Liberalismus (und mit dem später aus dem Liberalismus entstehenden Sozialismus), der die Ordnung der Welt nicht wie der Konservatismus für gott- oder naturgegeben, sondern für veränderbar hält. Aber schon im frühen 19. Jahrhundert wird »Fortschritt« zu einem Schlagwort, ideologisch vereinnahmt von verschiedensten Seiten.[7]

Der Begriff taugt nicht mehr viel. Und kann man noch von »Fortschritt« sprechen, nachdem seit der Terrorherrschaft der Jakobiner 1793/94 so viele Verbrechen in seinem Namen verübt wurden? Ist die Menschheitsgeschichte überhaupt eine Fortschrittsgeschichte, das heißt: Geht es den Menschen von heute besser als einst?

Ohne Zweifel gab es Fortschritte. Wenn für eine bis dahin

unheilbare Krankheit eine Therapie gefunden wird, ist das ein
medizinischer Fortschritt. Wenn man sich das Ziel setzt, seine
Feinde effizient extralegal hinrichten zu können, ist auch die
Drohne ein Fortschritt. In den letzten 200 Jahren hat der materielle Wohlstand immens zugenommen, die Lebenserwar-
tung ist gestiegen, und das waren Fortschritte, auch wenn der
Wohlstand äußerst ungleich verteilt ist, auch wenn nicht so
einfach klar ist, dass ein längeres Leben auch ein besseres ist.
Aber summieren sich diese Fortschritte zum »Fortschritt«
im Singular? Wie sähe eine Bilanz aus, berücksichtigte man
auch die Kosten der vielen Fortschritte? Um die Frage zu beantworten, müsste man allzu vieles miteinander verrechnen,
was sich nicht verrechnen lässt. Aber es könnte sein, dass sich
die Frage nach dem Fortschritt in Zukunft negativ entscheidet: Wenn die menschliche Zivilisation ihre eigenen Grundlagen zerstört. Bei allen Vorbehalten gegenüber dem Fortschrittsbegriff: Wir kommen gar nicht umhin, Fortschritt
anzustreben im Sinne einer Entwicklung, die das verhindert.

Die Selbstzerstörung der menschlichen Zivilisation ist von
einer bloß denkbaren zu einer wahrscheinlichen Option geworden. Das gab den Ansporn zu diesem Buch. Eine solche
Selbstzerstörung wäre technisch insofern, als Techniken den
Menschen befähigt haben, die Zusammensetzung der Atmosphäre zu verändern, Meere zu übersäuern, Böden zu zerstören. Mit Technik hat der Mensch das Anthropozän hervorgebracht.[8] Aber das kann nicht Anlass sein, Technik abzulehnen:
Denn die durch Technik bedrohte Zivilisation ist selber eine
in jeder Hinsicht technische. Der Mensch ist Mensch, seit
und indem er Werkzeuge benutzt. Es gibt keine Kultur ohne
Technik.
   Die drohende Zerstörung unserer Lebensgrundlagen muss

Anlass sein, nach einem zukunftsverträglichen Umgang mit
Technik und Techniken zu suchen. Ein solcher Umgang wird
nicht aus einem Set von Techniken bestehen, die, einmal für
gut befunden, für immer die richtigen sind. Er wird aus Regeln und Prozessen bestehen, wie Gesellschaften, die sich verändern, die Frage nach der richtigen Technik immer wieder
neu stellen können, und die Regeln und Prozesse selber werden sich verändern. Dafür braucht es eine realistische und
kritische Wahrnehmung von Technik jenseits von Technik-
euphorie und Technikfeindschaft. Dieses Buch will dazu beitragen.

So prekär der Begriff des »Fortschritts« ist, so unbeschwert ist
im Allgemeinen in der medialen Öffentlichkeit, in Technik-
magazinen und – vor allem – in Wirtschaft und Wirtschaftswissenschaften von ihm und verwandten Begriffen die Rede.
Wobei der zurzeit beliebteste Begriff aus dem Umfeld des
»Fortschritts« nicht dieser selbst ist, sondern die »Innovation«. Ministerien für Forschung und Technik sind in Ministerien für Forschung und Innovation umbenannt worden.[9]
Nichts, was die Werbung nicht als »innovativ« priese – vom
Küchengerät bis zur Partnervermittlung. Alles soll »innovativer« werden – vom Arbeitslosen bis zur Kunst. »Innovation«
ist ein Fetisch geworden. Dabei gab es das Wort im Deutschen
bis um 1960 gar nicht. Es ist eine Übernahme aus dem Englischen, das das Wort schon lange kennt, wo die »*innovation*«
seit ungefähr 1960 aber ebenfalls einen steilen Aufstieg erlebt.
Seit etwa 1970 verdrängt die »Innovation« den »Fortschritt«
allmählich.[10]
   Die bemerkenswerte Karriere der »Innovation« liegt in
Entwicklungen der ökonomischen Theorie begründet – sowie in Konkurrenzängsten, die mit diesen Entwicklungen

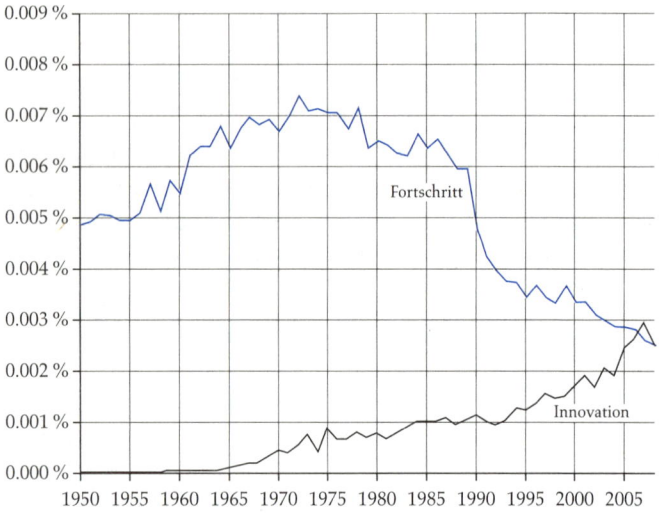

Abb. 1   Häufigkeit der Wörter »innovativ« und »fortschrittlich« in den deutschsprachigen Beständen von Google Books, 1950 bis 2008.

einhergingen. Innovation war treibender Faktor wirtschaftlicher Entwicklung im Werk Joseph Schumpeters (1883 bis 1950), vor allem in seinem 1939 (deutsch: 1963) erschienenen Buch über die Konjunkturzyklen.[11] Als Außenseiter der Wirtschaftswissenschaften war Schumpeter aber nicht allzu einflussreich.

Umso einflussreicher war dafür ein Aufsatz, mit dem der US-amerikanische Ökonom Robert Solow 1956 die sogenannte neoklassische Wachstumstheorie begründete, wofür er 1987 den Wirtschaftsnobelpreis erhielt.[12] Solow erklärt Innovation – respektive »*technical change*«, wie er sie nannte[13] – zum Motor des Wirtschaftswachstums. Hatte Schumpeter noch von »wirtschaftlicher Entwicklung« gesprochen und vor

allem qualitative Veränderungen im Auge gehabt, geht es in
der neoklassischen Wachstumstheorie nur mehr um eine –
quantitative – Zunahme des Wirtschaftsprodukts.

Solow publizierte seine Theorie, die eigentlich eher eine
Hypothese ist, zum richtigen Zeitpunkt. Ein Jahr später
schickte die Sowjetunion den Satelliten Sputnik ins Weltall
und versetzte die kapitalistische Welt in Schock: War die so-
zialistische Sowjetunion dem kapitalistischen Westen am
Ende überlegen? »Innovation« lautete die Antwort auf den
»Sputnikschock«: Wollte der Westen im Wettbewerb der Systeme nicht unterliegen, musste er innovativer werden. Vor
allem die Organisation für ökonomische Zusammenarbeit
und Entwicklung (OECD) griff den Gedanken auf und trug
viel zu seiner Popularisierung bei;[14] dazu kamen als weiterer
Verstärker die neuen Managementlehren.[15]

Die neoklassische Wachstumstheorie schloss eine Erklä-
rungslücke. Die Neoklassik als dominierende Schule der Wirtschaftswissenschaften beschreibt die Wirtschaft nämlich als
Gleichgewichtszustand. Sie hat Mühe, theoretisch zu fassen,
warum die Wirtschaft wächst: Eine Wirtschaft im Gleichgewicht dürfte eigentlich nicht wachsen respektive nur so schnell,
wie die Bevölkerung zunimmt. Solow sagte nun: Es gibt einen
Motor des Wachstums, und der heißt technischer Wandel.[16]

So wirkungsmächtig die Erklärung war, steht sie doch auf
tönernen Füßen: Solow fügte der statischen neoklassischen
Produktionsfunktion (der mathematischen Formel, die wirtschaftliche Produktion abhängig von den Inputfaktoren beschreibt)[17] einfach eine zeitabhängige Variable hinzu, von
der er selber sagte, sie sei lediglich »ein Kürzel für irgendeine
Art von Veränderung in der Produktionsfunktion«.[18] Philip
Mirowski, ein Historiker der Wirtschaftswissenschaften,
schreibt lakonisch, man »könnte versucht sein, diese Variable

›Schummelfaktor‹ zu nennen, aber Solow entschied sich, sie ›technischen Wandel‹ zu nennen.«[19] Für den Ökonomen und Theoriehistoriker Hans Christoph Binswanger hat Solow das Wachstum »in Wirklichkeit gar nicht erklärt, sondern nur postuliert«.[20] Der empirische Beleg für die Behauptung, Innovation lasse die Wirtschaft wachsen, steht bis heute aus.

Wenn eine so schwache Erklärung so viel Anklang findet, muss sie einem Bedürfnis entsprochen haben. Solows These erklärt, wie unbegrenztes Wachstum in einer begrenzten Welt möglich sein kann – etwas, was die Klassiker der Ökonomie im 18. und 19. Jahrhundert für unmöglich hielten. Ist nämlich die »Innovation« Motor des Wirtschaftswachstums (und nicht etwa die Ausbeutung von Boden, Rohstoffen und Energie), so kann die Wirtschaft immer weiter wachsen. Denn während natürliche Ressourcen endlich sind, hört die menschliche Erfindungsgabe, die der Innovation zugrunde liegt, nie auf. Im Zusammenhang mit den sich verschärfenden Umweltproblemen ist Solows These besonders attraktiv, denn die menschliche Erfindungskraft braucht sich nicht nur nicht auf: Sie stinkt auch nicht, strahlt nicht, ist nicht giftig und trägt nicht zum Treibhauseffekt bei. Die Probleme lösen, indem man innovativ ist: So lautet die tröstende Antwort auf die Herausforderungen der Gegenwart, und es stellt sich eigentlich nur die Frage, ob der technische Fortschritt schnell genug sei, um mit den wachsenden Problemen der Menschheit mitzuhalten. Wenn die Neoklassik denn recht hat.

Wer meint, sie habe recht, argumentiert gerne mit der Dampfmaschine: Dieses Produkt menschlicher Erfindungskraft habe den ungeheuren Wirtschaftsaufschwung seit der industriellen Revolution ermöglicht. Nun war die Dampfmaschine ohne Zweifel »innovativ«. Aber sie diente für lange Zeit einem einzigen Zweck, nämlich der Entwässerung von

Kohlegruben, wodurch sie die Ausbeutung von Kohlevorkommen ermöglichte, die ohne sie nicht hätten ausgebeutet werden können. Wenn die Dampfmaschine eine enorm folgenreiche technische Neuerung war, so nicht, weil sie die Industrialisierung ausgelöst hätte, wie oft behauptet wird – das tat sie nicht –, sondern weil sie das Zeitalter der fossilen Energien einläutete (vgl. Kapitel Dampf). Die Innovation konnte ihre Bedeutung nur deshalb entfalten, weil eine natürliche Ressource, die Kohle, in großen Mengen vorhanden war.

Soweit technische Neuerungen die industrielle Revolution ermöglichten, war nicht die Dampfmaschine besonders wichtig, sondern es waren die weniger spektakulären (und häufiger von Frauen bedienten) Maschinen der Textilproduktion: die *Spinning Jenny*, der Jacquard-Webstuhl oder die Egreniermaschine (*Cotton Gin*), die Baumwollfasern von den Samen trennt. Aber auch diese Maschinen konnten nur Wirkung entfalten, wenn immer mehr Rohstoff, nämlich Baumwolle, verfügbar war. Deren Produktion war ausgesprochen lukrativ – aber innovativ war sie nicht. Sie beruhte auf der uralten Technik der Ausbeutung von Menschen – Sklavinnen und Sklaven – durch Menschen, und eine ihrer wichtigsten Techniken war die Peitsche.

Wer nur von Innovation spricht, übersieht Kohle wie Peitsche.

Wenn die »Innovation« den »Fortschritt« allmählich verdrängt, so könnte man das begrüßen als eine Versachlichung, denn während der »Fortschritt« das ganze Pathos der Gesellschaftsverbesserungsansprüche der Aufklärung mitschleppt, bedeutet »Innovation« einfach »Erneuerung«. Doch wenn die »Innovation« zum Fetisch gemacht wird, ist diese Sinnreduktion ein Problem.

Der »Fortschritt« kennt im »Rückschritt« einen Gegenbegriff: Der Fortschrittsbegriff denkt mit, dass Wandel auch in
die falsche Richtung zielen kann. Zur »Innovation« gibt es
höchstens den Gegenbegriff der »Stagnation«, aber Stagnation ist nicht Wandel in eine falsche Richtung, sondern sein
bloßes Fehlen. Allenfalls könnte man in der »Veraltung« einen
Gegenbegriff der »Innovation« sehen. Doch genau besehen ist
sie ihre Voraussetzung: Was gestern neu war, muss morgen
veraltet sein, damit heute Innovation geschieht.[21]

»Innovation« interessiert sich nicht dafür, wie das Neue,
einmal eingeführt, verwendet wird.[22] Neue Techniken müssen aber angenommen (oder abgelehnt) und der Umgang mit
ihnen muss erlernt werden. Dieses Lernen – auf der gesellschaftlichen wie der individuellen Ebene – hat wenig mit Innovation und viel mit Übung, Routine und dem Erarbeiten
und Aushandeln von Regeln zu tun. Innovation wird durch
Wettbewerb motiviert: Man will besser sein als die Konkurrenz. Technik braucht aber, wie der Soziologe des Handwerks
Richard Sennett betont, sowohl Wettbewerb wie Kooperation.
Damit Kooperation klappt, braucht es Rituale der Kommunikation und verlässliche Abläufe. Moderne Managementtheo-
rien und die gegenwärtige Arbeitsethik-Rhetorik zeichnen
das Ideal des innovativen Mitarbeiters, aber wenn alle stets innovativ sein und alles neu erfinden wollten, wäre Kooperation
unmöglich.[23]

»Innovation« ist ein ahistorisches Konzept: Vorher gab es
die Sache nicht, seither schon. Da interessiert die Vergangenheit nur noch als die dunkle Folie, vor der sich die Gegenwart
umso heller abhebt: Die Zeit vor dem Buchdruck erscheint
dann als Zeit ohne intellektuellen Austausch, die vor dem
Auto als eine ohne individuelle Mobilität, die vor der »Pille«
als eine ohne sexuelle Selbstbestimmung. Oder die Ver-

gangenheit wird teleologisch gelesen, also so, dass das Neue als die notwendige Antwort auf die Vergangenheit erscheint. Wenn aber technischer Wandel weder Geschichte noch Alternative kennt, entzieht er sich der Kritik.

»Innovation« kann man einfordern, ohne über Inhalte sprechen zu müssen. Wenn die EU jeweils die »innovativste« Nation Europas kürt, tut sie das anhand von Indikatoren wie der Zahl der Patente und der Hochschulabgänger oder der Höhe der Forschungs- und Entwicklungsausgaben. Ob die Patente relevant sind oder die Forschung sinnvolle Resultate ergibt, spielt keine Rolle. Der Sinn solcher »Innovation« ist vor allem einer: Wirtschaftswachstum. »80 Milliarden für Forschung und Innovation, um Wachstum und Jobs zu fördern«: Mit diesem Slogan kündigte die Europäische Kommission ihr Forschungs-Rahmenprogramm 8 (2014 bis 2020) an.[24]

Von »Innovation« zu reden, scheint vom ideologischen Ballast des »Fortschritts« zu befreien und verlangt keine Anmaßung eines Urteils, ob das Neue nun gut oder schlecht sei. Aber für den Fetisch Innovation ist einfach alles, was neu ist, gut. »Innovation« ist inhaltsleer, aber nicht ideologiefrei, denn es gibt auch eine Ideologie der Inhaltsleere: den Neoliberalismus – eine extreme, aber mächtige Sekte der neoklassischen Schule der Ökonomie.

Ihr Übervater Friedrich August von Hayek stellte die Unvorhersagbarkeit gesellschaftlicher Entwicklungen ins Zentrum seines Denkens. Der Versuch, die Zukunft vorauszuwissen – und vorauszuplanen – war ihm eine »Anmaßung von Wissen«.[25] Hayeks Skepsis ist gut begründet. Aber wenn sie dazu führt, jede politische Debatte darüber, was wünschbar sei und was nicht, abzulehnen und einzig den Markt als Instanz der Entscheidungsfindung zu akzeptieren, dann verkehrt sich der Liberalismus in sein Gegenteil, dann landet man bei Margaret Thatchers »Es gibt keine Alternative«. Dann wird, während der Neoliberalismus (zu Recht) die Offenheit und Unvorhersagbarkeit der Zukunft betont, die Gegenwart zum zwangsläufigen Resultat der Vergangenheit. Dann wird der Ruf nach Innovation zum Mittel, gesellschaftliche Veränderung abzuwehren.

»Die Wissenschaft entdeckt, das Genie erfindet, die Industrie wendet an, und der Mensch passt sich den neuen Dingen an oder wird von ihnen geformt«, lautete das Motto der Chicagoer Weltausstellung »Century of Progress« von 1933/34. Der Satz gibt einem Modell Ausdruck, das älter ist als die neoklassische Wachstumstheorie, ihr aber zugrunde liegt: Fortschritt entsteht als Abfolge von wissenschaftlicher Erkenntnis, die Innovationen auslöst, welche schließlich die Gesellschaft weiterbringen. Reduziert man dann noch die Gesellschaft auf ihr Wirtschaftsprodukt, führt das Modell zu Solows Wachstumstheorie.[26]

Die Technikgeschichten, die ich in diesem Buch erzähle, widersprechen diesem linearen Fortschrittsmodell. Technische Anwendungen können der wissenschaftlichen Entwicklung vorausgehen und gesellschaftliche Entwicklungen der technischen Innovation. Innovation kann sich auf nichtwissenschaftliche Erkenntnisformen stützen. Die Abfolge von »Alt« und »Neu« kann sich zwischen verschiedenen Kulturen unterscheiden. Neue Techniken können eine Gesellschaft ärmer statt reicher machen. Das Alte existiert häufiger neben dem Neuen weiter, als dass es von diesem verdrängt würde, und nicht selten steigert sich mit dem Neuen der Bedarf nach dem Alten noch (weshalb ich den Glauben, man werde fossile Energieträger und Atomenergie los, wenn man nur genug Windräder und Solaranlagen aufstelle, nicht teilen kann).

Und »Innovation« kann heißen, Vergessenes wieder zu aktivieren. Es wäre schwierig, Beispiele zu finden, die das lineare
Modell bestätigten.

Die Chicagoer Formulierung des linearen Fortschrittsmo-
dells ist merkwürdig paradox: Als »Genie« ist der Mensch aktiv und erfindet die »neuen Dinge«, als »Mensch« passt er sich
ihnen passiv an oder wird »von ihnen geformt«. Diese Kombination der beiden Pole – »der Mensch beherrscht die Technik«, »die Technik beherrscht den Menschen« – findet man in
techno-optimistischen Positionen häufig. Denn letztlich läuft
beides auf eine Disqualifikation jeder Kritik an Technik hinaus. Wenn nämlich der Mensch die Technik beherrscht, gibt es
keinen Grund, sich vor ihr zu fürchten: Wir haben alles im
Griff! Und wenn die Technik den Menschen beherrscht, dann
hat es keinen Sinn, gegen Technik zu sein: Der Fortschritt
lässt sich nicht aufhalten! Technikkritik ist dann Donquichot-
terie.

Aber keine der beiden Positionen ist richtig, oder beide sind
es halb. Menschen – Individuen wie Gesellschaften – können
entscheiden, welche Techniken sie wie nutzen, und sie können
auch Techniken wieder aufgeben, die sie als schädlich erkannt
haben. Verschiedene Kulturen haben auf dieselben Herausforderungen unterschiedliche Antworten gefunden und gleiche Dinge unterschiedlich genutzt. Die Freiheit ist jedoch
nicht unbegrenzt: Ein Hammer zwingt seinen Besitzer bis
zu einem gewissen Grad, ein Problem als Nagel wahrzunehmen. Man könnte das Verhältnis zwischen Mensch und Technik als ein wechselseitiges beschreiben, aber man kann mit
dem Technikphilosophen Bruno Latour auch feststellen, dass
es zwischen »Mensch« und »Technik« keine scharfe Grenze
gibt.[27] Der Mensch ist immer Mischwesen zwischen Natur
und Kultur. Ein guter Tennisspieler verschmilzt mit seinem

Schläger zu einer Einheit, der Schläger wird Teil seines Körpers – andernfalls könnte er gar nicht Tennis spielen. Wenn
jemand ein Gewehr im Anschlag hält, in einem Auto sitzt, te-
lefoniert: Immer verändert die Technik die Reichweite seines
Handelns, sein Verhalten sowie seine Wahrnehmung der Umwelt und seiner selbst.

Keine Technik kannten Adam und Eva im Paradies oder die
Menschen (Männer) im griechischen Mythos vor der Ankunft
der Pandora. Sie brauchten keine: Die Feldfrüchte wuchsen
ohne Landwirtschaft, Krankheiten gab es nicht. Erst als sie aus
dem Paradies verstoßen wurden respektive als Zeus sie mit
den Gaben der Pandora bestrafte, mussten sie zu arbeiten beginnen, und dazu brauchten sie Hilfsmittel. Denn anders als
die Tiere waren sie für das Leben auf der Welt unzureichend
gerüstet.

   Der Mythos zeichnet ein ambivalentes Bild von der Technik. Erst als Technik notwendig wird, und mit ihrer Hilfe wird
der Mensch zum Menschen und vom Tier unterschieden.
Doch mit dieser Menschwerdung verbunden ist der Verlust
des Paradieses. Die Schlange, die Eva in Versuchung brachte,
und den Gott Prometheus, der den Menschen das göttliche
Feuer schenkte, strafen die Götter gnadenlos: Die Schlange
muss fortan im Staube kriechen, Prometheus wird an den Fels
geschmiedet, und beide können gegen ihr Los nichts tun. Dagegen haben die Menschen die Technik, um Scham, Mühsal,
Hunger, Krankheit und Schmerzen zu lindern, mit denen die
Götter sie geschlagen haben. Insofern ist Technik gut – aber
ideal war die Welt, als es keine Technik brauchte. Diese Ambivalenz hat die Technik auch in der realen Welt: Das Auto,
das Telefon oder der Computer haben die Handlungsoptionen
der Menschen erweitert – sie haben aber auch die Welt her-

vorgebracht, in der ein Leben ohne Auto, Telefon und Computer oft nur noch schwer möglich ist.

Die Technik ist im Mythos noch in einer zweiten Hinsicht ambivalent. »Ihr werdet sein wie Gott«, versprach die Schlange, »wissend, was gut und böse ist.« Wenn auch die Schlange zu viel versprochen hatte, wurden die Menschen mit der Fähigkeit zur Erkenntnis doch gottähnlich, und die Griechen erhielten mit der Fähigkeit, Feuer zu machen, eine göttliche Fähigkeit. Die Menschen sind gottähnlich geworden, und es lockt die Versuchung, sich gottgleich zu machen: Technik tendiert zur Hybris. Dass die Menschen ihre körperlichen Grenzen technisch überwinden, dulden die Götter – bis zu einem gewissen Grad. Dädalus darf mit seinem Sohn Ikarus fliegen, und die Babylonier dürfen einen Turm bauen, aber wenn sie zu hoch hinaus wollen, werden sie bestraft.

Die zentralen Attribute der Götter sind die Erschaffung von Leben und die Unsterblichkeit; höchste Hybris ist es, diese Attribute anzustreben. Es ist eine Versuchung, die sich durch die Kulturgeschichte der Menschheit zieht, aber immer kommt es schlecht heraus: Die von Menschen erschaffenen Homunculi werden Monster, und Ahasver, der nicht sterben kann, ist eine tragische Figur. Doch die Versuchung lockt, und es gibt heute Menschen, die ernsthaft an der Erschaffung künstlichen Lebens forschen, wie solche, die an der Abschaffung des Todes arbeiten.

Aber während der Tod seiner Abschaffung widersteht, ist eine noch größere Hybris machbar geworden. Ob es Menschen gibt oder nicht, lag einst allein in der Macht der Götter. Indem der Mensch seine Selbstvernichtung im 20. Jahrhundert technisch möglich gemacht hat, hat er sich gewissermaßen ganz emanzipiert. Es ist diese Emanzipation, die Max Frisch nach dem Atomwaffentest auf dem Bikini-Atoll am

30. Juni 1946 von der »grundsätzlichen Freude, die dieses Ereignis auslöst«, schreiben lässt:

> Der Fortschritt, der nach Bikini führte, wird auch den letzten Schritt noch machen: die Sintflut wird herstellbar. Das ist das Großartige. Wir können, was wir wollen, und es fragt sich nur noch, was wir wollen; am Ende unseres Fortschrittes stehen wir da, wo Adam und Eva gestanden haben; es bleibt uns nur noch die sittliche Frage. Vielleicht dürfte man nicht von Freude reden; es tönt nach Zuversicht oder Hohn, und eigentlich ist es keines von beidem, was man beim Anblick dieser Bilder erlebt; es ist das erfrischende Wachsein eines Wandrers, der sich plötzlich an einer klaren und deutlichen Wegkreuzung sieht, das Bewußtsein, daß wir uns entscheiden müssen, das Gefühl, daß wir noch einmal die Wahl haben und vielleicht zum letztenmal; ein Gefühl von Würde; es liegt auch an uns, ob es eine Menschheit gibt oder nicht.[28]

Das lineare Technikmodell und der Fetisch »Innovation« vernichten Ambivalenz. Fürsprecher einer bestimmten Technik stilisieren sich in der Auseinandersetzung mit ihren Gegnern häufig zu Fürsprechern der Technik schlechthin – und ihre Gegner damit zu Technikfeinden. Aber zu streiten, ob Technik an sich gut oder schlecht sei, bringt nichts. Gegen Technik sein ist sinnlos, aber genauso unsinnig ist es, generell »für Technik« zu sein. Niemand ist das, und oft sind gerade die selbsternannten Technikfreunde besonders eifrige Gegner anderer Techniken, die sie als rückständig empfinden: Schulmedizinanhänger gegen alternative Heilmethoden, Anhänger der »Grünen Revolution« gegen den Biolandbau. Und auch wenn es nicht explizit geschieht, ist jeder Entscheid für eine bestimmte Technik immer auch ein Entscheid gegen Alternativen.

Eine Haltung scheint sich als Ausweg aus dem Entweder-Oder anzubieten: Technik ist weder gut noch schlecht und es kommt nur darauf an, was man aus ihr macht. Schließlich kann man ein Messer brauchen, um jemanden zu erstechen oder um eine Mahlzeit zuzubereiten. Doch der Rückzug auf diese Position bewirkt dasselbe wie die Innovationsideologie: Auch sie entzieht einzelne Techniken der Kritik. Die Waffen-lobby in den USA argumentiert so, wenn sie sagt, es seien nicht Waffen, die töten, sondern Menschen; die Autolobby verwendete das analoge Argument zu Zeiten, da es noch nicht als Tribut an die Moderne akzeptiert war, dass Autos Menschen töten (vgl. Kapitel Tempo).

Aber Technik ist nicht neutral. Gewiss kann man mit Dingen Unterschiedliches anstellen, aber die Atombombe kann man nicht menschenfreundlich einsetzen und auch die Guillotine nicht, die doch dazu entwickelt wurde, Hinrichtungen zu humanisieren. Man kann mit einem Auto andere Menschen überfahren oder Verletzte ins Krankenhaus bringen, aber das System Auto mit allem, was dazu gehört – von der Erdölgewinnung über den Straßenbau und das Automobilmarketing bis zu den übermotorisierten Geräten selber –, wird nie menschenfreundlich sein. Technik ist nicht einfach gut. Technik ist nicht einfach schlecht. Technik ist aber auch nicht neutral. Sondern Technik besteht aus einer Vielzahl von Techniken. Manche schaffen, andere zerstören. Manche machen frei, andere schaffen Zwänge. Manche helfen, Verhältnisse zu verändern, manche sorgen dafür, dass sie bleiben, wie sie sind. Und viele tun beides zugleich.

Ich habe für dieses Buch Beispiele technischen Wandels ausgesucht, deren Geschichte ich in ihrem gesellschaftlichen und kulturellen Zusammenhang untersuchen will. Vier Kapitel

haben Transporttechniken zum Inhalt (»Rad«, »Überschall«,
»Alternativen« und »Tempo«), je zwei befassen sich mit
Landwirtschaftstechniken (»Klee«, »Erfahrung«), Medizinal-
techniken (»Schwefeläther«, »Versprechen«) respektive In-
formations- und Kommunikationstechniken (»Buch«, »Spiel«)
und je eines mit Energie- (»Dampf«) respektive Haushalts-
techniken (»Wäsche«). Die Kapitel von Teil I (»Dinge«) stellen jeweils eine Technik ins Zentrum; die Kapitel von Teil II
(»Treiber«) gehen von Mechanismen und Motoren des technischen Wandels aus. Innerhalb der beiden Teile ordne ich die
Kapitel nach ihrem Titel alphabetisch, um keine Systematik
zu suggerieren, die es nicht gibt. Im Epilog schließlich wage
ich einen utopischen Ausblick auf eine Gesellschaft, die verantwortungsvoll mit Technik umgeht.

Ich habe die Beispiele weder nach ihrer »Wichtigkeit« ausgesucht noch versucht, eine repräsentative Auswahl zu treffen.
Wichtige Bereiche wie Berg-, Erd- und Wasserbau, Material-
technik, Messtechnik, Nahrungsverarbeitung und -konser-
vierung, Architektur, Kriegstechnik, Management, Verwal-
tungs- und Herrschaftstechnik oder Unterhaltung fehlen.
Weil ich eher eine Art Technik wahrzunehmen als die Techniken selber kritisieren will, habe ich viele Beispiele ausge-
wählt, die als besonders wichtig *gelten* – auch wenn ich sie für
überschätzt halte. Deshalb spiegelt die Auswahl ein Stück
weit die Einseitigkeit der populären Technikwahrnehmung
wider, wie die *Atlantic*-Rangliste sie zeigt. Dass außereuro-
päische Techniken zu kurz kommen, liegt aber vor allem an
meinen begrenzten Kenntnissen.

Und nur ganz am Rand (in den Kapiteln »Spiel« und »Versprechen«) gehe ich auf das Internet ein. Manche werden das
für merkwürdig halten, hat doch das Internet nach der Meinung vieler das Zeug, die Welt komplett zu verändern: un-

sere Art zu produzieren, zu konsumieren, zu kommunizieren, zu denken, Politik zu machen, Macht zu organisieren, die Welt zu retten. Und ich selber arbeite, wenn ich dieses Buch schreibe, intensiv mit »dem Internet«: Ich konsultiere Bibliotheken online und finde den Briefwechsel zwischen Denis Papin und Gottfried Wilhelm Leibniz im Netz, ich kontaktiere Gesprächspartner per E-Mail und telefoniere mit Skype, konsultiere Online-Wörterbücher und sichere meine Literaturdatenbank auf einem externen Server. Aber es wurden auch schon Bücher geschrieben, als es kein Internet gab, und nicht schlechtere als heute.

Wenn man sich die Mühe macht, Schriften von Internetpropheten aus den 1990er Jahren zu lesen, wird man sehen, dass sogar dieser dynamische Technikbereich weit hinter den kühnen Erwartungen von damals zurück geblieben ist.[29] Es hatte eben, wie Evgeny Morozov in seiner Streitschrift *Smarte neue Welt* schreibt, »in den letzten ungefähr hundert Jahren praktisch jede Generation das Gefühl, an der Schwelle einer technischen Revolution zu leben – sei es das Telegrafenzeitalter, das Radiozeitalter, das Plastikzeitalter, das Atomzeitalter oder das Fernsehzeitalter«.[30]

Das heißt nicht, dass uns nicht Veränderungen ungekannten Ausmaßes bevorstünden. Aber nicht die »neuen« Techniken des »Internet« (das auch schon ein halbes Jahrhundert alt ist, bis in die 1990er Jahre außer Militärs und ein paar Universitäten jedoch niemanden interessierte) werden die Welt im 21. Jahrhundert am stärksten verändern. Sondern aller Voraussicht nach die »alten« Techniken des Verbrennens von Kohle, Erdöl und Erdgas und des Rodens von Wäldern.

Teil I: Dinge

1 Buch

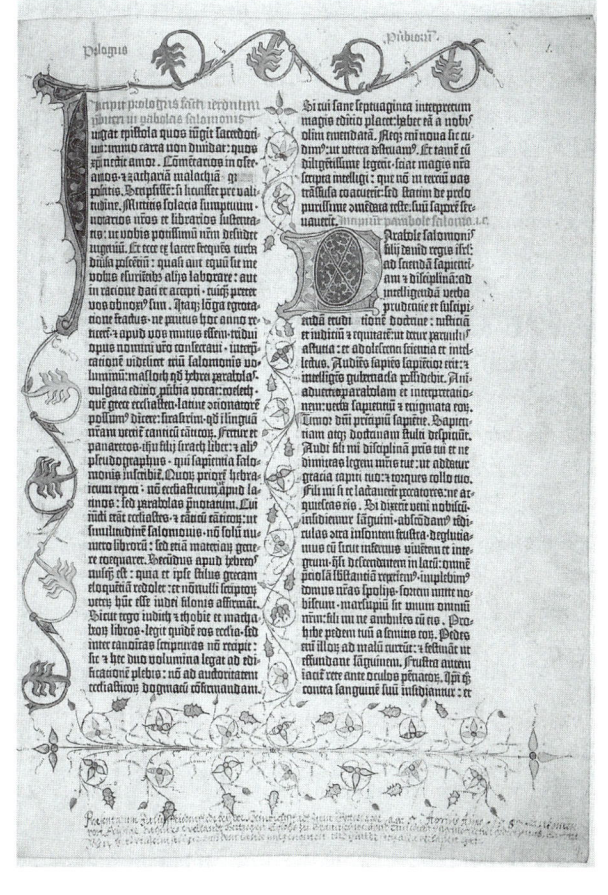

Ab ungefähr 1430 entwickelt Johannes Gutenberg zunächst in Straßburg, dann in Mainz ein Verfahren, Bücher und andere Schriften »nicht mit Hilfe von Schreibrohr, Griffel und Feder, sondern mit der wunderbaren Harmonie und dem Maß der Typen und Formen« herzustellen. 1455 ist die Technik perfekt und Gutenberg druckt sein wichtigstes Werk, die »42-zeilige Bibel«. Um 1500 haben über tausend Druckereien in mehr als 250 europäischen Städten mehr Bücher gedruckt, als es zuvor in europäischen Bibliotheken gab.[31]

»Kein Reich, keine Religion, kein Stern hatte größeren Einfluss auf die menschlichen Angelegenheiten als Buchdruck, Schießpulver und Kompass«, wird 1620 Francis Bacon in seinem *Neuen Organon* notieren.[32] Mussten Bücher einst mühsam von Hand kopiert werden, konnte man sie nun beliebig oft vervielfältigen. Erstmals konnten sich Leute, die nicht reich waren, Bücher oder zumindest Broschüren und Flugschriften leisten. Gläubige, die selber lasen, schüttelten die Bevormundung durch die Kirche ab. Information zirkulierte schneller und führte zur Geburt der modernen Wissenschaften. Moderne Staatsbürokratien konnten genauso entstehen wie ein staatsbürgerliches Bewusstsein ihrer Bürger. Außerdem war der Buchdruck Prototyp der Massenproduktion standardisierter Güter. Das war für die Zeitgenossen derart neu, dass 1485 in Regensburg mehrere Geistliche jedes einzelne Exemplar eines Messbuches mit der Druckvorlage verglichen, wobei sich »ergab, dass in den Buchstaben, Silben, Wörtern, Sätzen, Punkten, Abschnitten und anderem, was dazu gehört, der Druck bei allen Exemplaren und in jeder Hinsicht mit den Vorlagen (…) übereinstimmte«. Sie dankten Gott dafür.[33]

Nichts von dem Gesagten ist ganz falsch. Und doch zeichnet die Feststellung, der Buchdruck habe die Gesellschaft revolutioniert, ein falsches Bild, wenn man bei ihr stehen bleibt.

Worin bestand Gutenbergs große Leistung? Nicht in der Idee, zu drucken: Dass man in China und Korea schon lange Bücher druckte[34], dürfte Gutenberg bekannt gewesen sein. In Europa bedruckte man seit alters her Textilien und seit dem 14. Jahrhundert mit Holzschnitten auch auf das neu bekannt gewordene Papier. Das waren zwar keine Texte, sondern Bilder, aber der Schritt vom Bild- zum Schriftdruck war kein so großer und wurde bald unternommen. Ungefähr zeitgleich mit Gutenbergs Buchdruck entstand auch der sogenannte Blockdruck (Xylografie), bei dem man die Druckplatten für jeweils eine ganze Buchseite aus einem Stück Holz schnitt.

Gutenbergs Leistung[35] bestand darin, ein Verfahren zu entwickeln, mit dem sich ein Text aus einzelnen, beweglichen Lettern aufbauen ließ. Auf die Idee, das zu tun, musste man erst einmal kommen. Ob es eine gute Idee war, könnte man bezweifeln: Sie stellte Gutenberg vor enorme technische Probleme, deren Lösung viele Jahre in Anspruch nahm und ein Vermögen verschlang.

Herzstück von Gutenbergs Technik war nicht die Druckerpresse, sondern das Verfahren zur Herstellung der Lettern. Damit ein guter Druck möglich war, mussten nämlich alle Lettern eines Satzes präzis gleich hoch und gleich tief sein. Zu diesem Zweck entwickelte Gutenberg das Handgießinstrument, eine Gussform mit auswechselbarer Rückseite. Die Rückseite war die Hohlform der zu gießenden Letter, die Matrize. Um die Matrize herzustellen, schnitt man zuerst den gewünschten Buchstaben in ein hartes Metall, den Stempel. Den schlug man wie bei der Münzprägung in ein weicheres Metall – eben die Matrize. Das Metall der Matrize musste einen höheren Schmelzpunkt aufweisen als das Metall, aus dem die Letter gegossen wurde.[36] Während alle Lettern in zwei Di-

mensionen exakt gleich sein mussten, variierte aber die dritte
Dimension: Ein »M« ist breiter als ein »i«. Das Handgießinstrument musste in der Breite verstellbar sein. All das
bedurfte einer komplexen arbeitsteiligen Organisation und
bewegte sich an der Grenze dessen, was in der Metallverarbeitung damals möglich war. Der Medienhistoriker Michael
Giesecke spricht von »für die damalige Zeit außerordentlich
hohen technischen, psychischen und sozialen Anforderungen«, die der Buchdruck mit sich brachte.

Den großen Einfluss auf die »menschlichen Angelegenheiten«, von dem Bacon sprach, übte der Buchdruck dadurch aus,
dass er erlaubte, Schrift schnell, billig und also massenhaft
zu produzieren. Aber wenn das so ist: Weshalb das komplizierte Verfahren? Die Flut von Drucken, die das spätere 15.
und das 16. Jahrhundert hervorbrachten, hätte sich auch im
Blockdruckverfahren bewältigen lassen. Es wäre leicht zu entwickeln gewesen und in der Anwendung kaum langsamer als
der Druck mit beweglichen Lettern: Der Missionar Matteo
Ricci berichtete im 16. Jahrhundert aus China, dass die dorti-
gen Graveure nicht länger brauchten, eine Blockdruck-Seite
zu gravieren, als europäische Drucker brauchten, eine aus ihrem Blei zu setzen.

Auch den Druck mit beweglichen Lettern hätte man einfa-
cher haben können. Für seine 42-zeilige Bibel schuf Gutenberg einen Satz mit 300 Typen: Jeder Buchstabe lag in mehreren Varianten vor, denn je nachdem, ob er am Wortanfang
oder im Wortinneren stand, mussten Serifen abgeschliffen
oder zugespitzt sein, und gewisse Buchstaben wurden mit
Ligaturen verbunden oder mit Abkürzungszeichen versehen.
So verlangten es die Regeln des schönen Schreibens. Weshalb
setzte sich Gutenberg nicht über diese Regeln hinweg (wie es
viele Drucker bald tun würden)? Weshalb entwarf er nicht

kurzerhand, wie lange nach ihm die Erfinder der Schreibmaschine, eine Schrift mit fester Laufweite, was ihm die Notwendigkeit erspart hätte, ein in der Breite verstellbares Gieß-
instrument zu konstruieren?

Gutenberg hat keine Zeugnisse hinterlassen, aus denen
hervorgeht, was ihn antrieb. Aber es lässt sich aus dem, was er
tat, erschließen: Gutenberg wollte nicht billigere Bücher herstellen. Sondern bessere. Er zielte auch nicht auf massenhafte
Produktion: Von seiner berühmten Bibel druckte er lediglich
180 Exemplare. Dass man Bücher mit seinem Verfahren dann
eben doch auch schneller und billiger herstellen konnte als
von Hand, war ein Nebeneffekt.

Gutenbergs Vorhaben befriedigte im 15. Jahrhundert offensichtlich ein vorhandenes Bedürfnis: Andernfalls hätte er
kaum genügend Kapital beschaffen können und die Erfindung
hätte sich nicht so schnell verbreitet. Das Bedürfnis kam daher, dass im ausgehenden Mittelalter der Schriftverkehr in
Kirche, politischer Verwaltung und Wirtschaft rasch zunahm.
Das weltliche Bibliothekswesen im christlichen Europa blühte
zu der Zeit auf, da Gutenberg zu tüfteln begann. Doch worin
genau bestand das Bedürfnis? Es hatte mit dem Bedürfnis
nach mehr und schnellerer Schriftproduktion zu tun – aber
es machte gewissermaßen einen Umweg über das Schönheitsideal. Weil nämlich immer mehr geschrieben wurde, arbeiteten
immer mehr schlecht ausgebildete Schreiber immer schneller.
Das Resultat waren Bücher und Schriftstücke, die dem hohen
Ideal der damaligen Zeit nicht genügten. »Wer aber«, klagte
der Schriftsteller Petrarca im 14. Jahrhundert, »soll etwas aus-
richten gegen die Unwissenheit und Trägheit der Schreiber-
linge, die alles verdirbt und vermischt?«[37] Er klagte nicht, Bücher seien zu teuer.

Der »Umweg« über das Schönheitsideal war entscheidend

für den Weg, den Gutenberg wählte. Seine Drucktechnik
brachte nicht nur eine Annäherung an ein verlorenes Ideal.
Sie brachte bessere Bücher, als sie der beste Schreiber von
Hand hätte schreiben können; Bücher, in denen der gleiche
Buchstabe im ganzen Buch bis auf die variierenden Serifen
und Ligaturen immer genau gleich aussah. Das mittelalter-
liche Schönheitsideal wurde noch akzentuiert in der Renaissance, die Schönheit als ausgewogene Proportion und Harmonie aller Teile begriff. Die Maschine vermochte bessere
Proportionen zu erzielen als die schreibende Hand. Der Blockdruck hätte das nicht geschafft. Gutenbergs Technik war zwar
nach wie vor auf Schriftkünstler angewiesen, brauchte aber
nur noch wenige von ihnen: Ein Schreiber konnte Vorlagen
für viele Stempelschneider herstellen, ein Stempelschneider
zahlreiche Gießereien beliefern, eine Gießerei zahlreiche
Druckereien und eine Druckerei zahlreiche Leser.

Ein gewisses Interesse daran, dass die Kosten nicht aus dem
Ruder liefen, hatte Gutenberg schon auch: Seine Unterneh-
mung war gewerbsmäßig aufgezogen. Er brauchte Investoren, denen er Gewinne versprechen konnte, und er brauchte
erste Gewinne, die er reinvestieren konnte, um die Technik
weiterzuentwickeln. Sein Opus magnum finanzierte er unter
anderem mit Auftragsdrucken wie Ablassformularen für die
Kirche. Aber diese »billigen« Drucke waren ihm nur Umweg
zum ästhetischen Ziel.

Doch auch wenn das nicht Gutenbergs Absicht war: Als der
Buchdruck erst einmal erfunden war, konnte man ihn eben
auch dazu einsetzen, Schriften schnell und billig in großen
Auflagen statt möglichst perfekt in bescheidenen Auflagen zu
drucken. Aber mehr noch: Die Technik schuf auch einen gewissen Zwang, sie so einzusetzen. Denn sie war ausgesprochen kapitalintensiv, und um das Kapital zu amortisieren,

mussten die Pressen viel produzieren. Und das hieß schon
bald: Auflagen in Zehn-, ja Hunderttausenden.

Einen Bedarf an Büchern und Schriften in großer Auflage
gab es schon vor Gutenberg, aber das hatte allenfalls geheißen:
einige Tausend. Eine der populärsten Schriften der damaligen
Zeit, die Sammlung von Heiligenviten *Legenda aurea* des
Jacobus de Voragine, war in schätzungsweise 2000 handschriftlichen Kopien im Umlauf. Niemand dachte vor Gutenberg daran, Schriften in fünf- und sechsstelligen Auflagen zu
produzieren.

Man könnte deshalb sagen: Der Faktor, der den Buchdruck
zur »revolutionären« Kraft machte – der Bedarf nach Massen-
auflagen –, wurde durch ihn überhaupt erst hervorgebracht.
Er *konnte* aber hervorgebracht werden, weil zur rechten Zeit
die Interessengruppen bereitstanden, die den billigen Druck
zu nutzen wussten.

Zur Zeit Gutenbergs war die katholische Kirche die Organisation mit dem höchsten Bedarf an Schriftproduktion. Trotz
einiger kritischer Stimmen nutzte sie die neue Technik bereit-
willig. Sie optimierte damit bestehende Verwaltungsabläufe
und nutzte den Druck teilweise auch reformerisch (um ihre
Liturgie zu standardisieren) – aber das war keine Revolution.
Gerade die Ablassformulare sind ein schönes Beispiel dafür,
wie das neue Medium in bestehende, nicht-schriftliche Kommunikationsformen eingebunden wurde: Ein Ablassbrief allein
konnte dem Sünder seine Schuld nicht erlassen, das bedurfte
des Sakraments der Beichte, das nur ein geweihter Priester –
mündlich – gewähren konnte. Der Ablassbrief war lediglich
eine Weisung an den Priester, das zu tun.

Doch die Technik entwickelte ihre Eigendynamik. Die Druckereien produzierten nicht in erster Linie im Auftrag, sondern für den freien Markt. Die Drucker brauchten Stoff, und

am liebsten Stoff, der sich stets erneuerte. Mit Bibeln und Bibelauszügen, Messbüchern, Heiligenviten und den Schriften der antiken Klassiker hätten sie ihre kleinen lokalen Märkte rasch gesättigt. Kalender waren beliebt, weil man sie jedes Jahr neu drucken konnte; auch Weltuntergangsprophezeiungen boomten.

Endgültig zum Massenmedium wurde der Druck aber im 16. Jahrhundert mit der Reformation, dem »ersten großen Medienereignis der Weltgeschichte«.[38] Bis dahin hatte man immer noch vorwiegend hochwertige Schriften gedruckt. Jetzt diente der Buchdruck immer mehr dazu, schnelllebige, billige Schriften wie beispielsweise Flugblätter zu produzieren.

Als Martin Luther 1517 seine 95 Thesen verfasste, wandte er sich an eine begrenzte, theologisch gebildete Öffentlichkeit: Er schrieb die Thesen auf lateinisch und versandte sie in handschriftlichen Kopien. Es waren Empfänger der Thesen, die sie in Druck gaben. Sehr bald aber begriff Luther (mehr als andere Reformatoren), wie nützlich das neue Medium war. Seine nun auf deutsch verfassten Reformationsschriften und Predigten verbreiteten sich in Windeseile. 1520 hatte Luther bereits 27 Schriften mit insgesamt 900 Druckseiten in einer Gesamtauflage von einer halben Million publiziert. Selbst die von Luther übersetzte, immer noch teure Vollbibel erreichte bis zu seinem Tod 1546 eine Auflage von 200 000 Exemplaren. In den ersten acht Jahren der Reformation sollen in Deutschland drei Millionen Flugschriften im Umlauf gewesen sein.[39] Und weil Flugschriften in der Regel auch vorgelesen wurden, erreichte jede Flugschrift laut neuesten Forschungen durchschnittlich sechs Rezipienten – auch solche aus der Bevölkerungsmehrheit, die nach wie vor nicht lesen konnte. Ebenfalls beliebt waren gedruckte Lieder: Die orale Kultur war mit dem Druck ja nicht zu Ende.

Ohne Buchdruck wäre die Reformation kaum erfolgreich gewesen, sagt Marcus Sandl, der an der Universität Zürich über Medialität in der Vormoderne forscht.[40] Luther selber sah im Buchdruck das »letzte Geschenk Gottes« – das letzte darum, weil er überzeugt war, dass das Weltende unmittelbar bevorstand. Der Buchdruck passte perfekt zur reformatorischen Theologie: Die Heilige Schrift war die einzige Autorität, die die Reformatoren anerkannten, und die Gläubigen konnten durch die Bibel zum Heil gelangen, ohne dass sie eines Priesters bedurften, der sie ihnen auslegte (was nicht heißt, dass sich Luther nicht mit anderen Reformatoren heftig um die richtige Auslegung gestritten hätte).

Die katholische Kirche brachte viel weniger Druckbares hervor als die Reformation. Laut Sandl kommen nur etwa fünf Prozent aller im 16. Jahrhundert gedruckten Schriften aus dem katholischen Raum. Die katholische Kirche setzte viel stärker auf nichtschriftliche Medien. Dass die Gläubigen (und wohl auch viele Kleriker) den Text der lateinischen Messe nicht verstanden, machte nichts: In der Messe geht es nicht um intellektuelles Verstehen, sondern um die Präsenz Christi und der Heiligen. Wein und Hostie *symbolisieren* in der Messe nicht Christi Leib und Blut, sie *sind* Christi Leib und Blut. Mochten Protestanten darüber spotten, dass die Katholiken ihre eigene Liturgie nicht verstanden: Aus katholischer Sicht geht der Besuch der Messe viel tiefer als das Lesen eines Textes. Ein Schriftstück kann man ignorieren, der Anwesenheit des Heiligen kann man sich nicht entziehen.[41]

Dass der Buchdruck eine der wichtigsten Erfindungen gewesen sei, ist eine weithin anerkannte Ansicht; die Buchdruck-Historikerin Elizabeth Eisenstein ist gar der Meinung, er werde noch unterschätzt und sei eine »Revolution, die auf ihre Anerkennung wartet«. Aber nicht alle pflichten bei. Der

Historiker Martyn Lyons spricht in seiner Geschichte des Schreibens vom »Mythos Gutenberg« und bestreitet, dass es eine Revolution gegeben habe. Für den englischen Mediävisten Michael Clanchy war das unscheinbare Siegel »ein ebenso wichtiger Schritt in der Geschichte der Schriftlichkeit wie Gutenbergs Buchdruck«, und sein deutscher Kollege Hagen Keller schreibt, man könne »trotz der Veränderungen, die der Buchdruck gebracht hat, die Zeit vom 14. Jahrhundert bis zur Mitte des 17. unter vielen Aspekten als relativ einheitliche Phase betrachten«.[42]

Welcher Sicht man folgt, hängt unter anderem davon ab, wessen Perspektive man einnimmt. Es ist bezeichnend, dass Eisenstein sich explizit gegen eine »Geschichte von unten« abgrenzt – »unten«, im alltäglichen Leben der einfachen Leute, blieb eben das meiste, wie es war; gewirkt hat der Buchdruck »oben«. Es kommt aber auch auf die zeitliche Blickrichtung an. Schaut man aus der Neuzeit zurück, so ist vieles von dem, was die Neuzeit ausmacht – moderne Wissenschaft[43], Bürokratisierung, Staatenbildung und so weiter –, ohne billige und schnelle Schriftproduktion undenkbar. Blickt man dagegen vom Mittelalter nach vorn, wird man erkennen, dass sehr viele der handschriftlichen und mündlichen Kommunikationsformen des Mittelalters in der Neuzeit noch lange weiterleben. Briefe, Protokolle, Verträge und vieles mehr schrieb man bis zum Aufkommen der Schreibmaschine und darüber hinaus vorwiegend von Hand. Schriftliche Erlasse mussten öffentlich verlesen werden, um Geltung zu erlangen. Herrschaft blieb zu einem gewissen Grad an die Präsenz des Herrschers und seiner Stellvertreter gebunden.

Die Sichtweise, dass die Schriften der antiken Klassiker tausend Jahre geschlummert hätten und dank dem Buchdruck wieder ans Licht gelangt seien, taucht bereits im 15. Jahrhundert auf. Sie war (und ist) eine propagandistische Überhöhung: Indem man das Alte schlecht machte, stand das Neue in umso besserem Licht da. Die Renaissance hätte die Klassiker nicht »wiederentdecken« können, wären sie nicht durch das gesamte Mittelalter hindurch – teils mit arabischer Hilfe, aber stets handschriftlich – erfolgreich tradiert worden. Und der Buchdruck hätte sich nicht durchsetzen können, hätte er nicht an Kulturtechniken des Umgangs mit Schrift anknüpfen können, die das Mittelalter hervorgebracht hat.

Es lohnt sich deshalb, die Geschichte der Schriftlichkeit im Mittelalter zu betrachten: Sie zeigt, wie es zu der spezifischen historischen Situation kam, in der der Buchdruck seine Wirkung entfalten konnte.

Michael Clanchy hat die Geschichte der Schriftlichkeit am Beispiel Englands vom 11. bis zum 13. Jahrhundert nachgezeichnet. Für ihn war das die entscheidende Zeit, in der sich der Schriftgebrauch durchsetzte. Vor der normannischen Eroberung Englands im Jahr 1066 habe es dort wahrscheinlich keine Bürokratie gegeben, die regelmäßig mit Dokumenten arbeitete; um 1300 seien selbst Knechte mit Schrift vertraut gewesen.

Clanchy warnt davor, moderne Konzepte unbedacht ins Mittelalter zu übertragen – beispielsweise die Unterscheidung zwischen Menschen, die lesen und schreiben können, und Analphabeten. Selbst Gebildete und Schriftsteller konnten im Mittelalter nicht unbedingt schreiben, sondern setzten Schreiber ein. Umgekehrt konnten auch Ungebildete mit Schrift handeln: Man muss nicht selber lesen können, um Dokumente zu benutzen. Wer von »Schriftkultur« spricht, hat meist die Fähigkeit, Schrift zu produzieren – zu schreiben, zu drucken –, im Auge. Interessiert man sich nur für die Schriftproduktion, gab es im Wesentlichen drei »Revolutionen«: die

Erfindung der Schrift, die Erfindung des Buchdrucks, die Digitalisierung. Clanchy betont dagegen, dass die Benutzung von Schrift und ihre Aufbewahrung genauso wichtig sind wie die Schriftproduktion. Die dafür nötigen Kulturtechniken seien vor allem im 12. und 13. Jahrhundert entstanden.

Damit Schrift zum wichtigsten Medium werden konnte, musste sich zunächst Vertrauen in Geschriebenes bilden. Wieso sollte man einem Stück Pergament trauen, auf dem jemand Tintenspuren hinterlassen hatte? »Wenn wir Aussagen von Mönchen gegen einen Bischof ablehnen, weshalb sollten wir die Aussage einer Schafhaut akzeptieren?«, fragt ein Text von 1100.[44] Eine Möglichkeit, Schriftstücke zu authentifizieren, war das Siegel. Ihm misst Clanchy besonders viel Bedeutung zu: Es erlaubte auch einfachen, nicht schreibkundigen Leuten, Dokumente zu benutzen. Im 13. Jahrhundert besaßen selbst Unfreie Siegel.

Mit der Aufbewahrung schriftlicher Dokumente begann die königliche Kanzlei bereits im 11. Jahrhundert. Doch wenn sich niemand mehr erinnerte, dass ein Dokument existierte und wo es abgelegt war, konnte es auch nicht mehr gefunden werden. Damit sich die Schrift von der Erinnerung emanzipierte, brauchte es Kataloge (also Dokumente, die von Dokumenten handelten – eine neue Abstraktionsebene) und Signaturen. Auch auf die Idee, Dokumente mit dem Datum ihrer Ausfertigung zu versehen, musste man erst kommen.

Wenn ein Mönch im 11. Jahrhundert in einer Bibliothek ein Buch auslieh, erhielt er es in der Regel für ein Jahr. Er las es von der ersten bis zur letzten Seite, kopierte es womöglich und versuchte, es in seiner Gänze zu verstehen. Ein Dominikaner im 13. Jahrhundert dagegen suchte möglichst viele Argumente und Zitate aus verschiedenen Quellen. Dafür mussten die Bücher schnell zur Hand sein und schnell auf eine

bestimmte Textstelle hin durchsucht werden können. Titel,
die Gliederung eines Buchs in Kapitel, Seitenzahlen, Inhalts-
verzeichnisse und Register dienten diesem Zweck. All diese
Techniken entstanden im hohen Mittelalter; der Prozess dauerte aber bis in die ersten Jahrzehnte des Buchdrucks fort: Erst
jetzt setzte sich endgültig durch, dass Bücher Titelblätter haben und durch Autor, Titel, Druckort und -jahr eine eindeu-
tige »Adresse« erhalten.

Die europäische Schriftkultur hatte also bereits viel Wandel hinter sich, als Gutenberg den Buchdruck erfand. Wie ging
es nun weiter, nachdem der Buchdruck mit der Reformation
seine Wirkung entfaltete: mit einem konservativen, der mündlichen Tradition verpflichteten Katholizismus, der bremste,
und einem auf Schrift und Buchdruck setzenden Protestantis-
mus, der die Gesellschaft revolutionierte und in die Moderne
führte?

So schwarz-weiß war das nicht. Wenn eine Gesellschaft sich
stärker der Schrift zuwendet, hat das oftmals einen beschleu-
nigten sozialen Wandel zur Folge. Aber Schrift kann sozialen
Wandel auch bremsen – weil schriftlich fixierte und kanoni-
sierte Regeln weniger wandelbar sind als mündliche.[45] Luther – in seiner Überzeugung, das Ende der Welt stehe kurz
bevor – wollte keine Dynamik des anhaltenden Wandels
schaffen. Er war daran interessiert, die Kirche zu reformieren
und auf ihren wahren Kern zurückzuführen. Aber dieser
Kern, die Heilige Schrift, war selber nicht wandelbar.

Und so wirkte denn die Reformation tatsächlich auch bremsend auf den gesellschaftlichen »Fortschritt«. Für die Wissenschaften war das ausgehende Mittelalter »eine Zeit der Offenheit und Freiheit gewesen, und zwar gerade im Umkreis
der Kirche«, schreibt Heinz Schilling.[46] Die Renaissance-
Päpste waren große Förderer der Wissenschaften und Künste;

die Akademiker des 15. Jahrhundert waren unter der Schirm-
herrschaft der Kirche hoch mobil und sorgten so für ein in-
tensives Zirkulieren der Ideen – auch ohne gedruckte Bücher.
Der Universalismus, der das Denken der Intellektuellen geprägt hatte, ging laut Schilling mit dem »Konfessionalismus«
im 16. Jahrhundert verloren, als die lateinische Christenheit
in katholische, protestantische und reformierte Territorien
zerfiel.[47] Die neu entstehenden Territorialstaaten mit ihren
schriftbasierten Bürokratien konnten soziale Bewegungen besser kontrollieren: Auch um Wandel zu unterdrücken, konnte
man den Buchdruck nutzen.

Wäre es ganz nach den Reformatoren gegangen, wäre die
Gesellschaft nach dem heftigen Umbruch in schrifttreuer
Frömmigkeit erstarrt. Aber die Dynamik, die die Reformatoren mit Hilfe des Buchdrucks entfaltet hatten, ging weit über
das hinaus, was sie je gewollt hatten – schon zu Luthers Leb-
zeiten und ganz zu seinem Missfallen. Luthers Predigten
wurden jeweils sehr bald gedruckt und verbreitet – auch ohne
sein Einverständnis und oft fehlerhaft, und von seinen Publikationen waren zahlreiche, ebenfalls oft fehlerhafte, nicht au-
torisierte Nachdrucke im Umlauf. (Welche Ironie: Petrarca
hatte sich im 14. Jahrhundert über die fehlerhaften Bücher ge-
ärgert, Gutenberg hatte ein Mittel gefunden, Bücher besser
zu machen – und nun ärgert sich Luther über die fehlerhaften
Schriften, die mit ebendieser Technik hergestellt werden!) Die
Reformation kam den Druckern, die Stoff brauchten, den sie
drucken konnten, wie gerufen. Gewiss benutzte die Reformation den Buchdruck, um sich durchzusetzen, aber ebenso bediente sich auch der Buchdruck der Reformation.

Hat die neue Technik des Buchdrucks den gesellschaftlich-
kulturellen Wandel von Renaissance und Reformation ermöglicht – oder war es der gesellschaftlich-kulturelle Wandel

des Mittelalters und der Renaissance, der die Bedingungen schuf, die den Buchdruck hervorbrachten? Bedienten sich die Reformatoren des Buchdrucks, um die Reformation durchzusetzen – oder bediente sich die Technik der Reformation, indem das Drucken reformatorischer Schriften den Druckern erlaubte, ihre Druckereien zu betreiben? Hat der Buchdruck die Wissenschaften befördert, weil er die Zirkulation ihrer Schriften erleichterte, oder hat er sie behindert, indem er dem wissenschaftsfeindlichen Konfessionalismus zum Durchbruch verhalf?

Es gibt keine Einbahnstraße von technischer Innovation zu gesellschaftlichem »Fortschritt«.

2 Dampf

Abb. 3 »Die Maschine zum Heben von Wasser mit (der Kraft von) Feuer«. Kupferstich einer Newcomen-Dampfmaschine von Henry Beighton (1717).

Am Heiligabend 1704 schreibt Denis Papin einen etwas um-
ständlichen Brief an Gottfried Wilhelm Leibniz. Der französische Physiker und Erfinder korrespondiert seit einigen Jahren
mit dem deutschen Philosophen über Fragen der Physik und
der Philosophie sowie über seine Erfindungen und Projekte.
Papin, in den Diensten des Landgrafen von Hessen-Kassel, interessiert sich für die technische Nutzung des Dampfdrucks.
Er hat den Dampfkochtopf erfunden (und das Sicherheitsven-
til, nachdem ihm einer seiner Töpfe während einer Demons-
tration vor der britischen Royal Society um die Ohren geflogen war). Sein Hauptinteresse gilt aber einer Maschine, die
»mit Feuer Wasser heben« kann – einer mit Dampf betriebe-
nen Pumpe. Er hofft, damit die Wasserspiele des Schlossparks
Wilhelmshöhe bei Kassel betreiben zu können.[48]

Das müsste auch den großen Leibniz interessieren. In den
Diensten des Kurfürsten von Hannover ist Leibniz bestrebt,
für den Barockgarten Herrenhausen einen Springbrunnen zu
entwickeln, der höher zu speien vermag als der zu Versailles,
dessen höchster Strahl 27 Meter erreicht.[49] Papin beklagt sich
wiederholt über mangelnde Unterstützung seines Herrn und
hofft nun, in Hannover mehr Gehör zu finden. Er unterbrei-
tet Leibniz respektive dem Kurfürsten von Hannover (dem
nachmaligen englischen König Georg I.) einen Handel: Er
wolle eine Maschine bauen, die Wasser zu heben vermöge.
Man würde sie gegen eine von Menschenhand betriebene
Pumpe antreten lassen. Nur wenn die Kosten des Holzes, das
die Maschine verbrauchte, geringer wären als der Lohn, den
man demjenigen zu zahlen hätte, der von Hand pumpte, um
dieselbe Leistung zu erzielen: Nur dann würde ein Teil der
eingesparten Kosten zur Zahlung fällig (»Contracting« heißt,
was Papin vorschlug, heute).

Papin hatte sich in einem früheren Brief »überzeugt« gezeigt, »dass sich diese [Dampf-] Kraft auf viel wichtigere Dinge anwenden ließe als um Wasser zu heben«.[50] Allein, Leibniz ging nicht auf den Vorschlag ein, und Papin sollte sein Ziel nie erreichen. Die erste brauchbare Dampfmaschine diente dann ein paar Jahre später einem prosaischeren Zweck als einem Springbrunnen-Weltrekord: 1712 nahm das Kohlebergwerk Staffordshire in den englischen Midlands eine kohlebetriebene Dampfpumpe des Schmieds Thomas Newcomen in Betrieb, um Grundwasser aus ihren Schächten zu heben.[51]

Die Maschine, zu deren Realisierung Papin nicht genügend Unterstützung mobilisieren konnte (allerdings hätte er die technischen Schwierigkeiten wohl auch mit mehr Geld nicht gemeistert), gilt heute als eine der wichtigsten Erfindungen überhaupt.[52] Man kann sich diesem Urteil durchaus anschließen, wenn auch die Dampfmaschine oft aus den falschen Gründen als so wichtig betrachtet wird: Die Dampfmaschine wird gleichzeitig über- und unterschätzt.

Thomas Newcomens Dampfpumpe war eine recht grobschlächtige Angelegenheit.[53] Aus einem Kessel strömte Dampf in einen Zylinder, der oben mit einem beweglichen Kolben verschlossen war. Ein Gegengewicht hielt den Kolben in der Höhe. Schloss man das Ventil und kühlte den Zylinder ab, kondensierte der Dampf, wodurch ein Unterdruck entstand und der Atmosphärendruck den Kolben nach unten in den Zylinder drückte. Nun öffnete man das Ventil wieder, das Gegengewicht zog den Kolben hoch, und neuer Dampf strömte in den Zylinder. Weil die eigentliche Arbeit vom Atmosphären- und nicht vom Dampfdruck geleistet wird, heißen die Maschinen vom Newcomen-Typ auch »atmosphärische« Dampfmaschinen.

Die Dampfmaschine kam in ihren ersten Jahrzehnten fast ausschließlich in Bergwerken zum Einsatz. In den 1750er Jahren optimierte John Smeaton die Maschine, indem er ihren Wirkungsgrad mit systematisch-wissenschaftlicher Methode untersuchte, aber in ihrem Konstruktionsprinzip wurde sie 150 Jahre lang unverändert gebaut – denn um Wasser zu pumpen, reichte ihre Auf-und-Ab-Bewegung vollkommen. In eine Rotation ließ sich die nicht sehr regelmäßige Bewegung aber kaum übersetzen – es sei denn indirekt: Man pumpte mit der Newcomen-Maschine Wasser hoch, um es über ein Wasserrad laufen zu lassen. Eine höchst ineffiziente Angelegenheit – aber was für eine hübsche Kombination »neuer« und »alter« Technik! Um 1800 wurden immerhin sieben bis zehn Prozent aller Dampfmaschinen auf diese Weise eingesetzt.

Bis man mit Dampf Industriemaschinen zweckmäßig antreiben konnte, musste die Dampfmaschine aber neu erfunden werden. Ab 1765 befasste sich James Watt, Instrumentenmacher an der Universität Glasgow, mit der Verbesserung der Dampfmaschine. Seine erste Erfindung steigerte den Wirkungsgrad der von Smeaton optimierten Newcomen-Maschine nochmals um ein Drittel.[54] Bekannt ist Watt heute aber vor allem für seine 1782 patentierte »doppelwirkende« Dampfmaschine. Watt platzierte den beweglichen Kolben in der Mitte eines liegenden Zylinders und ließ den Dampf abwechselnd in die linke und rechte Kammer strömen.[55] Nun war es der Dampfdruck, der direkt auf den Kolben wirkte, und nicht mehr der Atmosphärendruck. Ein Fliehkraftregler sorgte für eine Bewegung, die gleichmäßig genug war, um sie in eine Rotation zu übersetzen. Die Dampfmaschine auf Rotationsbewegungen auszurichten, war die Idee von Watts Geschäftspartner Matthew Boulton gewesen, der erkannte, dass die Dampfmaschine nicht nur für den Bergbau, sondern auch für die Industrie nützlich sein könnte. Möglich geworden waren

Watts Konstruktionen, die eine viel präzisere Metallverarbeitung verlangten als die von Newcomen, erst mit der 1776 von
John Wilkinson entwickelten Präzisionsbohrmaschine.

Watt und Boulton verkauften ihre Maschinen nicht, sondern stellten sie unter Lizenz zur Verfügung – unter anderem,
ab 1785, auch an Textilfabriken. Die Kunden hatten Boulton &
Watt ein Drittel der eingesparten Brennstoffkosten abzulie-
fern – ein »Contracting« ganz ähnlich, wie es Papin achtzig
Jahre zuvor Leibniz vorgeschlagen hatte! Bis 1800 waren rund
500 Watt-Dampfmaschinen im Einsatz. Dazu kamen etwas
über 2000 atmosphärische: Für Kohlezechen war die Newcomen-Maschine nach wie vor die billigere Alternative.

Viele sehen in der Dampfmaschine den Auslöser der industriellen Revolution. Das ist einer der falschen Gründe, weshalb der Dampfmaschine viel Bedeutung zugemessen wird:
Die industrielle Revolution nahm ihren Anfang, bevor die
Dampfmaschine industrietauglich war.[56] Entscheidend für
den enormen Schub, den die englische Textilindustrie damals
erlebte, waren andere Erfindungen wie die *Spinning Jenny*
(1764 erfunden) mit bis zu hundert Spindeln, die nach wie vor
mit menschlicher Kraft zu betreiben war. Die frühe, dezentral
organisierte Textilindustrie setzte überwiegend auf die Arbeitskraft der Spinnerinnen und Weberinnen in ihren Heim-
betrieben. Industriezweige, die größere Kräfte benötigten
(Getreidemühlen, Sägereien, Papiermühlen, Walkereien und
so weiter), setzten schon seit langem Ochsen- oder Pferde-
göpel sowie Wasser- und Windmühlen ein und warteten nicht
auf eine neue Kraftquelle.

Der Industriehistoriker G. N. von Tunzelmann hat versucht, die Bedeutung der Dampfmaschine zu berechnen (nach
dem Vorbild von Robert Fogels Studie über die Bedeutung der
Eisenbahn für die USA; vgl. Kapitel »Alternativen«).[57] Sein

Ergebnis: Die britische Wirtschaftsleistung vom 1. Januar 1801 hätte ein hypothetisches Großbritannien ohne Watts Dampfmaschinen lediglich einen Monat später auch erzielt und ganz ohne Dampfmaschinen zwei Monate später. Und das sei noch eher zu optimistisch geschätzt, denn die Schätzung gehe davon aus, dass sich die Energienachfrage in einer Welt ohne Dampfmaschinen gleich entwickelt hätte – was aber kaum der Fall gewesen wäre (ohne Dampfmaschinen hätte die englische Wirtschaft wohl weniger Energie pro umgesetztes Pfund Sterling verbraucht). Und sie vernachlässige die externen Kosten (wie Umweltschäden oder die vielen Grubenunfälle). Entscheidend für die englische Textilindustrie sei die Dampfkraft erst nach 1850 geworden.

Der Beitrag der neuen Antriebskraft wird gemeinhin überschätzt, weil die damals vorhandenen Alternativen unterschätzt werden. Der wichtigste Lieferant von Arbeitsenergie blieb in der britischen Industrie bis ins frühe 19. Jahrhundert der Mensch, gefolgt von der Wasserkraft. Gegenüber tierischer Antriebskraft war die Dampfkraft ab etwa 1790 konkurrenzfähig, aber das lag an den hohen Futterpreisen im Vereinigten Königreich und galt für andere Länder nicht.[58]

Dampf als Triebkraft der industriellen Revolution sei ein »Musterbeispiel jener Technikillusion, die oft den Blick dafür verstellte, dass es nicht auf monströse Mechanismen, sondern auf die Wahrnehmung von Marktchancen und Standortvorteilen, auf Arbeitserfahrung und Organisation ankommt«, schreibt der Technikhistoriker Joachim Radkau.[59] Auf dem Kontinent mit seinen etwas anderen Voraussetzungen dauerte es länger als in England, bis die Dampfkraft gegenüber der Wasser- oder der tierischen Arbeitskraft mehr Vor- als Nachteile bot. Die erste Dampfmaschine Mitteleuropas ging 1722 im slowakischen Königsberg (Nová Baňa) in Betrieb und war »ein barockes Prestigeprojekt, vor dem gerade die Techniker warnten« (Radkau). Die erste Dampfmaschine Deutschlands wurde auf Geheiß König Friedrichs II. 1783 bis 1785 im Hettstedter Kupferschieferbergwerk gebaut – und zehn Jahre später wieder abgebrochen.[60] Die ersten Dampfmaschinen kamen mithin nicht auf den Kontinent, weil sie von ihren Nutzern als technisch überlegen erkannt worden wären, sondern weil die politische Elite sich von der »Modernisierung« Prestige versprach. Es ist ein häufiges Muster in der Technikgeschichte: Dasselbe geschah, als europäische Kolonisten auf dafür nicht geeigneten Böden die Pfluglandwirtschaft einführten[61], als Autobahnen gebaut wurden, bevor es dafür taugliche Autos gab (vgl. Kapitel »Tempo«); es geschah besonders augenfällig, als Großbritannien und Frankreich gegen jede ökonomische Vernunft ein ziviles Überschallflugzeug entwickelten (vgl. Kapitel »Überschall«), und es geschah mit dem Bau von Atomkraftwerken, die, was immer man von der Atomkraft hält, eines ganz gewiss nie waren: eine ökonomische Technik.[62]

Betrachtet man nicht nur die Kennzahlen, so hatte die Dampfmaschine aber auch Auswirkungen, die meist unterschätzt werden. Die Dampfmaschine hat zwar die industrielle Revolution weder ausgelöst noch ermöglicht, aber sie hat die Art und Weise der Industrialisierung geprägt.

Die Dampfmaschine verhalf den fossilen Energien zum Durchbruch, mit fatalen Konsequenzen bis hin zum heutigen Klimawandel. Die ganze heutige Wachstumswirtschaft basiert im Wesentlichen auf der stets gesteigerten Zufuhr fossilen Kohlenstoffs (Kohle, Erdöl, Erdgas). Die dominante Wirtschaftstheorie sieht das zwar nicht so: Für sie ist nicht die Ausbeutung der natürlichen Ressourcen, sondern der »technische Fortschritt« Motor des Wirtschaftswachstums. Doch diese Theorie übersieht, dass technische Fortschritte immer wieder vor allem dann wirksam waren, wenn sie halfen, natürliche Ressourcen stärker auszubeuten.

Genutzt wurde die Kohle schon lange vor der Dampfmaschine – als billiger und unbeliebter, weil dreckiger Brennstoff. Die Kohlenutzung erlebte in Großbritannien im 17. Jahrhundert einen Boom, weil hier die Holzpreise stark anstiegen.[63] Dieser Kohleboom fand aber auf einem im Vergleich zum 19. Jahrhundert sehr bescheidenen Niveau statt und wäre ohne effizientere Technik zum Entwässern der Bergwerksstollen schon bald wieder zu Ende gewesen. Denn um an die Kohle zu gelangen, musste man immer tiefer graben, so dass immer schneller Grundwasser in die Schächte eindrang – ein schönes Beispiel für ein Prinzip, das die Ökonomie »abnehmenden Grenznutzen« nennt: Je tiefer man gräbt, desto aufwendiger wird es, noch tiefer zu graben, bis es sich nicht mehr lohnt.

Mit der Newcomen-Maschine konnte man nun aber Kohle einsetzen, um mehr Kohle zu fördern, und je mehr Kohle man hatte, desto mehr konnte man wiederum zur Förderung weiterer Kohle nutzen. Die Dampfmaschine hat das Prinzip des abnehmenden Grenznutzens in sein Gegenteil verkehrt: Sie ist das Paradebeispiel einer Skalenökonomie. Mit der neuen Maschine ließ sich die Wachstumsdynamik, die zunächst unabhängig von ihr einsetzte, viel länger durchhalten als mit den alten, auf Nahrung und Futter basierenden Kraftquellen Mensch und Tier, oder mit Wasserkraft.

Die Dampfmaschine hat aber nicht nur die Kohle in bisher nicht gekanntem Umfang nutzbar (und neuen Nutzungen zugänglich) gemacht, sie hat vor allem eine andere Art der Energienutzung gebracht. 1825 schrieb der bayerische Ingenieur Joseph von Baader gegen eine, wie er meinte, ungerechtfertigte Geringschätzung der Dampfmaschine: »Wie ungeheuer, plump und unbehilflich würde aber eine Roßkunst in allen ihren Dimensionen ausfallen, an welcher sechzig Pferde zugleich arbeiten?«[64] Das war der springende Punkt: Mag sein, dass Pferde billigere Energie lieferten als die Dampfkraft, aber Pferdekraft lässt sich nicht beliebig nach oben skalieren. Auch hier hat die Dampfkraft eine andere Wachstumsdynamik ermöglicht, und für die spezifischen Bedürfnisse dieser Dynamik war sie den alten Energieformen überlegen. Gegenüber der Wasserkraft, die sich an geeigneten Standorten ebenfalls in großen Dimensionen einsetzen ließ, hatte sie den Vorteil, dass sie weniger Rücksichten zu nehmen brauchte: Wasserkraftanlagen mussten sich in bestehende Wasserrechtsregimes einfügen und sich mit anderen Nutzungen der Flüsse vertragen. Gegenüber dem Wind hatte sie den Vorteil, vom Wetter unabhängig zu sein – weshalb die Niederlande begannen, Dampfmaschinen zum Entwässern ihrer Polder einzusetzen, als diese den herkömmlichen Windmühlen in puncto Energieeffizienz noch klar unterlegen waren.

Kohle ist aber auch Energieform, die sich leicht transportieren lässt – während die Wasserkraft erst mit der Elektrizität ortsunabhängig wurde. Der Energietransport gelang umso leichter, seit es (kohlebetriebene) Eisenbahnen gab: Hatte die Kohle geholfen, mehr Kohle zu fördern, half sie nun auch, Kohle zu transportieren. Bis dahin siedelten sich energieintensive Gewerbebetriebe dort an, wo ihre Energiequelle war: Betriebe, die Prozesswärme brauchten, in der Nähe großer Wälder; Betriebe, die auf große Kräfte angewiesen waren, an Wasserläufen, und nie zu viele Betriebe zu nahe beieinander. Nun entstanden große Industrieballungen, die per Eisenbahn mit den Kohlezentren verbunden waren. Ganz anders dort, wo die Industrie länger mit Wasserkraft statt mit Kohle arbeitete wie in der – früh industrialisierten – Schweiz: Hier verteilten sich die Fabriken entlang der mittelgroßen Flüsse, große Ballungen bildeten sich nicht. »Alles in allem«, schreiben Akos Paulinyi und Ulrich Troitzsch, »war die Dampfmaschine nicht der Anreiz zur Entstehung der maschinellen Produktion, wohl aber, wie es später ein Fabrikinspektor vermerkt hat, die Mutter der Industriestädte.«[65]

Eines aber, was ihr oft zugeschrieben wird, brachte die Dampfmaschine nicht: die Befreiung des Menschen von mühseliger körperlicher Arbeit. Im Gegenteil: Die englische Baumwollindustrie boomte mit der neuen Energieform und konnte immer mehr Rohware verarbeiten – aber die Produktion dieser Rohware in Übersee basierte nach wie vor auf der archaischsten aller Energieformen: der Sklaverei. Die Zahl der Sklavinnen und Sklaven in den USA versechsfachte sich von 1790 bis 1860 (von 660 000 auf fast 4 Millionen). Als die Sklaverei in den USA schließlich abgeschafft wurde, stand sie wirtschaftlich in voller Blüte.[66] Nicht eine überlegene Technik hat den sozialen Fortschritt erwirkt, sondern politisches (und militärisches) Handeln.[67]

Eine neue Technik (in diesem Fall: die Dampfmaschine) löst eine alte (in diesem Fall: menschliche Zwangsarbeit) nicht ab, sondern ergänzt sie und beflügelt sie noch zusätzlich: Auch dieses Muster findet sich immer wieder in der Technikgeschichte. Nach der Erfindung des Buchdrucks wurde mehr von Hand geschrieben als vorher (vgl. Kapitel Buch). Die Eisenbahn bewirkte eine gewaltige Zunahme der Transportpferde (vgl. Kapitel Tempo). Der Personal Computer brachte, in Verbindung mit billigen Druckern, statt des »papierlosen Büros« einen Papierverschleiß wie nie zuvor. Die neuen Energien des 19. Jahrhunderts – Erdöl, Erdgas und elektrischer Strom aus Wasserkraft – haben die alten Energien nicht abgelöst, sondern die Menschheit verbraucht mehr Brennholz und mehr Kohle denn je, und nie zuvor wurden weltweit so viele kohlegetriebene Dampfmaschinen respektive Dampfturbinen gebaut wie heute. Die Moderne verbraucht mehr Stein als die Steinzeit, mehr Eisen als die Eisenzeit, mehr Kohle als das »Kohlezeitalter«. Und es gibt keinen Grund anzunehmen, die aktuelle Förderung erneuerbarer Energie würde den Verbrauch der nicht erneuerbaren Energien verdrängen, solange diese nicht aktiv zurückgebunden werden.

Zurück zu den Anfängen. Man könnte in der Erfindung der Dampfmaschine einen Triumph der Wissenschaft sehen. Im 17. Jahrhundert war die Erforschung des Luftdrucks eines der wichtigsten Themen der Naturphilosophie. Große Naturphilosophen wie Evangelista Torricelli, Blaise Pascal, Otto von Guericke oder Robert Boyle haben sich damit befasst[68], und so scheint die Wissenschaft direkt auf die Erfindung der »atmosphärischen« Dampfmaschine (bei der ja der Luftdruck die eigentliche Arbeit verrichtet) hinzuführen. Schon seit dem 16. Jahrhundert schlagen Wissenschaftler vor, Dampfkraftanlagen zu bauen; ab etwa 1650 tauchen konkrete Dampfmaschinen-Beschreibungen auf und werden sogar bereits Patente vergeben.

Die erste wirklich brauchbare Dampfmaschine baute dann aber kein Wissenschaftler, sondern der Handwerker Newcomen.[69] »Ich kann sagen, dass all diese Schwierigkeiten, [eine Maschine zur Hebung von Wasser durch Feuer zu bauen], nur in der Praxis bestehen; und dass, was die Theorie angeht, Gott sei Dank, es lange her ist, dass ich mich in den Dingen getäuscht habe, die ich als genug ausgereift betrachtete, um sie auszuführen«, schreibt Papin am 3. Mai 1697 an Leibniz. »*Nur* in der Praxis«, schreibt er – aber genau darauf kam es an. Denn wenn eine Maschine großen Drücken standhalten sollte, brauchte es Gefäße und Pumpen mit Ventilen und Dichtungen hoher Präzision, die an der Grenze dessen lagen, was die damalige Metallverarbeitung leisten konnte. Entscheidend war nicht die Theorie, sondern die Praxis; nicht die Wissenschaft, sondern das Handwerk.

Dass man die nötigen Bestandteile um 1700 herstellen konnte, daran hat die Wissenschaft ihr Verdienst – aber nicht, weil sie Theorien bereitstellte, sondern weil sie das Handwerk stimulierte: Die Naturphilosophen benötigten Apparate für ihre Experimente. Im Auftrag der Wissenschaft lernten die Handwerker, solche zu fertigen. Das galt noch für James Watt, der ja als Mechaniker die Modellsammlung der Universität Glasgow betreute.

Als die Dampfmaschine erfunden wurde, wusste die Wissenschaft, dass es möglich ist, den Luftdruck Arbeit verrichten zu lassen. Dass aber die Dampfmaschine eine Energieform (Wärme, also thermische Energie, respektive die in der Kohle gespeicherte chemische Energie) in eine andere (Arbeit, also kinetische Energie) umwandelt, verstand die Wissenschaft nicht: Es gab um 1700 keinen Energiebegriff. Wärme und Arbeit hatten in der damaligen Erfahrungswelt der Menschen nicht viel miteinander zu tun und die Wissenschaft hatte keinen Anlass, beides für Formen derselben Größe – Energie – zu halten, wie wir es heute tun. Erst die Dampfmaschine setzte die beiden in ein unmittelbares Wirkungsverhältnis, und erst mit der Theorie der Thermodynamik begann die Physik, Energie zu verstehen. Diese Theorie war ein Kind der Dampfmaschine: Der französische Physiker Nicolas Léonard Sadi Carnot begründete sie im frühen 19. Jahrhundert, indem er die Dampfmaschine studierte, und auch Rudolf Clausius, der die Thermodynamik weiter entwickelte und den Begriff der Entropie schuf, ging von der Dampfmaschine aus.[70]

Es ist in unserer Zeit üblich, den Impuls für gesellschaftlichen Fortschritt von der Wissenschaft zu erwarten, die technische Innovationen auslöst. Doch im Falle der Dampfmaschine ist es richtiger zu sagen, dass die Wissenschaft auf die
Technik folgte, als umgekehrt.

Wissen folgt Können: Auch bezüglich dieses Musters ist die
Dampfmaschine kein Sonderfall. Landwirte erneuerten die
Fruchtbarkeit ihrer Böden mit stickstoffbindenden Pflanzen,
bevor man eine Ahnung hatte, was Stickstoff ist (vgl. Kapitel
»Klee«). Es gab die Fotografie vor einer Theorie des fotografi-
schen Prozesses. Die Fahrradmechaniker Orville und Wilbur
Wright bauten fliegende Kisten, und niemand verstand deren
Aerodynamik.

Und das Muster findet sich keineswegs nur in Feldern, wo
die Wissenschaft eben noch nicht Fuß fassen konnte. Die
Elektrotechnik galt im 19. Jahrhundert »als Prototyp einer der
Wissenschaft entsprungenen Technologie«, schreibt Joachim
Radkau. Doch »die Elektrizität war lange Zeit (…) für die
Theorie nicht zu fassen. Diese mysteriöse Kraft begann man
nur dann zu begreifen, wenn man mit ihr *arbeitete*. Werner
von Siemens erfand die elektrodynamische Maschine durch
Probieren.«[71]

Aus dem 20. Jahrhundert stammt die Aussage des Metall-
kundlers Cyril Stanley Smith, Technik stehe »der Kunst näher als der Wissenschaft – nicht nur materiell, weil die Kunst
die Auswahl und die Bearbeitung von Materie beinhaltet,
sondern auch konzeptuell, weil der Techniker, wie der Künstler, mit Komplexitäten umgehen muss, die sich nicht analysieren lassen«.[72] Der Kunst näher als der Wissenschaft: Das ist
kein schöngeistiges Diktum eines Theoretikers. Sondern die
Erfahrung eines Praktikers, der in dem Projekt mitgearbeitet
hat, das als Paradebeispiel für *Big Science* gilt: Smith war im

Manhattan Project zum Bau der Atombombe im Zweiten Weltkrieg für die Produktion spaltbaren Materials zuständig.

Heute ruhen die Hoffnungen eines wissenschaftsgetriebenen Fortschritts namentlich auf den »Lebenswissenschaften« (*life sciences*): Sie vor allem sollen die »wissensbasierte Ökonomie« (*knowledge-based economy*) beflügeln, von der die Organisation für wirtschaftliche Zusammenarbeit und Entwicklung (OECD) 1996 erstmals sprach und die seither durch die forschungspolitischen Programme der Regierungen geistert.[73] Bisher sieht es so aus, als würden die *Life Sciences* die in sie gesetzten Erwartungen enttäuschen (vgl. Kapitel »Versprechen«) – während die Computertechnik, die sich tatsächlich sehr dynamisch entwickelt, entscheidende Impulse nicht der Wissenschaft, sondern Bastlern und Spielerinnen verdankt (vgl. Kapitel »Spiel«) und die Agrarwissenschaften in den letzten Jahren zunehmend den Reichtum bäuerlichen Erfahrungswissens entdecken (vgl. Kapitel »Erfahrung«).

Dass Investitionen in die Wissenschaft zu mehr Innovationen führten, die letztlich einen gesellschaftlichen Gewinn (oder wirtschaftliche Prosperität, was für manche dasselbe ist) abwürfen, ist eine empirisch nicht belegte Behauptung. Sie ist aber – seit dem 19. Jahrhundert – trotz vieler nicht gehaltener Versprechen ungebrochen attraktiv: Die Wissenschaft behauptet mit ihr ihre Nützlichkeit, die Technik ihre Vertrauenswürdigkeit, und Akademiker rechtfertigen damit ihre hierarchische Besserstellung gegenüber erfahrenen Facharbeitern. Die Behauptung erfüllt ihren Zweck, wenn Wissenschaften und Technik mit ihr erreichen, was Denis Papin mit seinem Brief an Leibniz vergeblich zu erreichen suchte: Unterstützung für ihre Sache zu erhalten.

Es gibt keine Einbahnstraße von wissenschaftlichem zu technischem zu gesellschaftlichem Fortschritt – aber natürlich auch nicht umgekehrt. Lernen funktioniert gesellschaftlich nicht anders als individuell: als Hin-und-Her zwischen Reflexion und Ausprobieren. Der italienische Architekt Renzo Piano hat es für seine Arbeit schön ausgedrückt: »Man beginnt mit Skizzen, man fertigt Zeichnungen, man baut ein Modell, und dann geht man in die Wirklichkeit, auf das Baugelände, und dann geht man zurück an den Zeichentisch. Man schafft gewissermaßen einen Kreislauf zwischen Zeichnen und Machen, hin und zurück. (…) Man zeichnet und man macht. Man überarbeitet die Zeichnung. Man macht sie und überarbeitet sie und überarbeitet sie noch einmal.«[74] Ganz ähnlich lässt sich die Geschichte zusammenfassen, die ich hier erzählt habe: Die Wissenschaft beginnt (mit Hilfe von Handwerkskunst) mit Experimenten und liefert erste Anregungen, der Handwerker Newcomen baut die erste Dampfmaschine, Smeaton optimiert sie mit wissenschaftlich-systematischer Methode, der Handwerker Watt und der Unternehmer Boulton erfinden sie neu, und die Wissenschaftler Sadi Carnot und Clausius entwickelten mit ihr die Theorie der Energieumwandlung.

Glaubt man, den »Fortschritt« (was immer man darunter versteht) als Einbahnstraße organisieren zu müssen, zerstört man diesen zirkelförmigen Prozess des Lernens.

3 Klee

Abb. 4 Pieter Breughel der Ältere: Bauernhochzeit, um 1568. –
Die sogenannte Agrarrevolution, die um 1500 ihren Anfang in den
Niederlanden nahm und den Bauern einen bis dahin nicht bekannten
Wohlstand brachte, ging einher mit einer Blüte von Handel und
Frühindustrie – sowie der flämischen Kunst.

In Taston, einem Weiler in der Grafschaft Oxfordshire, herrscht vor der Pflanzsaison 1703 dicke Luft. Die Bauern haben beschlossen, ein Stück ihrer Allmende einzuzäunen, um Esparsetten (Süßklee) auszusäen. Das proteinreiche Futterkraut ist in England unter seinem französischen Namen *sainfoin* – »gesundes Heu«[75] – bekannt geworden. Für die Nutzungsänderung braucht es die Zustimmung aller, doch zwei Bauern stellen sich quer. Schließlich gelingt es dem Verwalter des Gutsherrn aber, die Bauern umzustimmen – er droht ihnen, sie andernfalls wegen kleinerer Verstöße gegen die gemeinsamen Regeln vor das Hofgericht zu bringen.

Fünf Jahre später zäunt auch Tastons Nachbarweiler Spelsbury ein Stück Allmende für Esparsetten ein. Anders als in Taston bleibt es hier aber den einzelnen Familien überlassen, ob sie den ihnen zugeteilten eingezäunten Landstreifen tatsächlich mit Esparsetten bepflanzen wollen. Hier gelingt es, die neue Pflanze einzuführen, ohne dass die Quellen von einem Streit zu berichten wüssten.[76]

In diesem Buch ist viel von sehr sichtbaren, spektakulären Techniken die Rede: vom Rad, vom Buchdruck, von der Dampfmaschine. Aber eine technische Neuerung, die als Kern einer »Revolution« gilt, deren Tragweite mit jener der industriellen Revolution vergleichbar sei, beginnt unscheinbar: Um das Jahr 1500 beginnen Bauern in den Niederlanden, Klee sowie verwandte Futterpflanzen wie Esparsetten oder Wicken auszusäen.[77] Natürlich sind diese Pflanzen nicht neu; neu ist ihr systematischer Anbau. Im Verlauf der »ersten Agrarrevolution der Neuzeit«, die dadurch angestoßen wird, verdoppelten sich die Erträge pro Fläche.[78]

Wie gelang diese Steigerung? Ein Boden ist fruchtbar, wenn er genug Stickstoff enthält, den die Pflanzen brauchen, um Proteine zu bilden. Weil jede Ernte dem Boden Stickstoff ent-

zieht, war – wie Justus Liebig, der Begründer der Agrarche-
mie, im 19. Jahrhundert schreiben sollte – die »Production von
assimilirbarem Stickstoff« der »wichtigste Zweck des Feld-
baus«.[79] Für die Pflanzen »assimilirbar« ist Stickstoff in Form
von wasserlöslichen anorganischen Stickstoffverbindungen,
wie sie zum Beispiel in Viehkot und -urin vorkommen. Der
gezielte Anbau von Futterpflanzen erlaubte den Bauern, den
Viehbestand und mithin die Düngermenge zu erhöhen.

Es war aber nicht der größere Viehbestand, der den Aus-
schlag für die Produktionssteigerung gab. Denn Tiere bauen
zwar organische, nicht wasserlösliche Stickstoffverbindungen, die sie mit dem Futter aufnehmen, zu anorganischen,
wasserlöslichen Stickstoffverbindungen ab (dasselbe geschieht beim Kompostieren) und reichern diese in ihren Ex-
krementen an. Sie können Stickstoff aber nicht *produzieren*.
Entscheidend für die Produktionssteigerung war, dass die
Bauern Leguminosen (Hülsenfrüchtler) als Futter anbauten.
Zur Familie der Leguminosen gehören neben Klee, Esparsetten und Wicken auch Luzerne, Erbsen, Bohnen oder Linsen.[80]
Leguminosen bilden an ihren Wurzeln Knöllchen, in denen
Bakterien leben, die Stickstoff aus der Luft fixieren – also
Stickstoffverbindungen herstellen. Sie sind es, die die Ge-
samt-Stickstoffmenge im Boden erhöhen respektive Verluste
ausgleichen.[81]

Vor der »Agrarrevolution« erneuerten Bauern den Stick-
stoffgehalt ihrer Böden (von dem sie nichts wussten), indem
sie die Felder periodisch (zum Beispiel jedes dritte Jahr) brachliegen ließen. Leguminosen, die auf der Brache spontan wuchsen, fixierten Stickstoff, und die auf der Brache weidenden
Tiere bauten ihn an Ort und Stelle in wasserlösliche Verbin-
dungen ab. Außerdem transportierten die Tiere Stickstoff von
extensiv zu intensiv bewirtschafteten Flächen, indem sie in

Wäldern, auf Weiden und »Ödland« weideten und dann
nachts auf den brachliegenden Feldern defäkierten. Auch die
Heuernte und die (Winter-) Stallhaltung, die im Mittelalter
aufgekommen waren, dienten diesem Zweck: Mit dem Heu
gelangte Stickstoff von mitunter weit entfernten Heuwiesen
in die Ställe und von da als Gülle und Mist auf die Äcker und
Gärten.

Effizienter, als die Tiere fressen zu lassen, was auf der Brache zufällig wächst, ist es, Leguminosen anzubauen und zu
verfüttern. Außerdem sind Böden, die mit Futterpflanzen be-
pflanzt werden, besser vor Erosion geschützt als brachliegende Böden. Die Bäuerinnen und Bauern erkauften sich
diese Vorteile aber mit Mehrarbeit: Hatten die Tiere bislang
selbständig auf der Brache gefressen, musste man das Futter
nun säen und ernten, musste man die Tiere auch im Sommer
im Stall oder Pferch füttern und schließlich Mist und Gülle
aufs Feld ausbringen. Die Arbeitsbelastung pro Arbeitskraft
nahm mit der »Agrarrevolution« zu. Noch mehr aber stieg die
Produktivität pro Arbeitskraft, so dass schließlich weniger
Menschen in härterer Arbeit viel mehr produzierten.

Dass Taston und Spelsbury 1703 respektive 1708 erstmals
Esparsetten anbauten (und beide Weiler 1762 erstmals Klee),
ist überliefert, weil die damit verbundene Nutzungsänderung
eines Rechtsakts bedurfte, von dem ein Protokoll erhalten ist.
Aber die Agrarrevolution als Ganze hat keinen Erfinder, keinen Geburtsort und kein Geburtsdatum. Und sie verbreitete
sich langsam: Im frühen 17. Jahrhundert kommt der Klee von
den Niederlanden nach England, wo sich die Agrarrevolution
weiterentwickelt und wo im 18. Jahrhundert ihre bekannteste
Einzelerfindung entsteht: die vierjährige Norfolk-Fruchtfolge
(Klee – Wintergetreide – Futterrüben – Frühjahrsgetreide).[82]
Von England springt sie im späten 18. Jahrhundert zurück auf

den Kontinent, über den sie sich nach Süden und Osten ausbreitet, wobei sie den Osten und den äußersten Süden Europas erst im 20. Jahrhundert erreicht. Mit ihrer Vorgeschichte erstreckt sich die Agrarrevolution über mehr als ein halbes Jahrtausend – »Revolution« ist kaum das passende Wort dafür.

Warum ging es so langsam, wenn die neue Anbautechnik die Erträge doch so markant steigerte? Vorweg: Die definitive Antwort gibt es nicht. Aber die Gründe hatten viel mit politischen, ökonomischen und gesellschaftlichen Rahmenbedingungen und nicht nur mit Agrartechnik zu tun. Diese Rahmenbedingungen waren je nach Region ganz andere.

Die Niederlande (mit dem heutigen Flandern) waren am Ende des Mittelalters überdurchschnittlich urbanisiert. Die Verkehrswege waren gut ausgebaut. Ein wohlhabendes Bürgertum sorgte für einen starken Binnenmarkt. Amsterdam war das Zentrum des europäischen Agrarhandels. Die Feudalherrschaft war schwach ausgeprägt, bäuerliche Familienbetriebe bebauten das Land in großer Autonomie. Sie produzierten zunehmend für den Markt statt zur Selbstversorgung und spezialisierten sich auf Produkte mit hoher Wertschöpfung: Fleisch und Milchprodukte; Würzpflanzen wie Kräuter, Zwiebeln oder Meerrettich; Rohstoffe für Genussmittel wie Hopfen, Zuckerrüben und ab etwa 1600 Tabak; Ölsaaten; Faserpflanzen wie Hanf und Flachs oder die Färberpflanze Krapp.[83]

Auch in England entwickelte sich früh ein »Agrarkapitalismus«, jedoch unter anderen Voraussetzungen als in den Niederlanden. Am Ende des Mittelalters waren die feudalen Verhältnisse intakt. Im Feudalismus gab es kein Eigentum an Boden im heutigen Sinne, sondern Personen, Familien oder Institutionen hatten gewisse Verfügungsrechte. Die auch in weiten Teilen des Kontinents typische Organisationsform der

Landwirtschaft war das System der Fluren *(open fields)*[84]. Der
Grundherr bewirtschaftete den Fronhof, wozu er seine Unter-
tanen zu Frondiensten heranziehen konnte. Den Bauern »gehörten« die Fluren. Sie waren in Streifen unterteilt, die von je
einem Bauernbetrieb (meist einem Familienbetrieb) bewirtschaftet wurden. Was wann wo angebaut wurde und wann
welches Feld brachzuliegen hatte, beschlossen die Bauern gemeinsam. Die Erträge gehörten ihnen, doch mussten sie dem
Grundherrn darauf eine Abgabe (den Zehnten) entrichten.
Sie waren an ihr Land gebunden und konnten es nicht ohne
weiteres verlassen, sie konnten aber vom Grundherrn auch
nicht ohne weiteres vertrieben werden. Schließlich gab es die
Weiden, die Wälder und das »Ödland« (beispielsweise Moore
oder steinige Böden), die als Allmenden gemeinsam genutzt
wurden. Auch brachliegende Äcker galten für die Dauer der
Brache als Allmendland, auf dem die Tiere der Dorfbewoh-
ner weiden durften. Für Hirten ohne eigenes Land war das
Recht, Stoppelfelder und Brachen zu beweiden, existentiell;
umgekehrt profitierten die Felder der Bauern mit wenig eige-
nem Vieh vom Dung der fremden Tiere. Um nun auf Land,
das man einst hatte brachliegen lassen, Futterpflanzen anzubauen, musste man es einzäunen, um das Vieh davon fern-
zuhalten. Diese Einzäunung beschnitt die traditionellen gemeinschaftlichen Weiderechte. Sie bedurfte deshalb eines
gemeinsamen Beschlusses und der Bewilligung durch die Ob-
rigkeit.

In England war die Zeit der »Agrarrevolution« auch die
Zeit der Einhegungen vormals gemeinschaftlich genutzten
Landes – die Geschichtsschreibung spricht vom *enclosure mo-
vement*. Die frühen Einhegungen waren oft nichts anderes als
Usurpationen der Lords und wurden vom König bekämpft.
Die große Pestepidemie in der Mitte des 14. Jahrhunderts gab

dem *enclosure movement* einen ersten Schub, weil wegen des Massensterbens viel Ackerland nicht mehr bebaut wurde. Die Lords rissen sich die nicht mehr genutzten Flächen unter den Nagel und machten daraus eingehegte Schafweiden – war doch der Marktpreis für Getreide im Keller, während Wolle gute Preise erzielte. Als dann mit dem wieder einsetzenden Bevölkerungswachstum die Getreidepreise wieder stiegen, verwandelten die Grundherren manche Weide zurück in einen Acker, ohne indes die alten Rechte wiederherzustellen. Ihre derart vergrößerten Güter verpachteten sie an Farmer, die nun Agrarunternehmer waren und die Äcker mit Lohnarbeitern bestellten.

Seinen Höhepunkt erreichte das *enclosure movement* in den Jahren 1760 bis 1820, der Zeit der »parlamentarischen Einhegungen«: Jetzt wurden die Einhegungen nicht mehr als illegal betrachtet, sondern das – von den Lords dominierte – Parlament bewilligte und förderte sie. Das feudale System, das sich auf erbliche und persönliche Abhängigkeitsbeziehungen stützte, wich einem marktwirtschaftlichen, auf Verträgen basierenden Pachtsystem. Vom einst stolzen englischen Bauerntum (der *Yeomanry*) blieb nicht viel übrig: An die Stelle der *Yeomen* traten Pächter, die die Güter der Lords mit Lohnarbeitern nach kapitalistischen Grundsätzen verwalteten. Heerscharen ehemaliger Bäuerinnen und Bauern sowie Hirtinnen und Hirten wurden aus der Landwirtschaft vertrieben.

Wieder anders war die Situation im Süden und Osten Europas. Hier dominierten bis in die moderne Zeit Großbetriebe (Latifundien), die in feudalen oder quasi-feudalen Verhältnissen bewirtschaftet wurden. Nach der Pest beanspruchte der Adel das verlassene Land für sich. Die Betriebe wurden größer, investierten aber kaum in eine Intensivierung des Anbaus: Statt Kapital für arbeitssparende Techniken aufzuwen-

den, verschärfte der Adel die Fronpflichten. Die Bauern waren
unfreier als im Nordwesten; im Zarenreich überlebte sogar
die Leibeigenschaft offiziell bis 1861.[85]

Es liegt nahe, die Geschichte der Agrarrevolution als eine
Geschichte von Fortschrittlichkeit und Innovationskraft einer-
seits und rückständigem Konservatismus andererseits zu erzählen. Tatsächlich ist die Sicht auf die Geschichte der Landwirtschaft seit dem 18. Jahrhundert und bis heute von diesem
Gegensatz geprägt. In dieser Standarderzählung der Agrarrevolution, die vor allem England im Auge hat, spielen die
Einhegungen die zentrale Rolle: Sie ermöglichten den agrar-
technischen Fortschritt – und damit letztlich auch die industrielle Revolution, weil die Massen, die in der Landwirtschaft
ihr Auskommen verloren, nun als Fabrikarbeiter zur Verfügung standen. Die Einhegungen führten zu Privateigentum
an landwirtschaftlichem Boden und förderten dadurch unter-
nehmerisches Handeln. Kollektive seien dagegen schwerfällig
und konservativ und neigten außerdem dazu, ihren gemeinsamen Besitz zu übernutzen (die sogenannte Tragik der Allmende[86]). Zudem ließen sich größere Grundstücke dank sogenannten Skaleneffekten effizienter bewirtschaften als kleine.
Marxistische und liberale Ökonomen und Historiker waren
sich in dieser Sichtweise lange einig, wenn sie die Vorgänge
auch gegensätzlich bewerteten.

Doch seit einiger Zeit blickt die Agrargeschichtsschreibung
genauer hin – und je genauer man hinblickt, desto mehr lösen
sich herkömmliche Deutungen auf.[87] Statt eines einheitlichen
Musters von Fortschritt einerseits und Stillstand andererseits
zeigen sich nun unzählige ganz unterschiedliche Entwicklungen, die je nach den regionalen ökonomischen, klimatisch-
geografischen und herrschaftlich-institutionellen Bedingungen immer wieder anders verliefen. An Bedeutung verlieren

deshalb auch die Gegensatzpaare gemeinschaftliche Nutzung versus Privateigentum, Feudalismus versus Kapitalis-
mus, Subsistenz versus Marktorientierung oder Fruchtfolge
mit Brache versus Fruchtfolge mit Leguminosen. Oft existierten die scheinbaren Gegensätze über lange Zeit hinweg auf
demselben Grundbesitz, ja auf demselben Hof nebeneinander, es gab Mischformen und fließende Übergänge und alle
möglichen Kombinationen der genannten Faktoren. Und alle
Entwicklungen hatten Vorläufer, die mitunter weit zurück-
reichten.

In Teilen Ostenglands erzielten Bauern schon um 1300 Erträge wie anderswo erst 500 Jahre später. »Moderne« Pacht-
systeme gab es, etwa am Niederrhein, schon im Mittelalter;
umgekehrt hat »vormodernes« Gemeineigentum bis heute
überdauert: Viele alpine Sömmerungsweiden sind noch immer genossenschaftlich genutzte Gemeingüter. Einhegungen
konnten nicht nur von den Grundherren, sondern auch von
den Bauern ausgehen, und sie mussten nicht zwingend die alten feudalen und oder gemeinschaftlichen Nutzungsrechte
aushebeln. In Taston und Spelsbury hegten die Bauern auf
eigene Initiative Allmendland für Esparsetten und später für
Klee ein. Der Übergang von einem feudalen Lehens- zu einem
»kapitalistischen« Pachtsystem fand zwar parallel zu den Einhegungen statt, aber nicht als Folge davon: denn während die
Einhegungen per Beschluss jeweils für das ganze Dorf eingeführt wurden, zog sich der Übergang zum Pachtsystem über
das ganze Jahrhundert hin. Eine Studie über die Innerschwei-
zer Landschaft Luzern, wo es keinen Landadel gab, weist schon
für das Spätmittelalter Einhegungen nach, die von den Bauern
ausgingen und, anders als in England, das freie Bauerntum
letztlich stärkten (obwohl die ärmsten Bauern hier wie da unter den Einhegungen litten).[88]

Mit neuen Fruchtfolgen, die die Brache durch den Anbau
stickstofffixierender Leguminosen ersetzten, experimentier-
ten Bauern und Bäuerinnen in verschiedenen Gegenden ebenfalls schon im Mittelalter. Außergewöhnlich gute schriftliche
Aufzeichnungen liegen aus Oakington in der Grafschaft Cambridgeshire (Ostengland) vor. Dort verzichteten die Bauern
beispielsweise von 1380 bis 1389 auf jegliche Brache; stattdessen bauten sie Erbsen an. Die gemeinschaftlich festgelegten
Anbaupläne waren äußerst flexibel. Die Bauern ernteten auf
gleicher Fläche deutlich mehr als ihre Herren auf dem Fronhof – und zwar, indem sie ertrags*schwächere* Sorten anbauten, die den Boden weniger auslaugten, weshalb man öfter auf
die Brache verzichten konnte.[89]

Natürlich ist es richtig, dass Bauernfamilien in einem Flursystem andere Interessen haben als Pächter, die mit Lohnarbeitern wirtschaften. Das konnte (musste aber nicht) bedeuten,
dass Familienbetriebe Neuerungen gegenüber zurückhalten-
der waren als die Pächter. Eine Familie kann ihren Betrieb
nicht dadurch rationalisieren, dass sie teure arbeitssparende
Geräte einsetzt und Mitarbeiter entlässt. Eine weitgehend auf
Subsistenz ausgerichtete Landwirtschaft kann für eine Familie attraktiver sein und mehr Freiheiten bieten als die Abhängigkeit von einem unberechenbaren Markt, selbst wenn
die Produktion für den Markt höhere Einkommen ermöglicht.
Diversifizierung kann attraktiver sein als Spezialisierung –
selbst um den Preis geringerer Effizienz, weil Monokulturen
für Krankheiten, Schädlinge oder schlechtes Wetter anfälliger
sind. Ein gewisser Grad an Unfreiheit kann attraktiver sein als
eine Freiheit, die mit dem Risiko behaftet ist, von seinem Feld
vertrieben zu werden. Betrachtet man Gewinnmaximierung,
Marktorientierung und hohe Kapitalisierung bei hoher Arbeitsproduktivität als fortschrittlich, Subsistenz, Sicherheits-

streben und geringe Kapitalisierung bei niedriger Arbeitsproduktivität als rückschrittlich, so hatten familiäre Kleinbetriebe
tatsächlich gute Gründe, dem Fortschritt gegenüber zurück-
haltend zu sein. Aber die Wertungen, die dieser Sichtweise
zugrunde liegen, sind willkürlich.

Und die neuere Agrargeschichte hat gezeigt, dass die Zu-
ordnungen auch falsch sind. Die Einhegungen fallen als Ursa-
che der landwirtschaftlichen Revolution mittlerweile außer
Betracht: Dank neueren Berechnungen weiß man heute, dass
die großen Ertragssteigerungen vor dem 18. Jahrhundert ein-
traten – also bevor das Parlament die Einhegungsbewegung
richtig in Fahrt brachte –, wohingegen die Erträge im 18. Jahrhundert, der Hoch-Zeit der Einhegungen, stagnierten. Englands Bevölkerung hatte in dieser Zeit nicht dank steigender
Erträge, sondern dank dem internationalen Handel und dem
Import aus den Kolonien genug zu essen.

Die Vorstellung, gemeinschaftlich verwaltetes Eigentum
sei schwerfällig, ist in der Ökonomie tief verwurzelt. Die Forschungen der Sozialwissenschaftlerin Elinor Ostrom haben
aber auch hier eine Neubewertung eingeleitet, und seit Ostrom 2009 mit dem Wirtschaftsnobelpreis ausgezeichnet wurde,
erlebt die Gemeingüterforschung einen kleinen Boom. Zahlreiche Einzelfallstudien haben seither gezeigt, dass Gemeinschaften sehr wohl fähig waren, auch komplexe Fruchtfolgen
zu verwalten und Neuerungen einzuführen. Man hätte das
auch ohne ausgeklügelte kliometrische[90] Methoden vermuten
können: Manche gemeinschaftlichen Nutzungssysteme sind
Jahrhunderte alt. Nur flexible und innovationsfähige Manage-
mentsysteme können Veränderungen der Umweltbedingun-
gen und der Herrschaft sowie Kriege, Missernten und Hun-
gersnöte so lange überdauern.[91]

Gerade in der Landwirtschaft brauchen Neuerungen einen

Rahmen, in dem experimentiert werden kann. Eine Agrarwissenschaft mit Versuchsanstalten gab es erst ab dem 18. Jahrhundert, und die frühen Agrarwissenschaftler verbreiteten mitunter merkwürdige Ideen.[92] Das Flursystem mit seinen kleinteiligen Feldern bot diesen Rahmen. Indem Spelsbury es seinen Bauern überließ, ob sie auf dem dazu eingehegten Land tatsächlich Esparsetten anbauen wollten, konnten risikoscheuere Bauern erst einmal den Erfolg ihrer Nachbarn abwarten. Aber auch im Nachbarweiler Taston, der den Esparsetten-Anbau für alle verpflichtend machte, konnte der Zwang zum Konsensentscheid den Wandel nicht aufhalten.

Bauern und Bäuerinnen sind kein so konservatives Volk, wie man es ihnen gerne nachsagt. Aber auch die Gutsherren Südeuropas waren nicht einfach konservativ, wenn sie die Brache bis ins 20. Jahrhundert beibehielten: Das mediterrane Klima mit langen trockenen Sommermonaten ist für den Anbau von Klee und kleeähnlichen Pflanzen nicht geeignet. Hülsenfrüchte wie Kichererbsen, Linsen und Bohnen wurden im Süden seit alters her angebaut und gehören bis heute zur mediterranen Küche, sie sind aber eher Gartenpflanzen und eignen sich wenig für Ackerfruchtfolgen. Der Osten wiederum war viel dünner besiedelt als der Nordwesten Europas. Warum sollten die Gutsherren hier eine arbeitsintensivere Fruchtfolge einführen, um mehr Ertrag pro Fläche zu erzielen, wo doch riesige Flächen fruchtbaren Ackerbodens vorhanden waren? In einem Punkt war Osteuropa sogar »fortschrittlicher« als der Westen: Die Getreidemahd mit der Sichel wurde hier früher als im Westen durch die Mahd mit der Sense abgelöst. Denn die Sense ist schneller, was bei großen Grundstücken entscheidend war, aber mit der Sichel geht weniger Korn verloren, was im dicht besiedelten Westen wichtiger war. Für eine Spezialisierung auf Produkte mit hoher Wertschöpfung fehlte im Süden wie im Osten die Binnennachfrage einer breiten Schicht wohlhabender Stadtbewohner.

»Fortschrittliche« und »rückständige« Entwicklungsmodelle waren nicht einfach Gegensätze: Sie bedingten sich gegenseitig. Das niederländische Entwicklungsmodell war nur möglich dank dem osteuropäischen: Die Niederlande importierten billiges Getreide aus Polen und Litauen und produzierten dafür selber mehr Spezialitäten mit hoher Wertschöpfung. Anderswo ging eine »moderne« Spezialisierung mit der Beibehaltung der »veralteten« extensiven Brachenwirtschaft in derselben Region einher – etwa im Osten Österreichs, wo die Großstadt Wien mit ihren Märkten doch eine Intensivierung des Ackerbaus hätte erwarten lassen. Die Intensivierung fand hier aber in dem für diese Region wichtigen Weinbau statt. Die Bauern verzichteten auf eine Düngung der Äcker, weil ihnen der Dünger im Weinberg mehr Gewinn brachte.[93]

»Fortschrittliche« und »rückständige« Elemente gehen in der Geschichte Hand in Hand. Die Vorstellung, Entwicklung sei eine Abfolge von Stadien, die zwar unterschiedlich schnell, aber immer in dieselbe Richtung verlaufe, ist falsch.

Das Denken in Entwicklungsstadien dominiert aber die Entwicklungspolitik; namentlich die Idee, entwickelte Volkswirtschaften zeichneten sich durch einen großen Dienstleistungssektor aus, während Volkswirtschaften mit einem großen Agrarsektor noch der Entwicklung bedürften. Genau die Elemente, die die Standarderzählung der »Agrarrevolution« als fortschrittlich wertet, hat landwirtschaftliche Entwicklungspolitik im 20. Jahrhundert angestrebt – und strebt sie zu großen Teilen heute noch an:[94] Privateigentum an Boden und Produktionsmitteln, Marktorientierung, Spezialisierung auf Produkte mit hoher Wertschöpfung, große Betriebe, kapital-

intensive Wirtschaft mit hoher Arbeitsproduktivität und ein
sinkender Anteil der in der Landwirtschaft tätigen Bevölkerung. Eine solche Entwicklungspolitik versucht, ein Entwicklungsmodell, das es schon in Europa nicht gab, dem
Rest der Welt überzustülpen, wo andere geografische, klima-
tische, politische und kulturelle Voraussetzungen eine andere
Landwirtschaft erfordern würden. Mit fatalen Folgen: Resultat dieser Politik war zwar ein markanter Anstieg der
landwirtschaftlichen Produktion. Hunger und Armut hat die
Produktionssteigerung aber nicht zu beseitigen vermocht.
Stattdessen verloren Hunderte Millionen Menschen ihr Auskommen in der Landwirtschaft. Lokal angepasste Anbautech-
niken und Kulturpflanzensorten sind verloren gegangen.[95]
Dass die Menschen, die in der Landwirtschaft nicht mehr ge-
braucht wurden, nun automatisch in der Industrie unterkom-
men und somit die Industrialisierung ihrer Länder voran-
treiben würden, war schon im England der industriellen
Revolution nicht der Fall, und es ist auch in den Ländern Afrikas, Südasiens und Lateinamerikas heute nicht so: Dort wachsen stattdessen die Slums mit Menschen ohne Erwerbsarbeit.
Eine der wichtigsten Treiberinnen solcher Entwicklungspolitik war im 20. Jahrhundert die Weltbank, die Schuldnerstaa-
ten vor allem in den 1980er Jahren zu »Strukturanpassungen«
zwang. 2007 schreibt sie in vernichtender Selbstkritik:

> Die Strukturanpassung hat das komplizierte System öf-
> fentlicher Einrichtungen demontiert, das den Bauern Zu-
> gang zu Land, Krediten, Versicherungsinputs und koope-
> rativen Organisationsformen bot. (…) Dabei sollten die
> Kosten verringert, die Qualität der Angebote gesteigert
> und deren rückschrittliche [!] Ausrichtung aufgehoben
> werden. Allzu oft ist es anders gekommen. (…) Die klein-

bäuerlichen Betriebe waren vom Verlust ihrer Wettbe-
werbsfähigkeit und in vielen Fällen auch vom Untergang
bedroht.[96]

Der tiefgreifende Wandel der niederländischen Landwirtschaft im 16. und 17. Jahrhundert wäre nicht möglich gewesen
ohne Getreideimporte aus dem Osten, und der Wandel der
sogenannten entwickelten Länder des Nordens von Agrar- zu
Industrie- und schließlich zu Dienstleistungsgesellschaften
wäre nicht möglich gewesen, hätten diese Länder nicht einen
Großteil ihres Bedarfs an Agrar- und Industriegütern durch
Importe aus den »weniger entwickelten« Ländern decken können. Es kann nicht die ganze Welt »entwickelt« sein in dem
Sinne, dass der Agrarsektor nur noch einen winzigen Anteil
an der Gesamtwirtschaft hat. Es gibt Wege des »Fortschritts«,
die nicht auf die ganze Welt übertragbar sind.

Die Standarderzählung vom landwirtschaftlichen Fortschritt in der frühen Neuzeit hat eine lange Geschichte, die ins
18. Jahrhundert zurückreicht. Aber ebenso lange gibt es auch
Stimmen, die widersprechen. Es sei »einer der merkwürdigs-
ten Irrtümer der Ökonomen«, schrieb 1789 der Abt Claude
Fauchet,

zu glauben, kleine Grundstücke seien grundsätzlich weniger nützlich und weniger produktiv als große (…). Welch
unglaubliche Illusion! Diese Ökonomen haben Bände ge-
füllt, die niemanden überzeugten, weil der gesunde Men-
schenverstand und die Tatsachen ihnen widersprechen.
Eine Kuh genügt, um ein kleines Feld zu düngen, und die
Ochsen des Nachbarn bearbeiten es für ein bescheidenes
Entgelt. (…) Man sehe sich die Höfe des kleinen Landbesit-
zers an. Seine Gebäude sind gut unterhalten ohne viel Auf-

wendungen, weil er Reparaturen vornimmt, sobald sie nötig sind. Man sehe sich an, wie seine Herden prosperieren,
mit wie viel Geschick er seine Milchprodukte herstellt und
auf den Markt bringt und mit wie viel Sorgfalt seine kleinen Felder gesäubert, gedüngt, angesät, gejätet und für all
die Produkte, die man erwarten kann, vorbereitet sind![97]

Abb. 5   Esfandiyar bekämpft den Drachen. Anonyme Miniatur aus
einem Manuskript des Schahname-Mythos, Persien, 16. Jahrhundert.
Man beachte die Darstellung des Wagens! (Harvard Art Museum)

4 Rad

Eine Miniatur in einer Ausgabe des persischen Nationalepos Schahname aus dem 16. Jahrhundert zeigt eine Szene des Kampfs zwischen dem Helden Esfandiyar und einem Drachen. Der Drache verschlingt soeben ein Pferd aus dem Gespann eines zweispännigen Wagens. Bemerkenswert ist dessen Darstellung: Zwei Pferde ziehen eine merkwürdige Truhe mit Füßchen zwischen zwei großen Scheibenrädern, aber es gibt weder Deichsel noch Geschirr, sondern die Pferde ziehen den Wagen mit Ketten, die direkt an der Radachse befestigt und ihnen mit einer einfachen Schlaufe um den Hals gelegt sind. Die Ketten sind so kurz, dass die Pferde den Wagen nicht hinter, sondern zwischen sich ziehen. Ganz offensichtlich hatte der unbekannte Künstler von den technischen Details eines Wagens und seiner Zugvorrichtung keine Vorstellung. Und tatsächlich: In Persien, der Gegend, in der womöglich die ersten Wagen der Geschichte gebaut wurden[98], kannte man Wagen damals seit bereits über einem Jahrtausend nur noch vom Hörensagen.[99]

»Man soll das Rad nicht neu erfinden«, sagt man. Es gibt Räder in allen möglichen Größen, aus den unterschiedlichsten Materialien, von vielfältiger Bauart. Doch die Grundform des Rades, der Kreis, ist in seiner Einfachheit perfekt von Anfang an: Man kann ihn nicht neu erfinden. Schon deshalb ist das Rad eine Grundtechnik schlechthin, und es erstaunt nicht, dass das Rad häufig in einem Atemzug mit der (freilich sehr viel älteren) Beherrschung des Feuers zu den wichtigsten technischen Errungenschaften der Menschheit gezählt wird.

Um so mehr erstaunt dagegen auf den ersten Blick, dass große Teile der Welt – ganz Amerika, Afrika südlich der Sahara, Südostasien, Australien – bis zu ihrer Kolonisierung durch die Europäer, wie man sagt, »das Rad nicht kannten«. Das stimmt so natürlich nicht: Das Rad in seinen unzähligen

Verwendungen war weit verbreitet, und seine Bedeutung
als Töpferscheibe, Mühlrad, Seilrolle oder Zahnrad ist unbe-
streitbar. Aber wenn vom Rad die Rede ist, so denkt man
(heute) zumeist an beräderte Fahrzeuge. Und solche gab es in
vielen Kulturen nicht.

Und noch erstaunlicher ist, dass man das (Wagen-) Rad offenbar »wegerfinden« kann, wie es die Perser taten: In den
ersten Jahrhunderten unserer Zeitrechnung verschwand der
Wagentransport nicht nur aus Persien, sondern auch aus den
ehemals römischen Gebieten des Nahen Ostens und Nord-
afrikas.

Wann genau das geschah, ist schwer zu ermitteln: Das
Nicht-Vorhandensein von etwas hinterlässt meist weniger
Spuren als das Vorhandensein. Sicher ist, dass das gut ausgebaute Netz von 80 000 Kilometern Fernstraßen, das die Römer
rund um das Mittelmeer gebaut hatten, zu verfallen begann,
nachdem das Römische Reich seinen Zenit überschritten
hatte. Auch dieser Verfall ist schwer zu datieren und fand
nicht überall im Imperium gleichzeitig statt. Der Historiker
und Spezialist für den islamischen Raum Richard W. Bulliet
meint, dass beräderte Fahrzeuge aus dem Perserreich zur Zeit
der Sassanidendynastie (ab dem 3. Jahrhundert) wohl bereits
verschwunden waren, während man in Syrien Wagen bis zum
Ende der römischen Herrschaft in dieser Gegend im 4. Jahrhundert nutzte. Auf jeden Fall aber sei der Prozess vor der
Entstehung des islamisch-arabischen Kalifats (ab dem 7. Jahrhundert) weitgehend abgeschlossen gewesen, und eingesetzt
habe er schon vor dem 1. Jahrhundert. Gleichwohl liest der
einflussreiche amerikanische Wirtschaftshistoriker David Landes das »Vergessen des Rades« als einen Beleg für die Rückständigkeit der islamischen Welt.[100] Fortschrittliches Abend-
land, rückständiges Morgenland also?

Zunächst einmal bedarf der Befund, wonach das Rad aus
der islamisch-arabischen Welt verschwunden sei, im Westen
aber fortgelebt habe, einer Relativierung. Dass man Dinge auf
Rädern transportieren kann, wusste man natürlich auch im
Nahen Osten weiterhin – nur schon deshalb, weil die Gegenden rund um das Mittelmeer immer in intensivem Kontakt
zueinander standen. In Syrien hörten die Christen nie auf,
Wagen zu nutzen – doch sie beschränkten die Nutzung auf re-
ligiöse Prozessionen.[101] Andere Anwendungen des Rades wie
das Schöpfrad, das Mühlrad oder die Töpferscheibe haben die
Araber sogar entscheidend weiterentwickelt. Auch andere
Weltgegenden, die nie Wagen nutzten, kannten das Rad: Von
den Maya in Zentralamerika sind Spielzeugtiere mit Rädern
an den Füßen überliefert. Auch das Zahnrad kannten die
Mayas.

In Europa nahm die Bedeutung des Transports auf Rädern
nach dem Ende des Römischen Reiches ebenfalls stark ab. Wo
die römischen Straßen verfallen waren oder neue Städte andere Straßennetze verlangt hätten, gab es bis in die Neuzeit
nur unbefestigte Überlandstraßen, die bei Regen weitgehend
unbenutzbar waren. Die effizienteste Möglichkeit, Waren
über größere Strecken zu transportieren, war immer schon
der Wasserweg gewesen (auch zur Zeit der Römer). Die Han-
delsrouten führten den Küsten entlang und im Binnenland
über Flüsse und Seen; auf nicht schiffbaren Flüsschen trei-
delte man das Frachtgut. Wo es keine Wasserstraßen gab wie
beispielsweise in den Bergen, lud man die Ware auf Maultiere, Esel oder andere Tiere. Die Nutzung des Rades zu Trans-
portzwecken ist aus Europa nie ganz verschwunden, aber sie
war bis ins späte Mittelalter fast ausschließlich auf lokale
Transporte beschränkt. Diese Situation änderte sich in der
frühen Neuzeit nur langsam. Erst im 18. Jahrhundert begann-

nen Herrscher, befestigte Chausseen zu bauen, doch blieb der Wasserweg noch lange wichtiger, und bis ins 19. Jahrhundert gehörten Kanäle zu den bevorzugten Prestigeprojekten der Verkehrsinfrastruktur.[102]

Trotz dieser Relativierungen: Warum gab der Orient die Wagentechnik ganz auf, während der Okzident sie, wenngleich in bescheidenem Umfang, weiter nutzte? War man im Osten – sei es aus kulturellen, sei es aus geografischen Gründen – weniger in der Lage, die Technik und die dafür nötige Infrastruktur aufrechtzuerhalten, war mithin der zivilisatorische Niedergang am Ende des Römischen Reiches im Osten ausgeprägter? Oder war es vielmehr so, dass man im Osten die Nutzung der Wagen aufgab, weil man etwas Besseres fand, das es im Westen nicht gab – und war die Aufgabe des Wagens also aus technischer Sicht ein »Fortschritt« und gar kein »Rückschritt«?

Ein Wagen ist wenig wert ohne Kraft, die ihn bewegt. Es scheint, dass Transport auf Rädern nur in Regionen aufkam, wo es geeignete Zugtiere gab. Die Wagentechnik war auf eine Zugtechnik (mit Jochen, Geschirren, Deichseln) angewiesen, nicht aber umgekehrt: Tiere ziehen Schlitten oder Pflüge und bewegen Göpel auch in Gegenden, wo es keine Wagen gibt.[103] Merkwürdigerweise scheint man sogar Handwagen und Schubkarren nur dort benutzt zu haben, wo man auch von Tieren gezogene Wagen kannte.

Und ein Wagen ist noch weniger wert ohne geeigneten Untergrund, auf dem er rollen kann, sprich: ohne Straßen oder Schienen. Dass das Römische Reich ein so immenses Straßennetz aufbaute und unterhielt, war in erster Linie militärisch motiviert. Die Erleichterung des Warentransports im Handel war ein Nebeneffekt.[104] Als das Römische Reich den Unterhalt der Straßen nicht mehr zu gewährleisten vermochte, wurde der Warentransport mit Wagen immer schwieriger und aufwendiger – und ökonomisch unsinniger.

Aber parallel zum Niedergang der einen Transporttechnik erlebte eine andere einen Aufschwung. Es ist eine Technik, die Nordafrika und der Nahe Osten mit Südamerika teilen, wo es vor der Ankunft der Europäer auch keine Wagen gab: das domestizierte Kamel. In Südamerika züchteten die Menschen Lamas und Alpakas, im arabischen Raum Dromedare. Kamele sind ausgezeichnete Lasttiere, aber schlechte Zugtiere: Hier liegt der Schlüssel zur Frage, weshalb der Orient den Wagentransport aufgab, nicht aber Europa.

Der bereits erwähnte Richard Bulliet hat die Frage nach dem Verschwinden des Radtransports in seinem Buch *Das Kamel und das Rad* erörtert, worin er die These vertritt, dass das Kamel unter den gegebenen Umständen ökonomischer gewesen sei als das Rad. Dazu bedurfte es aber einiger Entwicklungen. Zwischen 500 und 100 vor Christus entwickelten die nomadischen Völker Nordarabiens einen neuen Satteltyp. Er erlaubte es, einhändig zu reiten – und in der freien Hand eine Waffe zu führen. Diese technische Neuerung gab den nomadischen Stämmen eine militärische Überlegenheit, die es ihnen ermöglichte, den Handel durch die Wüste zu kontrollieren. Erst jetzt, »als die Kamelzüchter – die Nomaden – voll in die Gesellschaft und den Handel des Nahen Ostens integriert wurden«, begannen auch nicht-nomadische Bevölkerungsgruppen der Region, das Kamel als eine Transporttechnik zu nutzen, die dem Wagentransport überlegen war.[105]

Gleichzeitig mussten die sesshaften Menschen aber bereit sein für das Reittier. Dem kam ein Wandel der Mode entgegen, der sich – unabhängig vom Kamel – in den Jahrhunderten vor Christi Geburt vollzog. Seit der Antike waren Streitwagen bekannt; sie werden etwa im Alten Testament zahlreich erwähnt. Aber schon im 4. Jahrhundert vor Christus, schreibt Bulliet, sei die »Benutzung von Streitwagen durch die Karthager beinahe anachronistisch« gewesen; verdrängt hatte ihn der Reiter hoch zu Ross. Damit einhergegangen sei ein Wandel des Geschmacks: Wer etwas auf sich hielt, ritt auch im zivilen Leben und fuhr nicht im Wagen.[106]

Für den Kameltransport sprach schließlich die Ökonomie: Ein Sattel kostete weniger als Wagen und Zaumzeug. Der Unterhalt von Karawansereien und Brücken kostete weniger als der Unterhalt eines Straßennetzes. Römische Ochsenkarren schafften zehn bis zwanzig Kilometer Wegstrecke pro Tag, Kamelkarawanen das Doppelte. Und vor allem waren Kamele noch für anderes gut: Ursprünglich wurden sie nicht als Transporttiere gezüchtet, sondern als Lieferanten von Milch, Wolle und Fleisch in wenig fruchtbaren Gegenden. Ochsen geben keine Milch, fressen aber auch dann, wenn sie nicht eingesetzt werden, weshalb man in Europa häufiger Kühe als Ochsen vor die Wagen spannte – aber Kühe leisten deutlich weniger als Ochsen, vom Vergleich mit Kamelen ganz zu schweigen, und wenn sie zu sehr beansprucht werden, geben sie weniger Milch. Je mehr aber der Nahe Osten und Nordafrika auf Kamele statt Wagen setzten, desto schwieriger wurde es, doch noch Wagen einzusetzen. Denn nicht nur wurden die Straßen nicht mehr unterhalten, auch Städte wurden mit so verwinkelten Gässchen gebaut (was ihre Bewohnerinnen und Bewohner vor Hitze und starken Winden schützte), dass für Wagen kein Durchkommen mehr war.

Nicht überall jedoch schlossen sich Kamel und Wagen aus: In Anatolien und in Zentralasien nutzte man beide, und in Indien spannte man Kamele sogar vor Wagen. In al-Andalus, dem arabischen Spanien, konnte sich das Kamel nie durchsetzen: Hier herrschte mit den Almohaden eine Dynastie aus

einem Berberstamm ohne Kameltradition. Der Wagen ist
aus Spanien deshalb auch zur islamischen Zeit nie ganz verschwunden; wichtigste Transporttechnik zu Land waren hier
Esel und Maultier.

Auch in Europa konnte sich das Kamel trotz einiger weniger Versuche nicht durchsetzen: Den Europäern galten Kamele
(und Kameltreiber) als dumm; noch die *Encyclopaedia Bri-
tannica*-Ausgabe von 1910 schreibt: »Allein seine Dummheit
macht das Kamel gefügig, ohne dass sein Herr vieler Kenntnisse bedürfte«.[107] Versuche, das Kamel in Europa einzuführen, gab es seit dem Mittelalter wiederholt; sie scheiterten
wohl nicht zuletzt an den Vorurteilen. Die europäische Idee
vom Rad als einer der grundlegendsten Techniken entstand
gleichwohl erst im späten 19. Jahrhundert, als mit besseren
Straßen und der Eisenbahn der Transport auf Rädern gegenüber dem Transport zu Wasser, mit Packtieren und zu Fuß immer wichtiger wurde. Der arabisch-persische Raum wiederum
entwickelte eine Abneigung gegen das Rad, die Bulliet etwa
darin erkennt, dass auf den Baustellen Teherans »noch in unseren Tagen« (sein Buch erschien 1975) die Schubkarre nicht
genutzt werde.[108]

Dabei wäre gerade die Schubkarre ein Weg gewesen, den
Transportbedarf jenseits der Alternative Wagen und Straßen
versus Packtiere zu lösen. In China bestand zeitgleich mit den
römischen Heeresstraßen ein Netz gut ausgebauter Straßen,
das die Hälfte der Weglänge des römischen erreichte. Das chi-
nesische Straßennetz verfiel nach dem Zusammenbruch der
Han-Dynastie am Ende des 2. Jahrhunderts. Weil die chinesischen Straßen, unseren modernen ähnlich, mit asphaltartigen
Belägen befestigt und weniger beständig waren als die römische Steinpflasterung, zerfiel das Straßennetz hier schneller
als etwas später im Mittelmeerraum.[109]

Zu dieser Zeit kam nun in China die Schubkarre auf. Anders als die europäische Schubkarre (dass es damals in Europa bereits Schubkarren gab, ist eher unwahrscheinlich; der erste sichere Beleg stammt aus dem 13. Jahrhundert) befindet sich bei der chinesischen Schubkarre ein großes Rad in der Mitte der Ladefläche und der Schwerpunkt der sachgerecht beladenen Schubkarre auf der Höhe der Achse. Dadurch lassen sich größere Lasten über weite Strecken transportieren, und tatsächlich kam die Schubkarre in China, anders als in Europa, für Langstreckentransporte zum Einsatz, und zwar für Güter- wie für Personentransporte. Es gab Schubkarren, die von Menschen geführt und gleichzeitig von Zugtieren gezogen wurden, und es gab sogar welche mit Segeln. Und anstelle des alten Straßennetzes überzog nun ein feines Netz schmaler Pfade das riesige Land; Pfade, die wenig Land verbrauchten und deren Unterhalt, der den Gemeinden oblag, wenig kostete.

Viele europäische Besucher, die China mit europäischem Blick bereisten, sahen in diesen Pfaden ein Zeichen des zivilisatorischen Niedergangs. So klagte Rudolf Hommel 1937 in seinem Reisebericht *China at Work*: »Die herrlichen Straßen sind verschwunden, und an ihrer Stelle finden wir nur noch schmale Pfade, kaum breit genug für Fußgänger und Schubkarren.«[110] Demgegenüber schreibt Joseph Needham, der große Kenner der chinesischen Technikgeschichte, 1965: »Chinas Landschaft wurde durchzogen von Millionen Meilen gut gepflasterter Pfade, geeignet für Fußgänger, Schubkarren-Schieber und Lastenträger. (…) Wer wie der Autor [i. e. Needham] diesen Pfaden durch Wälder und Reisfelder gefolgt ist, kann sich ihrer nicht anders als mit einer intensiven Sehnsucht erinnern.«[111]

5 Schwefeläther[112]

Abb. 6 Robert Hinckley: »Ether Day«, 1893. Der Patient der »ersten erfolgreichen Operation unter Anästhesie« liegt schlafend da, während er operiert wird. Porträtmaler Hinckley idealisiert die Szene genauso wie die meisten populären Medizingeschichten: Tatsächlich war der Patient unruhig und stöhnte, und die Anästhesie gälte nach heutigen Maßstäben als misslungen.

Am Montag, dem 8. März 1847, besucht Elias Haffter eine Versammlung des Thurgauer Ärztevereins. In sein Tagebuch notiert er:

> Die Gesellschaft in Bürglen war ziemlich zahlreich besucht; die Verhandlungen begannen etwas spät, waren aber anziehend, weil um die Schwefelätherwirkung vorzüglich sich drehend. Mit Dr. L. Brenner fuhr ich erst gegen 9 Uhr heim.[113]

Haffter, 44-jährig, Hebammenlehrer und Sängervater aus dem Thurgau am Bodensee, ist ein ganz normaler Landarzt, der weder publiziert noch sonst sich wissenschaftlich engagiert. Hingegen schreibt er gewissenhaft Tagebuch. Die Zusammenfassung der sonntäglichen Predigt des Pfarrers kann gerne eine bis zwei Seiten seines Tagebuchs füllen.

Was Haffter nun am 8. März 1847 »anziehend« nennt, hat eine Errungenschaft der Chirurgie zum Inhalt, die man auch bei großer Zurückhaltung kaum anders denn als Segen für die Menschheit bezeichnen kann. Chirurgische Operationen, wie sie Haffter bis dahin kannte, hatten bei vollem Bewusstsein des Patienten stattgefunden, ob es sich nun um eine Zahnbehandlung, eine Amputation oder eine Unterleibsoperation handelte. Medizinhistorische Museen leben heute vom Schaudern darüber. Die von Haffter erwähnte »Schwefelätherwirkung« brachte endlich die Anästhesie: Die Dämpfe des Schwefeläthers machen Patientinnen und Patienten, die sie inhalieren, unempfindlich gegen Schmerz. Die Anästhesie hat so etwas wie einen offiziellen Geburtstag, den 16. Oktober 1846 oder »Äther-Tag«, wie er in vielen Medizingeschichten ehrfürchtig genannt wird.

An diesem Tag lud der Chirurg John Collins Warren zu einer

öffentlichen Operation ins Massachusetts General Hospital in Boston. Er kündigte Besonderes an: Eine Operation, bei der der Patient keine Schmerzen verspüren sollte. Zu Gast war William Thomas Green Morton, ein Zahnarzt, der eine Flüssigkeit mitgebracht hatte, von der er nicht sagen wollte, was für eine es sei (ihr Geruch verriet sie als Schwefeläther). Professor Warren ließ seinen Patienten die Dämpfe der Flüssigkeit einatmen und entfernte ihm anschließend einen Tumor am Hals.

Die Anästhesie gälte heute als eine misslungene: Der Patient war unruhig, stöhnte und sagte nach der Operation, er habe Schmerzen gespürt. Doch offenbar waren seine Schmerzäußerungen so viel geringer als üblich, dass die Anwesenden die Anästhesie als gelungen anerkannten.

Fünf Monate später informiert der Thurgauer Ärzteverein seine Mitglieder über die Entdeckung. Einen weiteren Monat später kommt unser Landarzt erstmals seit der Versammlung des Ärztevereins in die Lage, operieren zu müssen. Im Tagebuch protokolliert er:

½11 Uhr unternahm ich die Operation Gott sei Dank glücklich und ohne Schwefeläther, wozu weder mein Assistent, noch ich, noch die Patientin Lust hatte. Sie ertrug die Operation aber auch sehr standhaft. Auf den Abend war ich mit Wilhelm bei Frau Häberlin, dann bei Hause sangen wir einige Quartette.[114]

Noch zweimal operiert Elias Haffter ohne Anästhesie, um dann am 18. November 1847 den Schritt zu wagen:

In Kaltbrunn hatte ich mit Herrn Dr. Vogt die Vornahme einer wichtigen, schmerzhaften und blutigen Operation verabredet (…) Was mich am meisten interessirte und befriedigte war der erste Versuch, den ich zu solchem Zwecke mit dem Schwefeläther anstellte. Ohne besondere Vorrichtung, nur mit einer gewöhnlichen etwas großen Schweins- oder Rindsblase versehen ließ ich diese mit Schwefeläther in hinreichendem Maaße versehen vor Nase und Mund halten und bewirkte dadurch eine so vollständige und schnelle Lähmung der Sensibilität, daß die Patientin von dem schmerzhaften Theile der Operation gar nichts verspürte. Die Operation endigte ganz glücklich und nun wandte ich mich heiter nach Bißegg.[115]

Die Geschichte der Anästhesie, wie sie meistens erzählt wird, ist eine geradezu idealtypische Fortschrittserzählung. Die Chirurgie, eben erst von einem Handwerk zur wissenschaftlichen Disziplin aufgestiegen, schreitet in der ersten Hälfte des 19. Jahrhunderts in großen Schritten voran, doch gegen den Schmerz, diese biblische Geißel, ist sie machtlos – bis unerschrockene Männer die Menschheit davon befreien. Und so trennt der »Äther-Tag« ein finsteres Vorher von einem lichten Nachher, oder wie vor ein paar Jahren eine Zeitung mit Blick auf den 16. Oktober schrieb: »Wo seit Menschengedenken Pein, Qual und Verzweiflung geherrscht hatten, traten nun plötzlich Stille und Hoffnung ein.«[116] Auf dem Sockel des 1868 in Boston errichteten Äther-Denkmals steht: »Und kein Schmerz wird mehr sein«, ein Zitat der biblischen Offenbarung (21, 4): Da geht Verheißenes in Erfüllung, und die medizinische Wissenschaft ist die Erfüllerin.

Auch Elias Haffter freut sich über die neue Möglichkeit. Doch seine Heiterkeit – nachdem er zunächst »keine Lust« auf schmerzfreie Operationen verspürt hatte – ist doch um vieles nüchterner als das Pathos der populären Darstellungen der Anästhesiegeschichte.

Blenden wir zurück. Antoine Sassard, Chirurg an der Pariser Charité, schrieb 1780: »Da es offensichtlich ist, dass heftige Schmerzen (…) durch die Verwendung von Narkotika gelindert und gar zerstört werden können: Wer hindert uns daran, vor den meisten unserer Operationen ein Narkotikum zu verabreichen (…), um den Schmerz in einigen Fällen auszuschalten und in anderen auf ein erträgliches Maß zu reduzieren?«[117] Das war ein Menschenleben vor dem »Äther-Tag«. 1800 publizierte der englische Chemiker Humphry Davy seine *Chemischen und Philosophischen Forschungen hauptsächlich Lachgas* [»nitrous oxide or dephlogisticated nitrous air«] *und seine Einatmung betreffend* und schrieb dort unter anderem: »Da Lachgas fähig scheint, physische Schmerzen aufzuheben, könnte es wahrscheinlich während chirurgischen Operationen vorteilhaft eingesetzt werden.«[118] Das Buch wurde gut aufgenommen, und Davy war nicht irgendwer: 1820 wurde er Präsident der ehrwürdigen Royal Society.

In der Tat lautet das größte Rätsel in der Geschichte der Anästhesie: Wer oder was hinderte die meisten Ärzte bis 1846 daran, vor den Operationen ein Narkotikum zu verabreichen, um den Schmerz auszuschalten oder wenigstens auf ein erträgliches Maß zu reduzieren?

Die Idee, dass man anästhesieren könnte, musste außer Sassard und Davy noch manchem gekommen sein. Morton, der Zahnarzt vom »Äther-Tag«, hatte zunächst mit Lachgas experimentiert, bevor er den Schwefeläther als Anästhestikum wählte. Eine Anekdote besagt, dass er seine Entdeckung einer Party verdanke. Seit Davy im Selbstversuch gezeigt hatte, dass Lachgas zu keinen bleibenden Vergiftungen führte, sondern zu höchst angenehmen Rauschzuständen, war Lachgas zu einer gerade unter Medizinern beliebten Partydroge avanciert. Morton soll beobachtet haben, wie sich ein Partygast im Lachgasrausch das Schienbein aufschlug, ohne etwas davon zu merken. Mag das auch eine Legende sein: Plausibel ist sie allemal, und zahlreiche Ärzte müssen auf ähnliche Weise die betäubende Wirkung des Lachgases erfahren haben.

Wohlbekannt war auch die andere Substanz, die bei den ersten Inhalationsanästhesien zum Einsatz kommen sollte, der Schwefeläther (weshalb die Zuschauer am »Äther-Tag« auch sofort am Geruch erkannten, welche Flüssigkeit Warren seine Patienten einatmen ließ). Die Medizin des frühen 19. Jahrhunderts setzte Äther gegen Hysterie und Neuralgien ein. 1818 stellte Davys Laborgehilfe Michael Faraday – der später für seine Beiträge zur Elektrizitätslehre berühmt wurde – fest, dass Schwefeläther genauso wie Lachgas das Schmerzempfinden ausschaltet. Andere ließen es nicht bei Feststellungen bewenden. Es gab Versuche, mit Kohlendioxid, Alkoholdampf oder Kälte zu anästhesieren oder die schmerzleitenden Nerven zu komprimieren. Es gab die Mesmeristen, von denen noch die Rede sein wird. Und mehr noch: Die Ätheranästhesie wurde vor 1846 tatsächlich angewandt – an Tieren: Man anästhesierte Versuchstiere, weil man sie besser zwecks der Mehrung des anatomischen Wissens bei lebendigem Leibe sezieren konnte, wenn sie still lagen![119]

Warum also dauerte es so lange, bis die Anästhesie sich durchsetzen konnte?

Eine Quelle des Widerstands, die keine populäre Medizingeschichte zu erwähnen vergisst, war die Kirche. Als der schottische Gynäkologe James Young Simpson Ende 1847 mit einem neuen Anästhetikum, Chloroform, zu arbeiten begann und dieses auch bei Geburten einsetzte, protestierte der Bischof von Edinburgh. Heißt es nicht in der Bibel: »Unter Schmerzen sollst du Kinder gebären« (Gen. 3, 16)? Nur: Wenn fast alle Darstellungen den gleichen Bischof (und nur

diesen) als Beleg für den Widerstand der Kirche nennen, so
zeigt das doch eher, dass der Widerstand sehr gering war. Und
hätte die Kirche auch lauter protestiert: Sie hatte im 19. Jahrhundert längst nicht mehr die Macht, Entwicklungen wie die
Anästhesie zu verhindern.

Wichtiger für die Lösung des Rätsels, weshalb die Anästhesie sich so spät durchsetzte, ist die Geschichte des Schmerzes.
Wie Menschen Schmerz wahrnehmen, ihn artikulieren und
damit umgehen, ist kulturell geprägt und unterliegt histori-
schem Wandel. Ob man eine so elementare Äußerung des
Körpers, wie sie der Schmerz darstellt, einfach so unterdrücken darf, war nicht von vornherein klar.

Anästhesierten die Chirurgen nicht, weil sie fürchteten,
eine Ausschaltung des Schmerzes könnte den durch die Operation sowieso schon belasteten Organismus noch zusätzlich
beeinträchtigen oder ihn langfristig schädigen? Diese Furcht
war gewiss ein Hemmnis. Wenn man aber sieht, wie Johann
Friedrich Dieffenbach an der Berliner Charité vor 1846 – ohne
Anästhesie! – einem Dreizehnjährigen ein Dreieck aus dem
Zungengrund herausschneidet, um zu sehen, ob das sein Stot-
tern heile[120], oder wie Ärzte in den USA ihre Sklavinnen wieder und wieder operieren, um ein chirurgisches Verfahren zu
vervollkommnen[121]: dann muss man doch annehmen, dass es
Chirurgen gab, die skrupellos genug gewesen wären, sich von
dieser Furcht nicht abschrecken zu lassen.

Waren die Chirurgen, umgekehrt, einfach Rüpel, denen der
Schmerz ihrer Patienten gleichgültig war? Auch das nicht.
In einer Zeit, da die Menschen den Arzt in aller Regel dann
aufsuchten, wenn Schmerzen sie am Arbeiten hinderten, war
Schmerzlinderung die wichtigste Aufgabe des Arztes. Der
Chirurgieprofessor Marc-Antoine Petit mahnt 1799: »Für den
Leidenden gibt es keinen geringen Schmerz.« Und Dominique

Larrey, Napoleons erster Feldchirurg, beschreibt in seinen
Memoiren, wie er in Momenten, da er versuchte, seinen
»Verletzten Mut zuzureden, die Tränen nicht zurückhalten
konnte«.[122]

Hielt die Medizin Schmerzen für einen unverzichtbaren
Teil des Heilungsprozesses?[123] Diese Ansicht gab es, aber sie
war um 1800 bereits veraltet (wenn sie auch in den Köpfen
vieler Praktiker noch lange fortgelebt haben dürfte – der Idee,
der Gebärschmerz sei wichtig für eine gesunde Mutter-Kind-
Beziehung, begegnet man ja heute noch). Die »Nützlichkeit
des Schmerzes« war zwar eine feste Wendung in den medizinischen Lehrbüchern des 19. Jahrhunderts, doch war damit
eine diagnostische Nützlichkeit gemeint: Die Art der Schmerzen gibt dem Arzt Hinweise auf die Krankheit, an der der Patient leidet.

Nützlich war der Schmerz auch für den Chirurgen. Die
Schreie führten ihn; sie zeigten ihm beispielsweise an, wenn
das Skalpell eine neue, empfindlichere Gewebeschicht erreicht
hatte. Und so lange der Patient schrie, lebte er! Die »plötzliche
Stille« in den Operationssälen hatte jahrhundertelang eben
nicht für die Hoffnung gestanden, »Pein, Qual und Verzweiflung« zu überwinden, sondern sie war tief verbunden mit
der Furcht des Chirurgen, der Patient könnte ihm auf dem
Operationstisch wegsterben. »Diese Stille des Patienten«,
schreibt die Historikerin Roselyne Rey, »die den Chirurgen
in einer bis dahin ungekannten Einsamkeit sich selbst aus-
setzte, war für die ersten, die die Anästhesie probierten, zweifellos genauso erschreckend wie die Notwendigkeit, gegen den
Schmerz und die Schreie des Patienten weiterzuarbeiten.«[124]

Die Assoziation von Narkose mit Tod war gewiss ein Hin-
dernis auf dem Weg zur Anästhesie. Aber es gab noch eine andere Assoziation, und die hemmte vermutlich noch stärker.

Kehren wir nochmals zu Humphry Davy zurück. Das Bemerkenswerteste an seiner Rolle in der Anästhesiegeschichte ist,
dass er, der 1800 den Einsatz von Lachgas bei chirurgischen
Operationen vorgeschlagen hatte, es ein Vierteljahrhundert
später nicht für nötig befand, auf solche Vorschläge überhaupt
nur einzugehen. 1826, als Davy Präsident der Royal Society
war, unterbreitete ein Arzt namens Henry Hill Hickman
ebendieser Gesellschaft ein Verfahren zur Prüfung, mittels
Inhalation von Kohlendioxid zu anästhesieren. Er erhielt
keine Antwort.[125] Was war mit Davy zwischen 1800 und 1826
geschehen?

Der junge Davy experimentierte an Thomas Beddoes'
Pneumatical Medical Institution in Bristol. Zum Kreis um
Beddoes gehörten außer Medizinern und Chemikern auch
Dichter wie Samuel Taylor Coleridge (der später opiumsüchtig werden sollte) oder William Wordsworth. Fröhlich ging es
zu bei diesen Versuchen. Man lachte, torkelte, brabbelte, erstickte mitunter auch beinahe und suchte danach eine Sprache, das Erlebte festzuhalten. Davys Versuchsprotokolle waren »Tagebücher, deren wirre Kritzeleien beim besten Willen
keinen seriösen Bericht abgaben«, schreibt die Wissenschaftshistorikerin Birgit Griesecke. Davy war ehrgeizig, begabt,
21 Jahre jung – und entschied sich, seine außerordentliche
Sprachbegabung nicht der Literatur, sondern der Wissenschaft zu widmen. Seinen Aufstieg an die Spitze des wissenschaftlichen Establishments verdankte er laut Griesecke unter
anderem »der sprachlichen Eleganz« seiner Lachgas-Monographie, in der »die Versuche nicht mehr empfindsam ausgeleuchtet, sondern gut geordnet, versteh- und übersehbar (…)
dem Publikum dargeboten wurden«. Davy kam von den Rändern des wissenschaftlichen Establishments und stieß in sein
Zentrum vor. Je näher er dem Zentrum kam, desto mehr

musste er sich den Konventionen unterwerfen, die dort galten.[126]

Wissenschaft und Drogenheiterkeit; die heiter-frivole Lachgasparty und das ernste Operationstheater: Das waren, auch wenn dieselben Personen beteiligt waren, äußerste Gegensätze. Mochten die Ärzte auch besonders eifrige Partygäste sein: Es galt, die beiden Sphären nicht zu vermischen. Wenn der Arzt am Montag operierte, hatten die Erfahrungen, die er am Sonntag im Drogenrausch gemacht hatte, keinen Platz.

Was mit der Sphäre der Drogenheiterkeit assoziiert war, hatte in der Wissenschaft nichts verloren, war »Humbug«. »Chirurgischen Humbug« nennt *The Lancet* 1826 Hickmans Versuche, mit Kohlendioxid zu anästhesieren. »Gentlemen, das ist kein Humbug«, war Colin Warrens erster Kommentar nach der (halb-) gelungenen Inhalationsanästhesie vom 16. Oktober 1846. Und das *Boston Medical and Surgical Journal* schreibt fünf Tage später: »Anders als die Farce und Betrügerei des Mesmerismus beruht dies [eben die Inhalationsanästhesie] auf wissenschaftlichen Prinzipien und liegt allein in den Händen von Gentlemen von höchster Professionalität, die kein Geheimnis aus ihrer Sache machen.« (Von wegen »kein Geheimnis«: Zahnarzt Morton versuchte ja gerade zu verheimlichen, was für eine Flüssigkeit er mitgebracht hatte, um sie möglichst allein vermarkten zu können!)

»Anders als die Farce und Betrügerei des Mesmerismus«: Diese Reaktion taucht vielerorts auf. Joseph Liston, der am 21. Dezember 1846 in London mit Schwefeläther einen Oberschenkel schmerzfrei amputiert, ruft seinem Publikum zu: »Diese Glanzidee der Yankees, meine Herren, ist der Hypnose haushoch überlegen. Welch ein Glück! Wir haben den Schmerz besiegt!« Er triumphiert über den Schmerz, gewiss,

doch vorher triumphiert er über einen offenbar noch verhass-
teren Feind. Und die *Augsburger Allgemeine Zeitung* schreibt
am 10. Januar 1847: »Es handelt sich nicht etwa um magnetische Einschläferung des Patienten.«

»Mesmerismus«, »Hypnose« und »magnetische Einschläferung« bezeichneten hier dasselbe.[127] Im 18. Jahrhundert entwickelte der schwäbische Arzt Franz Anton Mesmer (1734–
1815) seine Lehre vom »animalischen Magnetismus«, der
in Lebewesen wirke. Krankheit interpretierte Mesmer als
Störung dieses Magnetismus, und wie man ein Stück Eisen
magnetisieren kann, indem man es mit einem Magnet über-
streicht, bringt der Therapeut den Magnetismus des Kranken
durch Überstreichungen mit den Händen wieder in Ordnung.

Das 18. Jahrhundert war die Zeit, in der sich die moderne
Medizin herauszubilden und die mehr als 2000-jährige Vier-
säftelehre abzulösen begann. Es entstanden zahlreiche medizinische Lehren, über deren Gültigkeit heftig gestritten
wurde. Der Mesmerismus hat zwar, anders als seine Zeitge-
nossin, die Homöopathie, nicht bis heute überlebt, aber er war
anders als die Homöopathie öfter nah dran, von der sich bil-
denden Schulmedizin anerkannt zu werden.

»Magnetische Séancen« konnten Stunden dauern, und ihr
Effekt war ein hypnotischer (die Hypnosetherapie entstand
im 19. Jahrhundert aus dem Mesmerismus, übernahm aber
nicht dessen Magnetismuslehre). Die Séancen konnten bewirken, dass ein Patient oder eine Patientin einen Teil seiner oder
ihrer Wahrnehmung – beispielsweise die Schmerzwahrneh-
mung – verlor. Das war im London der 1820er bis 40er Jahre,
das sich zu einem Zentrum des Mesmerismus entwickelt
hatte, allgemein bekannt: In öffentlichen Séancen auf Jahr-
märkten trieben Magnetisierer ihren Freiwilligen Nadeln unter die Fingernägel, um dem Publikum ihre Unempfindlich-

keit zu demonstrieren. Der Mesmerismus war so bekannt, dass es das Wort *mesmerized* für »fasziniert« in den englischen Allgemeinwortschatz schaffte (wo es bis heute überlebt hat).

Die Mesmeristen taten nun, was die »Schulmediziner« unterließen: Sie nutzten die Schmerzunempfindlichkeit in der Chirurgie. Die Operationen unter Äther- und Lachgasnarkose seit 1846 waren mitnichten die ersten schmerzfreien Operationen: 1829 berichtet der Chirurg Jules Cloquet, er habe einer Frau »im Magnetschlaf« eine Brust amputiert, ohne dass sie Schmerzen gespürt hätte. Die Nachrichten erfolgreicher schmerzfreier Operationen durch Mesmeristen mehren sich, namentlich aus dem englischen Indien gelangen in den 1840er Jahren Erfolgsmeldungen nach Europa, und die Zeitungen schreiben eifrig darüber. Gewiss gab es auch Misserfolge – aber das war mit der Inhalationsanästhesie in ihren Anfängen nicht anders.

Die Öffentlichkeit wusste also von den Erfolgen der Mesmeristen – doch mittlerweile war der Mesmerismus in der akademischen Medizin eben auch zum Inbegriff für »Humbug« geworden. Die medizinische Fachzeitschrift *The Lancet* spielte eine zentrale Rolle.

Es ist Anfang 1838, als der mesmeristische Arzt John Elliotson beginnt, im Operationstheater des Londoner University College Hospital seine Patientin Elisabeth O'Key einem wissenschaftlich interessierten Publikum vorzuführen. Er will mit seinen öffentlichen Séancen zeigen, dass der Mesmerismus sich als neurologisches Phänomen erklären lässt. O'Key, ein sechzehnjähriges Mädchen aus der Arbeiterklasse, leidet unter Epilepsie. Je länger Elliotson sie behandelt, desto besser spricht sie auf die Behandlung an und wird zu seiner Vorzeigepatientin. *The Lancet* berichtet beeindruckt. Doch nach und

nach entgleitet Elliotson die Kontrolle über sein »Subjekt«.
O'Key beginnt, im »somnambulen Zustand« Regie zu führen.
Sie sagt voraus, wie und von wem sie sich wieder in den Nor-
malzustand zurückholen lässt. Sie beginnt, Behandlungen für
andere Patienten des Spitals vorzuschlagen. Zu den Zuschauern spricht sie ungebührlich: Elliotson nennt sie einen »häss-
lichen Jungen«, dem Marquis von Anglesey ruft sie zu: »O!
Wie gehts denn? Weiße Hosen. Mein Gott! Sie sehen so ordentlich aus!« Ab Ende Mai wendet sich das Blatt. Das Hospital
verbietet die Vorführungen, Elliotson muss sie in Privaträu-
men fortsetzen. Drei Patientinnen Elliotsons sagen aus, den
magnetischen Schlaf in öffentlichen Séancen nur vorgetäuscht
zu haben. Im Juli lässt *The Lancet* Elliotson fallen und beginnt
eine zornige Kampagne gegen die Methode, die er bisher »ani-
mal magnetism« nannte, von nun an aber »mesmerism«.[128]

Patientinnen, die die Kontrolle übernehmen, die sich selbst
eine Diagnose stellen und eine Therapie verschreiben: Das lief
der Tendenz der akademischen Medizin diametral entgegen.
Denn die Mediziner beanspruchten in dieser Zeit die Defini-
tionshoheit darüber, was gesund ist und was krank, immer
stärker für sich. Das 1816 erfundene Stethoskop hielt in die
Praxen Einzug, später kamen Fieberthermometer und chemische Labors dazu: Krank war nun nicht mehr, wer sich krank
fühlte, sondern wessen Herz- und Lungentöne oder – später –
Körpertemperatur und Blutwerte nicht stimmten. Elizabeth
O'Key stellte die soziale Beziehung zwischen Arzt und Patientin (sowie zwischen Akademiker und Arbeitertochter) auf
den Kopf. Und schließlich widersprach eine Behandlungs-
form, bei der sich nie im Voraus abschätzen ließ, wie lange sie
dauern würde, auch dem arbeitsökonomischen Trend eines
Medizinalbetriebs, in dem Planbarkeit und Effizienz zunehmend wichtiger wurden.

Wie weit der Mesmerismus die Gunst des akademischen
Publikums verspielt hatte, zeigt eine Episode von 1842: William Topham amputierte, wiederum vor Publikum, einem Patienten im »Magnetschlaf« einen Oberschenkel. Der Patient
blieb während der ganzen Operation ruhig und zeigte keinerlei Anzeichen von Schmerzen. Doch die Skeptiker unter den
Zuschauern trauten dem Patienten zu, seine Schmerzlosigkeit
simuliert zu haben![129]

Der Mesmerismus wirkte sich widersprüchlich auf die
Chancen der Inhalationsanästhesie aus, endlich den Durchbruch zu schaffen. Zunächst bremsend: Waren Lachgas- und
Ätherrausch sowieso schon mit dem Ruch des Unseriösen behaftet, war nun das Bestreben, den Operationsschmerz auszuschalten, zusätzlich mit einer Lehre assoziiert, die als Humbug galt. Doch die öffentlichen mesmeristischen Séancen und
die Erfolgsmeldungen machten die Öffentlichkeit auch mit
der Idee vertraut, dass es so etwas wie schmerzfreie Operationen geben könnte.

Als die Erfolgsmeldungen sich mehrten, wurde der Mesmerismus für »schulmedizinische« Chirurgen zu einer immer
ernsthafteren Konkurrenz. Sie brauchten etwas, was sie den
Erfolgen der Mesmeristen entgegensetzen konnten – und da
kam die Ätheranästhesie 1846 wie ein Geschenk. Wohl war sie
den »magnetischen Einschläferungen« keineswegs »haushoch
überlegen« und waren sich Äther- und Lachgasrausch einer-
seits und »Magnetschlaf« andererseits auch gar nicht unähn-
lich. Aber eine Technik, die die Patienten innert weniger Mi-
nuten anästhesierte und bei der der Arzt die Kontrolle nicht
an die Patienten zu verlieren drohte, passte dann doch viel
besser zu Arbeits- und Denkstil der Schulmedizin. Und so war
die medizinische Öffentlichkeit, die noch 1842 einem Patienten zugetraut hatte, Schmerzlosigkeit bei einer Oberschenkel-

amputation vorzutäuschen, vier Jahre später bereit, eine nur halb gelungene Inhalationsanästhesie als Erfolg zu akzeptieren. Der Mesmerismus war bald darauf erledigt; seine Zeitschrift, *The Zoist*, erschien 1855 zum letzten Mal.

War das nun ein Triumph der Wissenschaft? Es war ein Triumph wissenschaftlicher Orthodoxie über einen Herausforderer, aber wissenschaftlich war an diesem Triumph zunächst wenig. Wie Schwefeläther und Lachgas auf den Organismus wirken, konnte die Medizin nicht erklären. Die Rolle der (organisierten) Wissenschaft war hier die gewesen, einen »Fortschritt« hinauszuzögern, bis er sich nicht weiter hinauszögern ließ. Der Durchbruch kam schließlich von außen: von einem Zahnarzt, also einem Handwerker, und aus den USA, die damals zur Peripherie der westlich-akademischen Welt gehörten.

Die Nachricht erreichte Europa praktisch als etablierte Tatsache – und verbreitete sich hier in Windeseile. Am 18. Dezember 1846 berichtet der *Liverpool Mercury* über das Bostoner Ereignis und am 26. Dezember *The Lancet*. In den folgenden sechs Monaten wird *The Lancet* 112 Artikel zum Thema publizieren – eine regelrechte Kampagne! Am 1. Januar 1847 druckt die *Deutsche Allgemeine Zeitung* auf drei Seiten die Übersetzung eines Artikels aus dem *Boston Medical and Surgical Journal*; es folgt am 10. Januar die *Augsburger Allgemeine Zeitung*. Die ersten Äthernarkosen bei Operationen diesseits des Atlantik erfolgen am 16. Dezember 1846 in Paris (ohne Erfolg), am 21. Dezember und am 9. Januar in London (jeweils erfolgreich), am 10. und 12. Januar wieder in Paris (jeweils nur halb erfolgreich), am 23. Januar in Bern (erfolgreich), und am 21. April will ein Vortragsredner bereits von 10 000 Fällen wissen. Wohl gab es noch kritische Stimmen, die – durchaus vernünftig – mahnten, man müsse die

Wirkungen des Schwefeläthers erst besser erforschen. Kategorische Anästhesiegegner finden sich in den Fachdebatten des Jahres 1847 aber keine mehr.

Die europäischen Ärzte erfuhren die Neuigkeit durch Vorträge in ärztlichen Vereinigungen, aus der Fachpresse, vor allem aber wie alle anderen aus der Tagespresse. Dass die Patienten gleich viel wussten wie die Ärzte, ja aufgrund ihrer Zeitungslektüre Ansprüche an die Chirurgen stellten, missfiel einigen Medizinern sehr. Doch viele der Zeitungsartikel hatten selber Mediziner als Autoren: Die »Pioniere« sahen darin die effektivste Möglichkeit, ihre eigenen Erfahrungen zu teilen, und hofften wohl auch auf einen Werbeeffekt beim Publikum.

Einer, der besonders eifrig publizierte, war Johann Jakob Jenni aus Glarus. Jenni war wie Elias Haffter Landarzt ohne akademische Position, doch war er um einiges ehrgeiziger. Er erfährt durch die *Augsburger Allgemeine Zeitung* vom 10. Januar vom Bostoner Ereignis und berichtet seinerseits auf der Titelseite der *Neuen Zürcher Zeitung* vom 11. Februar von seiner ersten schmerzfreien Operation. Bis zum 27. Mai hat er bereits 38 Personen teils mehrmals anästhesiert, die Hälfte davon (darunter sich selber) einzig zu Versuchszwecken. Diesen ersten Erfahrungen widmet er eine Monographie. Bemerkenswert ist, mit wie wenig Information Jenni sich ans Anästhesieren wagte. Eine Anleitung zur Konstruktion einer Inhalationsvorrichtung erweist sich als unzureichend; Jenni bastelt selber – das war mehr Handwerk und Hörensagen als akademischer Wissenstransfer. Er ist ziemlich kaltschnäuzig bei der Sache: Bei seinem ersten Anästhesieversuch reißt sich der Patient die Schweinsblase, aus der er die Ätherdämpfe atmen sollte, zweimal vom Gesicht, weil er zu ersticken glaubt. Seine Pupillen werden »gross und starr, das Auge scheint sei-

nen Glanz verloren zu haben. (…) Der Puls (…) war seiner
Kleinheit wegen kaum fühlbar.« Der Patient »röchelt wie ein
Sterbender«, »liegt einem Todten gleich«, »schwebt zwischen
Leben und Tod« – gleichviel: Jenni lässt sich nicht beirren und
fährt fort. Selbst einen tuberkulösen Jungen anästhesiert
Jenni einzig zu Versuchszwecken (und ebenfalls gegen dessen
heftigen Widerstand), obwohl viele Mediziner das Einatmen
von Schwefeläther für Lungenkranke als besonders gefährlich
einstuften.[130]

Mittlerweile kümmern sich unweit von Jennis Wirkstätte
andere Mediziner darum, das Monopol auf die neue Technik
für sich zu sichern. In Zürich hält Conrad Meyer-Hoffmeister,
einer von zwei Chirurgen am Zürcher Universitätsspital, am
26. Februar 1847, zwei Wochen nach seiner ersten Operation
mit Schwefeläther, vor der Gesundheitsbehörde einen Vortrag, in dem er eindringlich vor den Gefahren warnt. Er berichtet von Todesfällen, die auf die Ätherinhalation zurückzuführen seien (in Wirklichkeit waren bis dahin keine Todesfälle
bekannt geworden, die dem Äther angelastet werden konnten), und mahnt, das Publikum »verlange nun die Anwendung dieses Mittels schon allgemein namentlich auch bei
Zahnoperationen, und es sei anzunehmen, daß auch die nie-
dern Chirurgen (…), dazu aufgefordert, dem Wunsche der an
sie sich Wendenden nur allzu leicht entsprechen werden, während die Anwendung eines so wichtigen innerlichen Mittels
weder in ihrer Kompetenz noch in dem Bereich ihrer dazu er-
forderlichen Kenntnisse liege.« Kenntnisse? Davon hatte die
Medizin zu dem Zeitpunkt nicht mehr als jeder handwerkliche »niedere« Chirurg. Die Behörde folgt Meyer-Hoffmeis-
ters Antrag ohne Diskussion und verschafft den approbierten
Ärzten das gewünschte Monopol.

Und von nun an hatte niemand mehr unerträgliche Operationsschmerzen zu erdulden? So schnell ging es dann doch nicht. Selbst der Draufgänger Jenni lehnte das Anästhesieren bei »ganz unbedeutenden Operationen, namentlich auch Zahnoperationen« ab: Es »lohnt sich der Mühe nicht, um Kleinigkeiten willen den Kranken in einen so abnormen Zustand zu versetzen; auch müsste der Nimbus des Mittels gewiss darunter leiden« – der fröhliche Bastler Jenni sorgt sich um den »Nimbus« des Anästhesierens![131]

Statistiken aus dieser Zeit sind spärlich, doch vom Pennsylvania Hospital liegen Zahlen vor. Hier fanden in der Dekade 1852 bis 1861 noch ein Drittel aller Gliedamputationen an bewussten Patienten statt. Ob anästhesiert wurde oder nicht, hatte mit Ethnie und sozialem Stand der Patientinnen und Patienten zu tun: Man nahm an, dass weniger Schmerz empfinde, wer der Natur »näher stand«: Frauen weniger als Männer; Schwarze weniger als Weiße, aber mehr als Indianer; Arbeiter weniger als Akademiker, aber mehr als Bauern, Soldaten, Seeleute und so weiter. Es war auch nicht so, dass die Anästhesie nur ein Segen gewesen wäre: In manchen Krankenhäusern stieg die Sterblichkeitsrate. Das lag nicht daran, dass die Patienten vom inhalierten Gas getötet worden wären, sondern daran, dass nun überhaupt häufiger operiert wurde, oft in Serie – mit Skalpellen, die vor und zwischen den Operationen nicht sterilisiert, sondern lediglich abgewischt wurden.[132]

Hält man sich an das, was publiziert wurde, wird man die Bedeutung überschätzen, die die Zeitgenossen der neuen Möglichkeit zumaßen: Wer die Anästhesie nicht wichtig fand, publizierte auch nicht dazu. Es lassen sich aber Zeugnisse finden, die zeigen, dass selbst eine Errungenschaft, die uns heute so unverzichtbar erscheint, sehr unterschiedlich eingeschätzt wurde. Jenni war euphorisch. Sein Thurgauer Kollege Haffter

war erfreut, wie wir gesehen haben, aber ohne Begeisterung.
Von Hermann Walder (1820–1897), Thurgauer wie Haffter,
heißt es in einem Nachruf, er sei »ein Mann der alten Schule«
gewesen und habe sich »mit dem Chloroform [dem Nachfolger des Schwefeläthers] nie recht befreundet, er war zu ängst-
lich dabei.«[133] Dieser Anhänger der »alten Schule« war 1847
ein 27-jähriger Jungarzt! Und von Conrad Meyer-Hoffmeister, dem erwähnten Zürcher »Pioniere«, ist das 322-seitige
Manuskript seiner unveröffentlichten Memoiren erhalten.
Die Anästhesie war ihm ganze zwei Sätze wert.[134]

6 Überschall

Abb. 7   Projektskizze des nie gebauten Boeing-Überschall-Passagier-
flugzeugs aus dem Jahr 1966. (© Boeing)

Wie viel wäre Ihnen ein Dollar wert, der versteigert wird?
Dumme Frage: maximal einen Dollar natürlich.

Ende der 1960er Jahre hat der Ökonom und Spieltheoretiker Martin Shubik ein »extrem simples, höchst amüsantes
und aufschlussreiches Salonspiel« ersonnen, das die Mitspieler für einen Dollar drei, vier Dollar und mehr bieten lässt.[135]

Das Spiel, das als »Dollarauktion« bekannt wurde, geht so, dass der oder die Höchstbietende den gebotenen Betrag zahlt und dafür einen Dollar erhält. Der Bieter oder die Bieterin des zweithöchsten Betrags aber muss ebenfalls zahlen, was er oder sie geboten hat – ohne etwas dafür zu erhalten.

Die meisten Teilnehmer bieten zunächst jeweils ohne große Bedenken, denn es besteht ja Aussicht auf Gewinn. Wer nun aber 99 Cent geboten hat und überboten wird, hat die Wahl: Bietet man 1 Dollar 1 Cent, wird man netto 1 Cent verlieren; steigt man aber aus, verliert man 99 Cent. Also bietet man lieber weiter. Die Krux liegt natürlich darin, dass derjenige, der nun das zweithöchste Gebot hält, derselben Logik folgt.

Spieltheoretiker wollen Modelle für tatsächliches Handeln anbieten. Die Dollarauktion modelliert eine Alltagserfahrung: Je mehr man in eine Sache investiert hat, desto schwerer fällt es, sich zurückzuziehen und einzugestehen, dass man sich verrannt hat.

Als Paradebeispiel einer Dollarauktion in der realen Welt gilt die Concorde.[136] 1962 unterzeichnen Frankreich und Großbritannien feierlich ein Abkommen zur gemeinsamen Entwicklung von Passagierflugzeugen, die schneller als der Schall fliegen sollten. 1969 fliegt der Prototyp. 1976 – die Concorde hat mittlerweile ein Vielfaches dessen gekostet, was man für sie ursprünglich ausgeben wollte – beginnt der kommerzielle Betrieb. Wobei »kommerziell« das falsche Wort ist: Eine Fluggesellschaft um die andere, die ihr Interesse für die Concorde angemeldet hatte, zieht sich in den frühen 1970er Jahren zurück. Die amerikanische TWA lehnt das verzweifelte Angebot, eine Concorde gratis zu leasen, dankend ab. Es bleiben nur die beiden übrig, die nicht Nein sagen können: die staatlichen Airlines Frankreichs und Großbritanniens. Air France kauft vier, British Airways fünf Maschinen. Wobei »kaufen«

wiederum das falsche Wort ist: Sie bekommen die Flugzeuge gratis und erhalten darüber hinaus massive Subventionen, um sie zu betreiben. Dabei hatte man einst gehofft, 200 oder mehr Concordes verkaufen zu können. Nach dem Absturz einer Concorde im Jahr 2000 ziehen die beiden Fluggesellschaften den ungeliebten Vogel zuerst provisorisch, drei Jahre später endgültig aus dem Verkehr.

Die Bilanz des einzigen »Konkurrenten« der Concorde, der sowjetischen TU-144, fällt noch kläglicher aus. Zwar hat sie ihre spitze Nase zweimal vorn: Sie fliegt 1968 als Prototyp und ab 1975 im regulären Betrieb. Doch die TU-144 fliegt lediglich zwischen Moskau und Almaty in der Kasachischen Sowjetrepublik; zuerst zweimal, dann noch einmal wöchentlich und bis Ende 1977 einzig für Post- und Gütertransporte. Als dann auch Passagiere befördert werden, sind die Maschinen so unzuverlässig, dass vier von fünf geplanten Flügen ausfallen. Nach einem Absturz wird der reguläre Passagierbetrieb nach nur einem halben Jahr wieder eingestellt, 1984 auch der Betrieb im Post- und Gütertransport.

Die Geschichte des zivilen Überschallflugs hält allerdings auch ein Beispiel bereit, wie man aus der unvernünftigen Bieterei aussteigen kann: Ausgerechnet die USA – die doch im Umgang mit technischen Neuerungen so viel risikofreudiger sein sollen als Europa – stoppen ihr Programm zur Entwicklung eines kommerziellen Überschallflugzeugs (*Supersonic Transport*, SST) 1971, noch bevor ein Prototyp fertiggestellt ist.

Der Ökonom Martin Shubik wollte mit seiner Dollarauktion beschreiben, wie es zu einer paradoxen Situation kommt: dass Menschen irrational handeln, obwohl sie über alle nötigen Informationen verfügen. Ein Paradox ist das freilich nur dann, wenn man (wie die neoklassische Ökonomie) annimmt,

vollständig informierte Menschen handelten stets rational.
Bei der Entwicklung des kommerziellen Überschallflugs aber
konnte von rationalem Handeln in einem ökonomischen Sinne
gar nie die Rede sein. Es war, als verschärfe man die Spielre-
geln der Dollarauktion so, dass schon die Einstiegsgebote höher liegen müssten als der Gewinn – und dass der Gewinn immer kleiner würde, je höher die Gebote stiegen.

Woher so viel Unvernunft?

Der Psychologe Allan I. Teger hat die Dollarauktion mit der
US-amerikanischen Eskalation im Vietnamkrieg verglichen.
Analysen der Reden, die Präsident Lyndon B. Johnson während seiner Amtszeit zum Vietnamkrieg hielt, zeigen, dass
sich Johnsons Argumentationsweise mit dem Kriegsverlauf
veränderte. Berief er sich zu Beginn auf Werte wie Demokratie, Freiheit oder Gerechtigkeit, so ging es später um Ehre
oder darum, dass die USA »nicht schwach erscheinen« dürften – während die Kosten des Kriegs in jeder Hinsicht ständig
stiegen. Ein ganz ähnliches Muster zeigten Probanden, die
bei Dollarauktionen im Labor zwischen den Geboten befragt
wurden. Ging es ihnen anfangs um rationale Ziele – nämlich
Geld zu gewinnen –, so gaben sie im späteren Spielverlauf an,
sie wollten nicht verlieren oder sie missgönnten dem anderen
den Gewinn und möchten von ihm nicht für dumm gehalten
werden. Durchhalten um des Durchhaltens willen also.

Dieses Element der Dollarauktion findet sich auch in den
Debatten um das amerikanische Überschallprogramm. Sie waren aber viel mehr als ein Mitbieten in einem unvernünftigen
Wettlauf. »Der Überschall-Konflikt«, schreibt Mel Horwitch
in seiner Geschichte des Programms, »begann als Debatte im
kleinen Kreis und wuchs sich aus zu einem allgemeinen Ge-
fecht über die Frage, wie Technik zu entwickeln sei.«[137] Es
ging schon auch darum, dem anderen den Sieg nicht zu gön-

nen. Vor allem aber ging es um Definitionsmacht: Wer darf
bestimmen, was fortschrittlich und sinnvoll sei?

Die Geschichte des zivilen Überschallflugs beginnt im
Krieg.[138] In der Endphase des Zweiten Weltkriegs überlegte
sich die britische Regierung, wie sich die Fortschritte im Flugzeugbau nach Kriegsende kommerziell nutzen lassen würden.[139] Dass künftig immer schneller geflogen würde, stand
für die Beteiligten außer Frage. Doch das Brechen der Schallmauer war nicht einfach eine weitere Steigerung der Geschwindigkeit. Der Flug mit Überschallgeschwindigkeit ge-
horcht anderen aerodynamischen Gesetzen und erfordert
andere Konstruktionen.[140]

1947 durchbrach erstmals ein US-amerikanisches Experi-
mentalflugzeug die Schallmauer. Wenige Jahre später bauten
Briten, Franzosen, Amerikaner und Sowjets bereits serien-
mäßig Überschall-Kampfflugzeuge. Überschall-Passagierflüge
schienen der logische nächste Schritt zu sein.

Doch dieser Schritt war riesig. Kampfflugzeuge sind klein
und verhältnismäßig leicht, und ihren gut trainierten Piloten,
die in Schutzanzügen stecken, kann man einiges zumuten.
Kampfflugzeuge starten und landen schnell, weil sich die Flü-
gelform für den Überschallflug schlecht dazu eignet, langsam
zu fliegen. Schnelle Starts und Landungen machen Beschleunigungen nötig, die man normalen Passagieren nicht zumuten kann, und die viel schwereren Passagierflugzeuge hätten
beim damaligen Stand der Technik gigantische Triebwerke be-
nötigt und extrem viel Treibstoff verbraucht.

Aber das Problem schien lösbar. 1959 stellte die britische
Regierung einen Bericht vor, der empfahl, die Entwicklung
eines zivilen Überschallflugzeugs rasch in Angriff zu nehmen. Von den über 500 Studien, auf denen der Bericht beruhte, befasste sich allerdings kaum eine mit der Frage, ob ein

solches Flugzeug auch wirtschaftlich betrieben werden könne.
Großbritannien, so waren die Autoren überzeugt, konnte gegen die viel größeren Rivalen USA und Sowjetunion nur bestehen, wenn es technisch überlegen war. Wirtschaftliche Erwägungen interessierten sie nicht.

Der Glaube an die Geschwindigkeit als Ausdruck des Fortschritts war jedoch nirgends größer als jenseits des Atlantiks.
Dabei hatten aber die Amerikaner ein Problem, das die Europäer kaum kannten – und die Sowjetunion gar nicht: Die USA
sahen sich als technisch fortschrittlichste Nation der Welt –
aber ebenso unerschütterlich glaubten sie an das freie Unternehmertum. Das passte schlecht zusammen: denn selbst die
mächtigste Luftfahrtindustrie der Welt war außerstande, ein
ziviles Überschallflugzeug ohne massive staatliche Hilfe zu
bauen.

Natürlich war die amerikanische Luftfahrtindustrie immer
schon abhängig vom Staat. Sie baute Kriegsflugzeuge für die
Air Force und nutzte das Knowhow, das sie dabei erwarb, für
den zivilen Flugzeugbau. Ohne militärisch motivierte Sub-
ventionierung wäre die Luftfahrt eine Nischentechnik für reiche Abenteurer geblieben. Aber es war dann doch noch etwas
anderes, ob die Luftfahrtindustrie Erfahrungen, die sie mit
Geldern aus dem Verteidigungsbudget erworben hatte, zivil
umnutzte – oder ob der Staat gleich von Anfang an ein kom-
merzielles Unternehmen finanzierte.

Die amerikanischen Freunde des zivilen Überschallflugs
hofften deshalb auf den Überschallbomber B-70, den North
American Aviation für die Air Force entwickelte. Ein Bomber
braucht eine wesentlich größere Nutzlast als ein Kampfflug-
zeug, weshalb er ein Schritt auf dem Weg vom Jäger zum Pas-
sagierflugzeug gewesen wäre. Ausgerechnet die Fortschritte
der Technik machten diese Hoffnung der Fortschrittsgläubi-

gen aber zunichte: 1959 stoppte Präsident Dwight D. Eisen-
hower den B-70, weil künftig nicht Flugzeuge, sondern Rake-
ten die Bomben an ihr Ziel tragen sollten.

Zwei Jahre, nachdem die Sowjetunion Sputnik als ersten
künstlichen Satelliten ins Weltall geschossen hatte, war das
Ende des B-70, das auch die zivilen Überschallpläne gefährdete, für viele eine herbe Enttäuschung. Sputnik hatte die
amerikanischen Überzeugungen erschüttert: War man noch
die führende Technikmacht? War das freie Unternehmertum
der Planwirtschaft tatsächlich überlegen? Die Versuchung
war groß, selber auf Planwirtschaft zu setzen und ein staat-
liches Programm für ein Überschall-Passagierflugzeug zu
starten. Doch dafür war der Präsident nicht zu haben: Der
ehemalige General, der dem »militärisch-industriellen Komplex« genauso argwöhnisch gegenüberstand wie einer zu
mächtigen wissenschaftlich-technischen Elite, sagte seinen
Mitarbeitern, er sehe nicht ein, weshalb ein Mensch schneller
reisen sollte als mit der Boeing 707 (dem damals modernsten
Zivilflugzeug), und wenn die Luftfahrtindustrie das anders
sehe, solle sie ihr Überschallflugzeug selber bauen. Und Eisen-
howers Nachfolger, der technophile John F. Kennedy, hatte
andere Prioritäten: Seine Leidenschaft galt der Raum-, nicht
der Luftfahrt.

Doch in der Zwischenzeit waren die Europäer nicht untä-
tig geblieben. Die Briten suchten nach Verbündeten, um ein
Überschallflugzeug zu bauen. Fündig wurden sie in den Franzosen. In Frankreich hoffte Präsident Charles de Gaulle, sein
Land mit der 1959 gegründeten Fünften Republik zu neuer
Größe zu führen – ein Land, das den Indochinakrieg verloren hatte und in Algerien auf eine Niederlage zusteuerte.
De Gaulle wollte Frankreich zur Technik-Weltmacht machen
und setzte dabei vor allem auf Atomkraft und Luftfahrt. Am

29. November 1962 unterzeichneten Frankreich und Großbritannien den Concorde-Vertrag.

Ein halbes Jahr später meldete Pan American, die weltweit größte Fluggesellschaft, ihr Interesse an, eine Concorde zu kaufen – und stellte sicher, dass die US-Regierung davon erfuhr. Nun lenkte Kennedy ein: Am 5. Juni kündigte er die Aufnahme eines Überschallprogramms an. (Dass auch die Sowjets an einem Überschallflugzeug werkelten, beeindruckte die Amerikaner wenig: Keine westliche Fluggesellschaft, glaubte man, würde ein sowjetisches Flugzeug kaufen.) 75 Prozent des Programms würden aus öffentlichen Mitteln finanziert, das restliche Viertel musste die Industrie aufbringen.

Die Fürsprecher des Programms argumentierten mit düsteren Szenarien: Verlören die USA in der Luftfahrt den Anschluss, sagte etwa Najeeb Halabi, der Vorsteher der Bundes-Luftfahrtbehörde FAA, würden sie »aufhören, ein Industriestaat zu sein, und sich in einen armen, geschlagenen, agrarischen Bettlerstaat verwandeln«.[141] Die USA müssten, meinte Halabi, um jeden Preis schneller sein als die Europäer. Doch Kennedy setzte Halabi den Verteidigungsminister Robert McNamara als Präsidentenberater in Sachen *supersonic transport* vor die Nase. McNamara wollte das Überschallflugzeug nur bauen, wenn es kommerziellen Erfolg versprach, und auf keinen Fall ein unausgereiftes Flugzeug auf den Markt bringen. Laut dem Historiker Mel Horwitch bremste McNamara Halabi und die FAA so lange erfolgreich aus, bis ihn der Vietnamkrieg zu sehr zu beanspruchen begann.

Das amerikanische Überschallprogramm ist eine Geschichte von Rivalitäten, Intrigen und Missmanagement; von Studien, Gegenstudien und Geheimstudien. Die zu lösenden Probleme waren immens – und das Interesse sowohl der Flugzeugbauer

wie der Fluggesellschaften gering: Die Airlines hatten sich
mit der Akquisition der neuesten Unterschalljets finanziell
übernommen, die großen Flugzeugbauer standen kurz davor, mit der DC-10, der Lockheed Tristar und der Boeing 747
die nächste Unterschall-Generation auf den Markt zu bringen. Die Flugzeugbauer forderten, der Staat müsse nicht
75, sondern 90 Prozent der Entwicklungskosten tragen, während Douglas von Anfang an nicht interessiert war. Eine
Douglas-Studiengruppe hatte in den späten 1950er Jahren
ihren Vorschlag eines Überschallflugzeugs in Form einer
Zeichnung präsentiert: Weil das Flugzeug so ungeheuer viel
Energie verbrauchte, war der ganze Rumpf ein einziger Tank.
Die Passagiere saßen in Taucheranzügen im Treibstoff, und an
den Wänden stand: »No Smoking! No Smoking! No Smoking!«

Dass das Programm die 1960er Jahre überhaupt überlebte,
grenzte an ein Wunder, schreibt Horwitch. Aber immer dann,
wenn es gefährdet war, warnten seine Befürworter vor der
europäischen Konkurrenz. Die Concorde machte es ihnen allerdings nicht leicht, diese Karte der Konkurrenzangst zu
spielen. Die Briten waren, obwohl sie die Zusammenarbeit
initiiert hatten, nie mit voller Überzeugung bei der Sache, das
Finanzministerium war dagegen. Dass Regierung und Parlament der Concorde zustimmten, hatte vor allem einen außen-
politischen Grund: Großbritannien wollte der Europäischen
Wirtschaftsgemeinschaft (EWG) beitreten. Dazu brauchten
sie das Plazet der Franzosen, denen die Briten mit ihrer *special
relationship* zu den Amerikanern suspekt waren. Aber wenn
man sich erhofft hatte, mit der Concorde das Wohlwollen
Frankreichs zu erkaufen, so schlug schon diese ihre erste Mis-
sion fehl: Zwei Monate nach Vertragsunterzeichnung wandte
sich de Gaulle gegen den britischen EWG-Beitritt; erst 1973

sollte das Königreich dem gemeinsamen Markt beitreten können. Nach dem Wahlsieg der Labour-Partei 1964 prüfte die
neue Regierung einen Ausstieg aus dem Programm. Aber
weil der Vertrag keine Ausstiegsklausel enthielt, betrachtete
man einen solchen Schritt als zu riskant.[142]

Die Entwicklung eines Überschallflugzeugs in den USA sah
sich in den 1960er Jahren vor allem mit drei großen Problem-
bereichen konfrontiert. Der erste war die Antriebstechnik.
Die Vorstudien, die drei Flugzeugbauer und drei Triebwerk-
bauer[143] 1964 einreichten, verfehlten die Vorgaben bei weitem. Ein Bericht der Regierung fiel vernichtend aus, vermochte das Programm aber nicht zu stoppen. Doch mit den
Jahren machten die Entwickler tatsächlich Fortschritte. Die
Probleme schienen lösbar.

Ganz anders stand es um die Wirtschaftlichkeit. Je länger
die Entwicklung dauerte und je mehr Machbarkeitsstudien
publiziert (oder erstellt und geheim gehalten) wurden, desto
deutlicher zeichnete sich ab, dass der zivile Überschallflug sich
nie rentieren würde.

Das dritte große Problem war der Überschallknall. Weil ein
Überschallflugzeug schneller fliegt als der Schall, breiten sich
die Schallwellen nicht wie Zwiebelschalen vom Flugzeug her
aus, sondern bilden einen Trichter, den das Flugzeug hinter
sich her schleppt. An der Außenseite des Trichters kumulieren
die Schallwellen zu einer immensen Druckwelle. Erreicht die
Druckwelle den Beobachter, hört dieser einen lauten Knall,
und je nach Stärke vermögen die Druckwellen Fensterschei-
ben bersten zu lassen. Man zog gar in Erwägung, den Überschallknall als Kriegswaffe einzusetzen.

1961 testete die Air Force die Akzeptanz von Überschall-
knallen über St. Louis, Missouri: Alle paar Tage überflog ein
Überschalljäger die Stadt. Über 3000 Lärmklagen und 1600

Schadensmeldungen gingen ein; ein Drittel der befragten Stadtbewohnerinnen und -bewohner gab an, die Knallerei lästig zu finden. Eine neue Testserie mit acht Knallen pro Tag über Oklahoma im Jahr 1964 bestätigte die Resultate von St. Louis; über Washington D. C. zu testen, wie das Finanzministerium vorschlug, wagte die Air Force nicht. Die FAA vertrat die Meinung, die Leute würden sich an die Knallerei schon gewöhnen, die Air Force bezweifelte das. Und allmählich begann man sich auch zu fragen, ob es vertretbar wäre, die Bevölkerung zu belästigen, nur damit ein paar Betuchte schneller reisen könnten. Ließe man die Flugzeuge aber nur über Meer schneller als der Schall fliegen, würde sich ihre Wirtschaftlichkeit nochmals beträchtlich verschlechtern (tatsächlich sollten die USA wie die meisten Staaten der Concorde später den Überflug ihres Territoriums nur mit Unterschallgeschwindigkeit erlauben).

Richtig ungemütlich wurde es für die Überschall-Fürsprecher aber, als sich Widerstand zu formieren begann. 1967 gründete William Shurcliff die Citizen's League Against the Sonic Boom. Die großen Umweltorganisationen interessierte das Thema vorerst nicht. Sie kümmerten sich traditionellerweise um den Schutz konkreter Orte mit ihren Landschaften und Tier- und Pflanzenarten, ihrer »Wildnis«. Sie mochten sich gegen konkrete Bauprojekte wehren, etwa eine Straße durch ein Naturschutzgebiet oder ein Atomkraftwerk, dessen Flusswasserkühlung Fische gefährdete, aber sie wandten sich nicht gegen die Techniken an sich.[144] Technikkritik aus ökologischen Motiven vertrat bloß eine kleine Minderheit.

Flugzeuglärm war ein Problem der Städte, und die Städte waren keine »Wildnis«. Shurcliff gelang es nun aber, die etablierten Umweltorganisationen für seine Sache zu gewinnen. Denn Überschallknalle wären überall, auch in der »unberühr-

ten« Natur zu hören. Kommt hinzu, dass sich in den späten
1960er Jahren vieles änderte. Die Kritik am Vietnamkrieg,
neue Bürgerrechtsbewegungen, eine gesellschaftspolitische
und kulturelle Aufbruchstimmung rund um den *Summer of
Love* und »1968« brachten neue Formen zivilgesellschaftlichen Engagements hervor. Und die immer sichtbarere Umweltzerstörung führte zu dem, was der Umwelthistoriker Joachim Radkau die »Ära der Ökologie« nennt und um 1970
beginnen lässt.[145]

1969 beschloss die neu gegründete Umweltorganisation
Friends of the Earth, ein von William Shurcliff verfasstes Über-
schallknall-Handbuch zu publizieren. Es wurde zu einem Best-
seller. Das große Thema des ersten Earth-Day am 21. März
1970 war der Widerstand gegen das Überschallprogramm: Er
war zum Symbol der neuen Bewegung geworden. Drei Tage
nach dem Earth-Day gründete Shurcliffs kleine Bürgerorga-
nisation mit dem Sierra Club und den Friends of the Earth die
Coalition Against the SST. Die Beziehungen der Umwelt-
schützerinnen und Umweltschützer zu Mitgliedern des Kongresses begannen zu spielen. Im September präsentierte
Senator J. William Fulbright Einschätzungen von siebzehn
führenden Ökonomen: Alle außer einem sprachen sich gegen
das Überschallprogramm aus, darunter auch Leute wie Milton
Friedman, die jede Umweltpolitik ablehnten. Die Stimmung
im Kongress kippte, und Ende März 1971 stoppte der Kongress das Programm.[146]

Was die Öffentlichkeit nicht wusste: Das Programm war
faktisch vorher schon tot gewesen: Boeing hatte dem Verkehrsministerium 1970 mitgeteilt, dass sie nicht vorhabe, ihr
Überschallflugzeug tatsächlich zu bauen, nachdem neue Lärm-
vorschriften für Starts und Landungen es nochmals massiv zu
verteuern drohten. Boeing wünschte, den Prototyp fertig-

zustellen, um an ihm neue Systeme zu testen – aber dann
wäre ihr Interesse erschöpft.

Die Anti-Überschall-Bewegung hatte bereits ihren vollen
Elan erlangt, als ein Thema in den Fokus der Aufmerksamkeit
geriet, das den Überschallknall als kleines Problem erscheinen
ließ: die Stratosphäre. Überschallflugzeuge fliegen nicht nur
schneller, sondern auch höher als andere Flugzeuge. Dadurch
geraten ihre Abgase – Wasserdampf, Stickoxide und weitere
Gase und Partikel – in die obere Schicht der Atmosphäre, die
Stratosphäre, wo sie viel länger verbleiben als in den tieferen
Schichten.

Sorgen um die Folgen der oberirdischen Atomwaffentests
waren der Anlass gewesen, die Stratosphäre zu erforschen.
1970 erschienen nun mehrere Studien über die Auswirkungen des Überschallflugs auf die Stratosphäre. Einige Forscher
meinten, der Wasserdampf, den Überschallflugzeuge der
Stratosphäre hinzufügen würden, könnte das Klima auf der
Erde verändern – ausgerechnet ein Wissenschaftler der Boeing Scientific Laboratories gehörte zu den Warnern. Ende
1970 gelangte eine Studie an die Öffentlichkeit, die vor einer
Zerstörung des stratosphärischen Ozons durch Stickoxide aus
Flugzeugabgasen warnte. Seit kurzem war erwiesen, dass ul-
traviolette Strahlung Hautkrebs verursacht. Weil die Ozonschicht UV-Strahlung absorbiert, würde ihre Schädigung zu
mehr Erkrankungen führen. Das Verkehrsministerium hatte
versucht, die Studie zu verheimlichen.

Sowohl was den Abbau der Ozonschicht wie was den Klimawandel angeht, sollte sich zeigen, dass die Probleme sehr
viel ernster waren als zunächst angenommen – dass aber die
Gefährdung nicht in erster Linie von der Fliegerei ausging:
Die Ozonschicht wurde durch viel prosaischere Techniken,
nämlich Spraydosen und Kühlschränke, schwer geschädigt,

und das Klima in erster Linie durch die Verbrennung von
Kohlenstoff erwärmt. Aber die Überschall-Debatte war ein
Auslöser dafür, dass diese Umweltprobleme mit einer neuen,
wahrhaft globalen Dimension bekannt und erforscht wurden.
Die Überschall-Debatte veranlasste den Kongress, die ersten
groß angelegten Forschungsprogramme zu Ozonloch und
Klimawandel anzustoßen. Ebenfalls als direkte Folge der Debatte richtete der Kongress 1972 ein Büro für Technikfolgenabschätzung ein. Es wurde zu einer geachteten Instanz, deren
Berichte zu Atomkrieg, Unfruchtbarkeit, Terrorismusabwehr,
Geldwäscherei, Sondermüllentsorgung und vielem mehr mitunter zu Bestsellern wurden. Es entwickelte Instrumente, um
gezielt Laien in die Technikdebatte mit einzubeziehen. Zahlreiche Staaten haben seither ähnliche Stellen eingerichtet.

Die kurze und heftige amerikanische Überschall-Debatte von 1969 bis 1971 markierte einen Wendepunkt. Sie
»schwächte die Vorstellung, die Technik mit Fortschritt
gleichsetzte, und beförderte die Geburt einer neuen, weniger enthusiastischen Haltung zu technischen Unternehmungen«.[147]

Wenn die Concorde ein Beispiel einer Dollarauktion ist, so
zeigt das US-amerikanische Überschallprogramm, dass es
auch aus »Concorde-Fallen« ein Entrinnen gibt. Es hätte eine
andere Technik sein können, die den Wandel auslöste, der dieses Entrinnen möglich machte: Im deutschen Sprachraum war
es die Atomkraft.[148]

Ein Nebenprodukt militärischer Technik wie der Überschallflug, war und ist auch die Atomkraft weit davon entfernt, wirtschaftlich zu sein – respektive sie ist wirtschaftlich
nur dadurch, dass Forschung und Entwicklung staatlich finanziert und Betrieb und Rückbau samt der Lagerung der radio-
aktiven Abfälle massiv subventioniert sind und die ökologi-

schen Kosten und Risiken nicht in Rechnung gestellt werden. Die Atomkraftbefürworter argumentierten mit einer ähnlichen Alles-oder-Nichts-Rhetorik wie die Überschall-Befürworter in den USA – 1968 erschien ein Buch mit dem Titel *Die atomare Herausforderung. Wir stehen vor der Wahl: Fortschritt oder Untergang*[149] –, und die Entwicklung hatte alle Anzeichen einer Dollarauktion: 1956 sprach sich der deutsche Atomminister (das gab es damals!) Franz-Josef Strauß gegen ein zentrales Atomforschungszentrum aus, denn die Errichtung eines solchen würde »nicht nur Millionen verschlingen, sondern auch Jahre dauern«. Nichts, meinte Strauß, sei »gefährlicher als die Herausbildung wissenschaftlicher Monopolzentren. Wenn sich da einmal eine Fehlentwicklung durchgesetzt hat, wird diese jahrelang beibehalten ohne Korrektur und ohne Widerspruch«. Die Bundesrepublik baute dann doch ein solches Zentrum mit dem Ziel, einen sogenannten Brutreaktor zu entwickeln, und Strauß' Befürchtung wurde wahr: Unternehmungen wie die Entwicklung von Atomreaktoren, sagte der Direktor des Reaktorforschungszentrums in Karlsruhe, Wolf Häfele, ein paar Jahre später martialisch, gehörten »zum Sichbehaupten eines Volkes (…) auch dann, wenn der dafür zu zahlende Preis phantastisch sein wird«.[150] Um die Millionen, von denen Strauß gesprochen hatte, ging es längst nicht mehr, es ging um Milliarden – doch die Bundesregierung machte mit.

Für ihre Gegnerinnen und Gegner war die Atomkraft ein Symbol für eine Technikentwicklung, die in jeder Hinsicht in die falsche Richtung läuft – ähnlich wie der Überschallflug für seine Gegner in den USA. Besonders erfolgreich war die Anti-Atomkraft-Bewegung in Österreich: Seine Bürgerinnen und Bürger beschlossen den Atomausstieg gegen den Willen der Regierung, als das erste österreichische Atomkraftwerk in

Zwentendorf just fertig gebaut war. In Deutschland und der Schweiz wurden einzelne Werke verhindert; das deutsche Programm für einen Brutreaktor in Kalkar wurde zu gewaltigen Kosten fertiggestellt, nahm den Betrieb aber nie auf.[151] Eine Bilanz der Überschall-Debatte zu ziehen ist schwierig. Die neue Form der zivilgesellschaftlichen Einmischung in etwas, worüber bis anhin ein kleiner Kreis entschieden hatte, erwischte die fortschrittsgläubigen Technokraten auf dem falschen Fuß.[152] Technischen »Fortschritt« ohne alle Rücksichten durchzudrücken, ist seither schwieriger. Doch mit den neuen Umwelt- und Bürgerrechtsbewegungen begannen auch ihre Gegner, sich zu formieren.

Präsident Nixon hatte in seinen ersten zwei Amtsjahren mehrere Umweltgesetze auf den Weg gebracht und die Umweltbehörde EPA eingerichtet. Nachdem seine Partei aber im November 1970 die Zwischenwahlen verloren hatte, schwenkte Nixon auf die Linie seines schärfsten parteiinternen Rivalen ein, des kalifornischen Gouverneurs Ronald Reagan. Umweltschutz hatte nun keinen Platz mehr, und das Überschallprogramm, dem Nixon bisher skeptisch gegenüber gestanden hatte, wurde zu einem Symbol seiner neuen Politik. Sein Ende stilisierte Nixon zur »größten Techniktragödie unserer Zeit«.

Damals begannen die großen Konzerne, den Wiederaufstieg der Republikanischen Partei zu finanzieren, der zum Sieg Reagans in den Präsidentschaftswahlen 1980 führte. Eine zweite Welle des republikanischen Aufschwungs erfolgte Mitte der 1990er Jahre unter Newt Gingrich. Unter seiner Führung schloss der Kongress 1995 das Büro für Technikfolgenabschätzung. Es war all jenen ein Dorn im Auge gewesen, die unter »Fortschritt« verstanden, zu machen, was machbar ist.[153] Mit ihrem »Krieg gegen die Wissenschaft«[154] torpedieren die neuen konservativen »Fortschrittsfreunde« mit allen fairen und unfairen Mitteln die Stimme der Wissenschaft, wo immer sie den Interessen der Konzerne im Wege steht; mit den neoliberalen Think-Tanks haben sie eine eigentliche Gegenakademie aufgebaut.[155] Aber auch sie können das Rad nicht zurückdrehen in eine Zeit, in der eine Handvoll Techniker, Technokraten und Investoren alleine beschließen, was alle angeht.

Die Dollarauktion ist ein hübsches Spiel, um die psychologische Dimension von Unternehmungen zu beschreiben, die zu Selbstläufern werden. Der Wandel im öffentlichen Umgang mit Technik aber muss vor allem als ein machtpolitischer verstanden werden: Neue Akteure sind machtvoll auf den Plan getreten, die alten Akteure haben neue Strategien entwickelt, ihre Macht zu wahren.

Und was haben die Überschallprogramme technisch gebracht? Sie hätten die Luftfahrt entscheidend vorangetrieben, meinen ihre Befürworter.[156] Der britische Technik- und Militärhistoriker David Edgerton dagegen schreibt lakonisch: »Concorde war eine furchtbare Geldverschwendung. (…) Lohnende Folgeentwicklungen des Concorde-Projekts oder des zivilen Atomprogramms sind kaum zu finden.«[157]

7 Wäsche

Abb. 8   Ganzseitige Zeitschriftenreklame für Persil, 1908. Die Frauen entsprechen mit ihren kräftigen Armen dem Waschfrauenideal; das visuelle Argument für Persil sind die staunenden Blicke der anderen Frauen. Man beachte außerdem, wie der Werbetext mit dem Argument der Erfahrung für das Neue wirbt![158]

Man hat ja zuerst die Wäsche abends eingeweicht. (…) Und morgens ist alles ausgewrungen worden. Anschließend machte man heißes Wasser mit Waschpulver und darin ist zuerst einmal noch vorgewaschen worden. Und wieder ausgewrungen. (…) Danach ist die weiße Wäsche in den Waschkessel reingekommen und man hat sie aufziehen lassen, bis sie gekocht hat. Die Buntwäsche ist in der gleichen Lauge nachher gewaschen worden. Danach ist das Ganze in heißem Wasser gespült worden und noch mindestens einmal in kaltem. (…) Zum Schluss hat man das entweder ausgewrungen von Hand oder ausgepresst in der Wäschepresse; später hatten wir dann eine Schleuder. (Frau J.)[159]

Wir hatten kein fließendes Wasser in dieser Zeit. (…) Aber hinter dem Haus floss ein Bach, der war ungefähr fünfzig Meter vom Haus entfernt. Da waren so kleine Stege nach außen. Dorthin ist man mit der Wäsche gegangen und hat die ganze Wäsche im Garten ausgelegt zum Bleichen, ob Unterhosen oder Bettwäsche, es lag also immer im Garten, und man hat also immer gesehen, wenn jemand große Wäsche hatte. (Frau Ro.)[160]

Die Kulturwissenschaftlerin Gudrun Silberzahn-Jandt hat 1991 mehrere Frauen über ihre Waschgewohnheiten und die Erinnerungen an das Waschen in ihrer Kindheit befragt. Frau Ro. berichtete von der »großen Wäsche« um 1940, Frau J. von den frühen 1950er Jahren. Die große Wäsche fand damals typischerweise monatlich statt[161], dazu kam wöchentlich die kleine Wäsche – oder auch mehrmals wöchentlich, vor allem in Familien mit kleinen Kindern:

Praktisch war der Herd immer voll. Von frühs bis abends
war der Herd immer belegt. Dauernd musste da ein Topf
Wäsche stehen, der dann gekocht hat. (…) Man hat ja noch
die ganzen Stoffwindeln gehabt. (Frau S.)[162]

Wäsche Waschen war um die Mitte des 20. Jahrhunderts
Schwerarbeit. Wer es sich leisten konnte, ließ für die große
Wäsche die Waschfrau kommen, die die Hausfrau beim Waschen unterstützte. Zu essen gab es an solchen Tagen Vorge-
kochtes, oft zum Leidwesen der Männer, mitunter zur Freude
der Kinder. Hausfrauen ohne Zugang zu einer Waschküche
mussten in der Küche waschen, wobei sich die ganze Wohnung mit Dampf füllte, was bei denen, die nicht wuschen (den
Männern) nicht immer auf Verständnis stieß. Das Schleppen
von Wasser (wo kein Wasseranschluss im Haus war) und von
Körben voller nasser Wäsche, das Reiben der Wäsche auf dem
Waschbrett in der heißen Lauge, das Hin-und-Her zwischen
dampfgeschwängerten Innenräumen und dem Freien im Winter verlangte von den Waschfrauen eine robuste Gesundheit –
und Hausfrauen mussten auch waschen, wenn sie nicht so robust waren.

Dagegen sagt Frau Ro.: »Waschen ist heute keine Arbeit
mehr.« (Ihr Mann pflichtet bei.) Und Frau R.: »Heute empfinde ich eigentlich das Waschen nicht mehr als Arbeit.«[163]

Keine Arbeit? Es gibt in der wissenschaftlichen Literatur
über das Waschen keinen Konsens darüber, ob die Zeit, die
ein durchschnittlicher Haushalt für das Waschen aufwendet,
im 20. Jahrhundert deutlich, geringfügig oder gar nicht abgenommen oder sogar zugenommen hat, doch die meisten Autorinnen scheinen davon auszugehen, dass der zeitliche Aufwand ungefähr konstant geblieben ist. Dasselbe gilt für die
Hausarbeit insgesamt.[164] Dieser Befund erstaunt umso mehr,

als nicht nur moderne Waschtechniken (Waschmittel wie
Maschinen) das Waschen vollkommen verändert haben, sondern auch die Gelegenheiten, sich zu verschmutzen, heute gering sind im Vergleich zu einer Zeit, als die Straßen bei Tro-
ckenheit staubig, bei Regen schlammig waren, als man mit
Holz oder Kohle heizte und kochte und ein viel größerer Teil
der werktätigen Bevölkerung in Gewerbe, Industrie und
Landwirtschaft arbeitete als heute. Die Gründe, weshalb der
Waschaufwand pro Haushalt nicht oder nur wenig zurückgegangen ist, sind einfach: Um 1900 beschäftigten mehr Haushalte Dienstpersonal als hundert Jahre später, und selbst
ärmere Haushalte nahmen die Hilfe von Waschfrauen tage-
weise in Anspruch.[165] Vor allem aber werden Kleider heute
viel öfter gewaschen als damals. Es ist ein Effekt, den man mit
einem Begriff aus der Energieökonomie »Rebound« nennt:
Was weniger – Zeit oder Geld – kostet, wird stärker nachge-
fragt.[166]

Ist die Entwicklung des Waschens (und der gesamten Haushaltstechnik) also ein Nullsummenspiel, ein Hamsterrad des
Fortschritts?

Das wäre zu einfach gedacht. Denn erstens war das Waschen »damals« eben harte Arbeit.[167] Zweitens kann seine Arbeitszeit flexibler einteilen, wer häufig ein bisschen wäscht,
statt alle vier Wochen einen überlangen Waschtag leisten zu
müssen. Drittens zeigen Briefe oder Tagebücher von Hausfrauen der unteren sozialen Schichten, dass es diesen Frauen
gar nicht möglich war, genug zu waschen, um den eigenen
Sauberkeitsanspruch (und den ihrer Familien) zu erfüllen. Sie
erlebten ihre Situation als echtes Manko, und die moderne
Waschtechnik hat sie davon befreit.

Hat also die moderne Waschtechnik zwar kaum Zeit-
ersparnis, dafür aber Fortschritt in Form von mehr Zeitauto-

nomie und höherem Lebensstandard gebracht und hat »die Waschmaschine zur Befreiung der Frau von einer ihrer härtesten Fronen, dem Waschen im Zuber, geführt« (Golo Mann)?[168] Auch das wäre zu einfach gedacht, und gerade feministische Autorinnen, die kaum der Versuchung erliegen, die Lebenswirklichkeit früherer Frauen zu romantisieren, widersprechen der Sichtweise, eine Maschine habe »die Frau« befreit.

Technische Geräte, die das Waschen erleichtern sollten, gab es schon früh: In speziellen Waschkesseln konnte man (»man« bedeutet in diesem Kapitel meist: Frauen) das Waschwasser auf dem Feuer erhitzen, ohne zu riskieren, dass Ruß oder Kohle mit der Wäsche in Kontakt kamen (zwischen den Waschtagen konnte man die Kessel dazu verwenden, Saft einzukochen oder Suppen und Eintöpfe zuzubereiten). Mit Handkurbeln betriebene Waschmaschinen kneteten die Wäsche in der Lauge. Mangeln, Pressen und Schleudern ersetzten das Auswringen. Aber auch ganz unspektakuläre Geräte brachten große Erleichterung wie etwa der Wäschestampfer mit Holzgriff und Siebglocke aus Metall, den es seit ungefähr 1900 gab. Wer einen solchen hatte, brauchte die Wäsche nicht mehr zu reiben, musste nicht in die heiße Lauge greifen und brauchte sich nicht zu bücken.[169] Um 1950 kamen sogar elektrische Wäschestampfer auf den Markt (sie sahen aus wie überdimensionierte Stabmixer), konnten sich aber nicht durchsetzen.

Das Gerät, das wir heute als Waschmaschine kennen, gibt es in den USA ab den 1930er, in Deutschland ab den 1950er Jahren. Diese Maschine sah nicht mehr vor, die Lauge mehrfach zu verwenden – wie das für sparsame, eben »haushälterische« Hausfrauen selbstverständlich gewesen war. Manche Hausfrau manipulierte ihre Maschine deshalb so, dass sie das gebrauchte Wasser in Eimern auffangen konnte, um es für den nächsten Waschgang wieder in die Maschine zu füllen oder damit den Boden aufzuwischen.[170]

Waschmaschinen haben die Hausfrauen von schwerer körperlicher Arbeit entlastet, aber interessanterweise ersetzten Maschinen auch Tätigkeiten, die die Hausfrauen ganz gerne mochten. In einer Umfrage des Waschmittelherstellers Unilever aus dem Jahr 2000 äußern sich zahlreiche der befragten Britinnen positiv über das Wäscheauf- und -abhängen: Sie mögen die Tätigkeit an sich, den Geruch der sonnengetrockneten Wäsche – oder auch einfach das Bild von im Wind flatternder Wäsche.[171] Trotzdem hat der elektrische Wäschetrockner die Wäscheleine heute weitgehend verdrängt.

Die automatische Waschmaschine galt in Europa bis in die 1960er Jahre als Luxus. In der Bundesrepublik Deutschland verfügten 1970 erstmals mehr als die Hälfte, 1976 schon drei Viertel aller Haushalte über eine Waschmaschine. Heute steht in nahezu jedem Haushalt der Industrieländer eine, meist neben einem elektrischen Wäschetrockner. Mit welchen Folgen für die Hausarbeit? Die Literatur ist sich unseins; Frau S. sagt:

> Ja, eine Zeitersparnis habe ich schon bemerkt. (…) Aber der Nachteil, es wurde nicht mehr beachtet. Das hieß dann, ›das geht nebenher‹. Es ist nicht leichter geworden, vor allem, weil man mehr wäscht und viel mehr zum Aufhängen hat und zum Bügeln. (…) Das heißt praktisch, du bist nie fertig mit Waschen und Bügeln. Es geht immer weiter.[172]

Man stelle sich eine Arbeiterfamilie um 1900 vor, die stark verschmutzte Arbeitskleidung und Babywindeln in einem Haushalt waschen musste, in dem viele Menschen auf engem Raum zusammenlebten, in Räumen, die mit Kohle beheizt

und oft rauchig waren und schmutzig, weil die Zeit zum Putzen genauso zu knapp war wie zum Waschen. Und man ver-
gleiche diese Familie mit der Situation von heute. In den USA,
die in dieser Hinsicht wohl »führend« sind, ergab eine Erhebung von 2001, dass der durchschnittliche Haushalt 392 mal
pro Jahr wäscht – also mehr als einmal täglich![173]

Die erwähnte Unilever-Befragung zeigt, dass heute nicht
mehr unbedingt gewaschen wird, um schmutzige Wäsche
sauber zu machen: »Manchmal«, sagt eine Person, »nehme
ich ein Hemd aus dem Schrank, von dem ich weiß, ich habe es
gewaschen und nie getragen (…), und ich wasche es. Weil ich
es einfach rieche und ich einfach denke, es hat eine Weile im
Schrank rumgehangen und es ist ein wenig muffig, also technisch gesprochen ist es sauber.« Und eine andere: »Ich glaube
nicht, dass die Hälfte meiner Wäsche schmutzig ist. Ich finde
einfach, sie braucht eine Auffrischung.« Und eine dritte: »Ich
weiß, dass ich sauber bin – ich weiß, dass ich saubere Kleider trage – und fühle mich gut – verstehen Sie, was ich meine?
Es war nicht schmutzig, es war nicht muffig oder irgendwas,
etwas in meinem Kopf wollte einfach ein wenig Auffrischung.«[174]

Mit dem Bedürfnis nach Sauberkeit hat das Waschen sauberer Wäsche nicht mehr viel zu tun. Doch wann ist ein Bedürfnis »echt« und ab wann geht es nur noch um Scheinbe-
dürfnisse? Gibt es eine Schwelle, jenseits derer zusätzliches
Waschen nur noch mehr Energie-, Wasser- und Chemikalien-
verbrauch ohne zusätzlichen Komfortgewinn bedeutet? Und
wenn ja, lässt sich bestimmen, wo diese Schwelle liegt und
wann sie überschritten wurde? Laut einer Erhebung aus dem
Jahr 1968 wechselten in Westdeutschland 5 Prozent aller Männer und 59 Prozent aller Frauen ihre Unterhosen täglich; 1988
waren es 45 Prozent der Männer und 70 Prozent der Frauen.

Waren nun 1968 die meisten Menschen (und vor allem Männer) Schweine, wie 1971 ein Unterwäscheinserat behauptete[175], oder übertreiben es die Menschen von heute?

Der veränderte Umgang mit dem Waschen ist ein Beispiel dafür, wie das, was in einer Gesellschaft als normal gilt, immer kulturell bedingt ist. Auch das Sauberkeitsbedürfnis der Arbeiterfamilie um 1900 war kein »natürliches«: Manche, die unter einem Sauberkeitsmanko litten, dürften »objektiv« sauberer gewesen sein als etwa der französische Sonnenkönig im 17. Jahrhundert! Gerade was das Wohlbefinden angeht, gibt es viele solcher Beispiele. Ein besonders eindrückliches ist die Normierung des Raumklimas.

Man könnte erwarten, die Empfindung einer Temperatur als angenehm oder unangenehm sei dem kulturellen Einfluss entzogen, sind doch Schwitzen und Frieren physiologische Vorgänge. Genau von dieser Annahme gingen ab etwa 1920 Forscher aus, die in Experimenten nach der »Komfortzone« (ein Kunstwort aus dieser Zeit) suchten. Es war die Zeit, in der es erstmals möglich war, das Raumklima einigermaßen zuverlässig und präzis mit Klimaanlagen zu steuern. Und es war die Zeit, in der kulturwissenschaftliche Theorien aufkamen, die die unterschiedliche »Leistungsfähigkeit« der Völker auf das Klima, in dem sie leben, zurückführten.[176]

Die Komfortforscher setzten Versuchspersonen unterschiedlichen Temperaturen und Luftfeuchtigkeiten aus und befragten sie dann nach ihrem Wohlbefinden. Ihre Resultate sind wissenschaftlich belastbar in dem Sinne, als die Experimente wiederholbar sind. Aber sagt die Laborrealität der Klimakammern etwas über die Wirklichkeit außerhalb davon aus? Gibt es tatsächlich eine objektivierbare Komfortzone – oder hat Wohlbefinden gerade auch mit dem Wechsel der Temperaturen, mit der Erfahrung von Wetter und Jahreszei-

ten, mit der sinnlichen Erfahrung von Zeit zu tun? Danach
fragen die Experimente nicht, weil der Experimentator davon
ausgeht, dass die Komfortzone messbar sei. Und sie sind blind
für gesellschaftliche Strategien im Umgang mit dem Klima: In
vielen heißen Regionen ist es üblich, über Mittag Siesta zu
halten und die Abende im Freien zu verbringen, im halböf-
fentlichen und öffentlichen Raum auf Veranden, in Parks und
auf Plätzen. Solche Praktiken machen nicht nur das Klima er-
träglich, sie prägen eine Gemeinschaft – und haben selbstverständlich Einfluss auf das Wohlbefinden der Menschen.

Das »normale« Klima existiert ab dem Moment, in dem
eine Norm sich durchsetzt. Die Resultate der Komfortfor-
schung haben sich in Baunormen verfestigt.[177] Wer sich daran
gewöhnt hat, sein Leben in Räumen mit normiertem Klima
zu verbringen, und sich entsprechend kleidet, wird sich in
diesem Klima am wohlsten fühlen. Und wenn man dank
Klimaanlagen auf architektonische Lösungen wie Veranden
verzichtet und öffentliche Plätze zu Drehscheiben für den Au-
toverkehr degradiert, wird die Klimaanlage unverzichtbar.

Der Siegeszug der Klimaanlage in den Ländern, wo nach
den entsprechenden Normen gebaut wird, ist bemerkenswert,
denn sie musste sich gegen tief sitzende Gewohnheiten und
Überzeugungen durchsetzen. Wer sein Leben lang das abend-
liche Öffnen der Fenster nach einem heißen Tag als Erfri-
schung erlebt hat und überzeugt war von der gesundheits-
fördernden Wirkung frischer Luft, heißt eine Technik nicht
gerade willkommen, deren Funktionieren das Öffnen der
Fenster verbietet. Dass die neuen Normen sich durchsetzen
konnten, hat viel damit zu tun, dass sie mit wissenschaftlichem Anspruch auftraten. Und dass sie von moralischen Ar-
gumenten unterstützt wurden: Eine Untersuchung aus den
1950er Jahren zitiert eine US-amerikanische Frau mit den

Worten, Klimaanlagen und Fernseher würden »Familien wieder zusammenbringen« (nämlich vom Freien ins Haus).[178]

Wissenschaft und (Familien-) Moral waren auch bei der Entwicklung des Waschens und der Sauberkeitsnormen treibende Kräfte. Die Entdeckung der Mikroben im 19. Jahrhundert löste eine regelrechte Hygienemanie aus. Noch im späteren 20. Jahrhundert erklären in Werbespots als Wissenschaftler verkleidete Männer den Hausfrauen, wie sie waschen müssen.[179] Wichtiger aber war die Moral. Sauberkeit steht für Ordentlichkeit, und es ist die Hausfrau und Mutter, die ihre Familie ordentlich hält.

Die Historikerin Ruth Schwartz Cowan hat 1984 mit ihrem wegweisenden Buch *More Work for Mother* (»Mehr Arbeit für Mutter«) am Beispiel der USA gezeigt, wie die moderne Haushaltstechnik um das Ideal der fürsorglichen Hausfrau und Mutter aufgebaut wurde. Dieses Ideal ist im 19. Jahrhundert entstanden. Schon zuvor waren die Geschlechterrollen klar verteilt, doch gab es Arbeiten im Haushalt, für die die Männer zuständig waren: Der Mann spaltete Holz und feuerte ein, reparierte, schlachtete und spannte die Zugtiere ein, wenn es etwas zu transportieren gab.

Die meisten Entwicklungen im Haushalt entlasteten nun vor allem die Männer von ihrer Mitarbeit: Kohle, später Gas und Elektrizität lösten das Holz als Energiequelle ab, Fleisch kaufte man auf dem Markt, statt selber Tiere zu halten und so weiter. In der Zeit, die die Männer dadurch gewannen, leisteten sie vermehrt Lohnarbeit, weil die Haushalte zunehmend in die Geldwirtschaft eingebunden wurden.[180] Es entstand die Idealvorstellung, dass der Vater das Geld verdient und die Mutter sich um Haushalt und Kinder kümmert. Familien, deren Mütter arbeiten mussten, waren sozial stigmatisiert.

Das Waschen taucht in Briefen und Tagebüchern von Haus-

frauen erst im späteren 19. Jahrhundert als schwere Arbeit
auf. Zuvor war viele Kleidung aus Materialien wie Wolle oder
Leder, die sich kaum waschen ließen. Man war (nach heutigen
Begriffen) schmutzig, weil es nicht anders ging. Mit der weiteren Verbreitung der Baumwolle wurde immer mehr Kleidung waschbar; erst jetzt wurde mangelnde Sauberkeit der
Kleidung zum Stigma.[181]

Im 20. Jahrhundert festigten neue Techniken, die auf das
Ideal der fürsorglichen Hausfrau und Mutter hin entwickelt
wurden, die Rollenteilung. Frau J. sagt im Interview:

> 1950 haben wir die erste Waschmaschine gehabt, eine
> Bottichwaschmaschine mit Drehkreuz. Als meine Mutter
> krank war, hat mein Vater die Waschmaschine gekauft. Die
> Mutter konnte ein Vierteljahr gar nichts arbeiten, und da
> hab' ich alleine den gesamten Haushalt versorgt. Deshalb
> hat der Vater auch so schnell eine Waschmaschine ge-
> kauft.[182]

Der Mann im Haus half seiner kranken Frau, indem er seine
Rolle als Geldverdiener (und -ausgeber) wahrnahm und eine
Waschmaschine kaufte, und nicht, indem er der kranken Frau
die Arbeit abnahm und selber Hand anlegte (das tat die Toch-
ter). Die Waschmaschine stabilisierte die Rollenteilung.

Dass sich praktisch jeder Haushalt eine Waschmaschine an-
schaffen würde, war keine alternativlose Entwicklung und hat
mehr mit Rollenbildern und Moralvorstellungen zu tun als
mit technischen oder ökonomischen Erwägungen. Seit dem
19. Jahrhundert entstanden in den Städten Europas und Nord-
amerikas zahlreiche Waschsalons. Es gab öffentliche Waschküchen, in denen die Hausfrau die Wäsche ihrer Familie immer noch selber wusch, und Salons, in denen man die Wäsche

waschen ließ.[183] Bevor Waschmaschinen erschwinglich wurden, wusch in den Städten die überwiegende Mehrheit der Frauen ihre »große Wäsche« in zentralen Waschküchen oder ließ sie waschen. Mit dem Aufkommen der Waschmaschinen lohnte sich deren Anschaffung langfristig, weil man sich das Geld fürs Auswärtswaschen sparte – wobei diese Rechnung nur aufging, wenn man die Arbeitskraft der Hausfrau als gratis betrachtete. »Gratis« war Hausfrauenarbeit so lange, als es sich für eine Hausfrau nicht schickte, für Lohn zu arbeiten.

Oft wird behauptet, die Haushalte hätten sich in der Moderne von Stätten der Produktion zu bloßen Stätten des Konsums entwickelt: Einst strickten und nähten die Hausfrauen einen großen Teil der Kleider selber, Gemüse und Kräuter wuchsen im Garten, wo auch die Hühner Eier legten und vom Mann im Haus geschlachtet wurden. Später kaufte man die Hühner auf dem Markt, schlachtete sie aber noch selber (denn nur lebende Hühner waren sicher frisch), dann kaufte man sie bereits geschlachtet, gerupft und zerlegt, aber immer noch ganz, während heute vor allem fertige Hühnerfleischprodukte angeboten werden.

Aber in anderen Bereichen ist der Haushalt die produzierende Stätte geblieben, die er war, und in manchen Bereichen war die Tendenz sogar die umgekehrte: Kamen einst fahrende Händler zu ihrer Kundschaft[184], wurde es mit dem Aufkommen der Autos als Massenverkehrsmittel immer mehr zur Aufgabe der Hausfrau, die Einkäufe nach Hause zu transportieren. Hatten die Haushalte die Transportdienstleistungen einst eingekauft, erbringen sie sie nun selber.[185]

Waschen, Putzen, Kochen sind die Tätigkeiten, in denen die Haushalte weitgehend produzierend geblieben sind. Dabei gab es in all diesen Bereichen Alternativen. Eher exotisch erscheinen aus heutiger Sicht Staubsaugerdienste, die mit auf

Lastwagen montierten Saugkompressoren durch die Straßen
fuhren und ihren Kundinnen und Kunden lange Schläuche
durch die Fenster legten, um sauber zu machen. Anderes war
weniger ausgefallen: Wenn die Haushalte Gemüse, Eier oder
Fleisch immer häufiger kauften, statt sie selbst zu produzieren, lag es nahe, gleich fertig gekochte Mahlzeiten zu kaufen.
Gemeinschaftsküchen, Pensionen, in denen gekocht wurde,
und Hauslieferdienste, die täglich ein Menü ins Haus brachten, erlebten im späten 19. Jahrhundert tatsächlich einen gewissen Boom. Durchgesetzt hat sich das Fremdkochen aber
nicht oder allenfalls in Einzelhaushalten. Denn die fürsorg-
liche Mutter kocht selber für ihre Familie, ja, die Ernährung
ist ihre eigentliche Kernaufgabe. Auch wenn zahlreiche moderne Geräte das Kochen erleichtern (sollen), ist das Ideal
doch konservativ: Es soll schmecken »wie zu Großmutters
Zeiten«.[186]

Auch waschen ließ man nicht so ohne weiteres auswärts.
Seine verschmutzte Wäsche Fremden zu zeigen, bedeutet eine
gewisse Entblößung; »schmutzige Wäsche waschen« steht
heute noch dafür, öffentlich zu tun, was besser privat bliebe.
Umgekehrt war das Aufhängen der sauber gewaschenen Wäsche eine Möglichkeit, den Nachbarinnen die eigene Tüchtig-
keit zu zeigen. 1908 warb Henkel für sein Persil, das damals als
erstes Vollwaschmittel auf den Markt kam, mit den staunenden Blicken der anderen Waschfrauen auf die eigene Wäsche.

Wäschestücke, die nicht ganz sauber geworden waren, ver-
steckte man beim Aufhängen hinter anderer Wäsche – oder
hängte sie in der Wohnung auf.[187] »Die alten Hausfrauen,
das sind die gewesen, die am ärgsten gelästert haben. Und aus
dem Grund haben wir uns gesagt, wenn irgendwas verfleckt
ist, entweder wir haben gleich einen Entflecker benutzt, oder
man hat es überhaupt nicht im Freien aufgehängt, sondern im

Bad getrocknet«, erzählt Frau E. Und Frau T. bekennt: »Also, ich persönlich, ich schaue schon.«[188]

Die steigenden Ansprüche an die Sauberkeit der Wäsche haben die Arbeit der Hausfrauen nicht erleichtert – aber es ist nicht etwa so, dass die Ansprüche in jeder Hinsicht immer zunehmen. Es gibt auch gegenläufige Trends: Heutige Hausfrauen waschen mit geringeren Temperaturen als ihre Mütter, Groß- und Urgroßmütter, und sie bügeln weniger. Das ist bemerkenswert, weil sich diese Mütter und Großmütter ihre harte Wascharbeit durch den Verzicht auf Kochen und Bügeln ganz ohne technischen und finanziellen Aufwand hätten erleichtern können (im Gegensatz zu heute bedeutete das Kochen in Zeiten, als das Wasser auf dem Feuer erhitzt werden musste, einen Mehraufwand). Vorstellungen von Sauberkeit (und die Blicke der Nachbarinnen) hinderten die Hausfrauen daran, das zu tun, denn Bügeln galt genauso wie Kochen als unabdingbar für wirklich saubere und keimfreie Wäsche:[189]

> Wir haben Unterhosen und alles noch gebügelt. Jetzt nicht mehr. Das habe ich von der Jugend abgeguckt. (…) Wenn die Jungen sich so anziehen können, dann können wir das doch auch so machen. (Frau Ro.)[190]

Auch das Bestreben, »weißer als weiß« (nämlich weißer als das Weiß der Nachbarin) zu waschen, dürfte heute geringer sein, seit seltener Wäsche sichtbar im Freien aufgehängt wird.

Die moderne Waschtechnik (und die moderne Haushaltstechnik insgesamt) hat die Hausfrauen von schwerer Arbeit entlastet. Eine Verkürzung der Hausarbeitszeit brachte sie nicht, weil sie dazu beitrug, die Ansprüche so zu steigern, dass mögliche Zeitgewinne aufgefressen wurden.

Die moderne Haushaltstechnik hat die Arbeitszeit der

Hausfrau aber flexibilisiert – mit widersprüchlichen Folgen: Im späteren 20. Jahrhundert hat sich die im 19. Jahrhundert entstandene Rollenverteilung – das Haus als die Sphäre der Frau, der Broterwerb als die Sphäre des Mannes – in die Richtung aufgeweicht, dass Frauen heute leichter Männerrollen übernehmen können, ja, dass dies sogar als erwünscht gilt. Die moderne Haushaltstechnik hat diese Aufweichung erleichtert, indem sie es den Hausfrauen erlaubte, die Hausarbeit »nebenbei« zu erledigen. In die andere Richtung indes hat eine Aufweichung kaum stattgefunden: Die Hausarbeit ist weitgehend Frauensache geblieben. Auch dazu hat die moderne Haushaltstechnik beigetragen, weil sie die Hausarbeit »unsichtbarer« machte und die Männer davon entlastete, mit zunehmendem Engagement der Frauen in der Erwerbsarbeit Teile der Hausarbeit zu übernehmen.[191] Und die moderne Haushaltstechnik hat die traditionell weibliche Hausarbeit abgewertet – und in dieser Hinsicht geholfen, die Kluft zwischen den Geschlechtern noch zu vertiefen.

Teil II: Treiber

8 Alternativen

Wasser tropft in eine Hutkrempe. Ein rostiges Windrad quietscht, eine Fliege surrt nervös. Sonst geschieht nichts auf dem Bahnhof irgendwo im amerikanischen Nirgendwo, bis ein Zug einfährt. Der Held steigt aus, es kommt zum ersten Showdown über die Gleise hinweg.

   Im Zentrum des Films, der so beginnt – *C'era una volta il West* (»Spiel mir das Lied vom Tod«) von Sergio Leone aus dem Jahr 1968 – steht eine Landspekulation: Die Eisenbahnlinie dringt nach Westen vor. Sie wird in Sweetwater vorbeikommen müssen, wo sich die einzige Wasserquelle in weitem Umfeld befindet. Das wird den Wert des Fleckens explodieren lassen. Wer es schafft, Sweetwater unter seine Kontrolle zu bringen, wird reich werden.

Die Eisenbahn ist aus dem amerikanischen Wildwest-Mythos nicht wegzudenken. Sie erschloss den amerikanischen Westen für weiße Siedler und Siedlerinnen (und war wesentliches Vehikel für den Genozid an den Indianern), trieb die Urbanisierung voran und stiftete nationale Identität. Und natürlich brachte sie die USA wirtschaftlich voran. In seiner ersten Rede vor dem Kongress im Jahr 1901 lobte US-Präsident Theodore Roosevelt die »Wirtschaftskapitäne, die die Eisenbahn durch unseren Kontinent geführt haben«: Sie »leisteten Großartiges für unser Volk. Ohne sie wäre die materielle Entwicklung, auf die wir mit Recht so stolz sind, nie möglich gewesen.«[192]

Einer widersprach dieser Sicht. Der Ökonom Robert Fogel bestritt in seiner 1964 publizierten Studie *Railroads and American Economic Growth* zwar nicht, dass die Eisenbahn im 19. Jahrhundert viel zum amerikanischen Wirtschaftswachstum beigetragen hatte. Aber er bestritt, dass die »materielle Entwicklung, auf die wir so stolz sind«, ohne Eisenbahn nicht möglich gewesen wäre.[193]

Wie wichtig ist eine Technik? Diese Frage hat Robert Fogel gründlicher zu beantworten versucht als die meisten vor ihm. Sein Ziel war eine Methode, die historische Bedeutung von Techniken so präzis als möglich zu messen. Die Eisenbahn diente ihm als erstes Beispiel.

Für Fogel lag die Bedeutung einer Technik nicht in dem, was sie insgesamt bewirkte, sondern lediglich in dem, was sie *zusätzlich* bewirkte im Vergleich zur besten verfügbaren Alternativtechnik. In seiner akribischen Studie voller Zahlen und Formeln schätzt er ab, wie viel die Eisenbahn bis zum Stichjahr 1890 (als sie ihre höchte Blüte erreichte) zur Wirtschaftsleistung der USA beitrug. Gleichzeitig entwirft er »kontrafaktische« Vereinigte Staaten ohne Eisenbahn, die auf die nächstbessere Alternative gesetzt hätten – nämlich auf die Binnenschifffahrt respektive auf Pferde- und Ochsenwagen als Zubringer zu den Häfen –, und schätzt ab, wie sich deren Wirtschaftsleistung entwickelt hätte. Die Differenz zwischen realer und kontrafaktischer Welt nennt er »gesellschaftliche Ersparnisse« (*social savings*): In ihnen liege die wahre Bedeutung der Eisenbahn. Und er kommt zu dem erstaunlichen Resultat, dass diese Ersparnisse praktisch vernachlässigbar waren: Die Wirtschaftsleistung von 1890 wäre in einer Welt ohne Eisenbahn nur ein Jahr später auch erzielt worden, und das sei, schreibt Fogel, vermutlich noch zu hoch geschätzt.

Wie kam Fogel zu diesem erstaunlichen Resultat? Die Binnenschifffahrt war in den USA im 19. Jahrhundert sehr weit entwickelt: Um 1850 hatten alleine die Flussdampfer auf dem Mississippi und seinen Nebenflüssen eine höhere Tonnage als die gesamte britische Hochseeflotte. Die elf wichtigsten und die meisten sekundären Agrarhandelsplätze des Mittleren Westens lagen an Wasserstraßen. Die Frachtkosten zu Wasser waren niedriger als die der Eisenbahn; erst in der Gesamtrechnung hatte die Eisenbahn die Nase vorn, weil sie schneller war und zu allen Jahreszeiten funktionierte, was Lagerkosten ersparte.

Landwirtschaft lohnte sich damals ökonomisch nur, wenn eine Farm weniger als vierzig bis fünfzig Meilen vom nächsten Wasserweg entfernt lag – oder von der nächsten Eisenbahnlinie. Die Eisenbahn machte viel fruchtbares Land einer Nutzung erst zugänglich. Laut Fogel hätte man aber mit einem bescheidenen Ausbau des Kanalnetzes 95 Prozent dieser Flächen genauso erschließen können.

Und das Kanalnetz *wäre* ausgebaut worden. Denn wenn es keine Eisenbahn gegeben hätte, wäre all das Kapital, das zwischen 1840 und 1890 in die Eisenbahn floss, frei gewesen für andere Investitionen wie eben den Ausbau der Wasserwege oder sogar für ganz neue Techniken (vielleicht, spekuliert Fogel, wäre der Verbrennungsmotor früher erfunden worden).

Was taugt Fogels Analyse? Fogel selber hielt viel davon (und wurde 1993 mit dem Wirtschafts-Nobelpreis geehrt): Unbescheiden nannte er seine Methode »Neue Wirtschaftsgeschichte« (*new economic history*). Man liest aus seinen Texten den Stolz des Nicht-Historikers, der den Historikern zeigt, wie man Wirtschaftsgeschichte schreibt: nämlich mit handfesten Zahlen.

Doch darin – in seiner Fixierung auf Zahlen, konkreter: auf die Messgröße des Bruttosozialprodukts – liegt auch Fogels Hauptschwäche. So sehr Fogel zeigen will, dass der Vorteil, den die Eisenbahn brachte, viel bescheidener war als gemeinhin angenommen, so stellt er doch nicht infrage, *dass* die Eisenbahn die überlegene, das heißt ökonomisch vorteilhafteste Technik war: »Hätten die Kosten der Eisenbahn-Dienstleistungen die Kosten gleichwertiger Dienstleistungen durch alternative Transportformen für alle Strecken und alle Güter überstiegen, wäre die Eisenbahn nie gebaut worden.«[194] Was für eine Ironie: Fogel, der sich so sehr dafür einsetzt, Alternativen in Betracht zu ziehen, erweist sich letztlich als Determinist.[195] Sein Glaube an die unsichtbare Hand des Marktes ist so stark, dass er all die Kräfte ignoriert, die dem Markt ins Handwerk pfuschten: Marktdominanz durch monopolistische

Unternehmen, Vetternwirtschaft und Korruption, Kriminalität vom Kleinganoventum bis zum organisierten Verbrechen.

Richtig ist, dass in den realen USA des 19. Jahrhunderts sehr viel Kapital in die Eisenbahn floss (bis 1900 vierzig bis fünfzig Prozent des gesamten Privatkapitals![196]). Aber wäre dieses Kapital, wenn es die Eisenbahn nicht gegeben hätte, wirklich für etwas anderes wie den Ausbau der Binnenschifffahrt frei gewesen? Kaum: Das Kapital stand nicht einfach Gewehr-bei-Fuß und wartete darauf, abgeholt zu werden. Die Eisenbahn musste es sich organisieren.

Das ideale Instrument dafür fand sie in der Aktiengesellschaft, die erst mit der Eisenbahn zur dominierenden Unternehmensform aufstieg und ihr wichtigstes Merkmal, die beschränkte Haftung, erst jetzt erhielt. Auch das moderne Bankenwesen bildete sich mit der Eisenbahn heraus.[197] Natürlich hätte die Binnenschifffahrt theoretisch dieselben Finanzierungsinstrumente hervorbringen können – aber sie hat es eben in ihrer langen Geschichte nicht getan.

Die Eisenbahn tat es: Sie war nicht einfach eine andere Technik, die dasselbe tat wie die Schifffahrt, nur (ein klein wenig) billiger. Die Eisenbahn konnte so leicht Investoren anlocken, weil sie geradezu ideal verkörperte, was man sich unter technischem Fortschritt vorstellte. »Der überwältigende Erfolg der Eisenbahn«, schreibt der Technikhistoriker Joachim Radkau, »schuf ein bestimmtes Paradigma des technischen Fortschritts: Es war ein Fortschritt des radikalen Neuanfangs, ein Fortschritt zur großen Maschine, zur großen Kraftkonzentration und zum vernetzten System.«[198] Mag Fogel damit im Recht sein, dass die Zeitgenossinnen und Zeitgenossen die ökonomische Bedeutung der Eisenbahn überschätzten – auch diese Überschätzung ist Teil ihrer Bedeutung, und ohne sie hätte sich das Eisenbahnsystem kaum aufbauen lassen.

Aber selbst wenn Kanalgesellschaften in der Summe gleich viel Kapital hätten mobilisieren können: Neu an der Eisenbahn war die Kapital*konzentration* und die damit einhergehende Machtfülle. Die großen Eisenbahngesellschaften wussten sie zu nutzen: Sie kauften Kanalgesellschaften auf, um sie stillzulegen. Sie griffen in Wahlen ein, bestachen Kongressabgeordnete, um eisenbahnfreundliche und kanalfeindliche Gesetze zu erwirken[199], und beanspruchten staatliche militärische Gewalt, wenn ihr Personal gegen die ausbeuterischen Arbeitsbedingungen aufbegehrte. Ihr Geld verdienten sie nicht in erster Linie damit, dass sie Transportleistungen verkauften, sondern durch Spekulationsgeschäfte auf Land, das sie mit der Eisenbahnkonzession gratis erhielten und das durch den Bau der Bahn seinen Wert vervielfachte.[200] Da ist Sergio Leones eingangs zitierter Spaghetti-Western realistischer als Fogels vier Jahre vorher erschienene zahlenversessene Geschichtsschreibung.

Mag die Eisenbahn nur wenig mehr zur Wirtschaftsleistung beigetragen haben, als es die Binnenschifffahrt vermocht hätte: Ihre Wirkungen waren gleichwohl ganz andere. Die Eisenbahn veränderte die Raumstrukturen der USA tiefgreifend, und sie steigerte erstmals substantiell die Reisegeschwindigkeit zu Land, die zuvor über Jahrhunderte fast unverändert geblieben war. Die kulturellen Folgen des Geschwindigkeitsrausches, der mit ihr in die Welt kam, können kaum überschätzt werden.

Die meisten Kritiker Fogels bemängelten aber nicht Fogels engen Fokus auf ökonomische Kennzahlen, sondern seine kontrafaktische Methode: Es sei sinnlos, als Historiker eine Welt beschreiben zu wollen, die es nicht gab. Doch diese Kritik sticht nicht: Jede Aussage von der Form »A war wichtig, weil es zu B geführt hat«, enthält eine implizite kontrafaktische

Annahme darüber, wie die Welt ohne A gewesen wäre. Zu Recht stellt Fogel fest, dass der Unterschied zwischen der »alten« und seiner »neuen« Wirtschaftsgeschichte »nicht so sehr darin liegt, wie oft kontrafaktische Annahmen getroffen werden, als darin, wie sehr solche Annahmen explizit gemacht werden.«[201]

Beispiel einer nur implizit kontrafaktischen Aussage ist Roosevelts Behauptung, ohne Eisenbahn wäre »die materielle Entwicklung, auf die wir mit Recht so stolz sind«, nie möglich gewesen. Ein anderes oft angeführtes Beispiel ist das Argument, die Grüne Revolution (der forcierte Transfer einer Landwirtschaft, die auf Hochleistungssorten, Kunstdünger, synthetischen Pflanzenschutzmitteln und motorisierten Landmaschinen beruht, in die damals sogenannte Dritte Welt ab ungefähr den 1950er Jahren) habe »möglicherweise eine Milliarde Todesfälle verhindert«.[202] Tatsächlich ging die Grüne Revolution mit einer Vervielfachung der Agrarerträge einher. Aber wenn das Argument implizit behauptet, in einer kontrafaktischen Welt ohne Grüne Revolution hätten die Agrarerträge stagniert, ignoriert es Wesentliches: Es ignoriert, dass es sowohl technische wie politische Alternativen mit großem Potential gab (und gibt)[203]; dass das Konsumverhalten heute ohne Grüne Revolution ein anderes – sparsameres – wäre[204]; dass die Grüne Revolution Hunderte Millionen Menschen um ihr Auskommen in der Landwirtschaft brachte und in größte Armut trieb (vgl. Kapitel »Klee«); und dass sie die ökologischen Grundlagen der Landwirtschaft schädigt, was negativ auf die Produktivität des Bodens zurückwirkt (vgl. Kapitel »Erfahrung«). Langfristig betrachtet, könnte sich die Grüne Revolution als der Entwicklungspfad erweisen, der – gemessen an seinen Alternativen – die Ernährungslage der Menschheit verschlechtert, nicht verbessert hat.

Robert Fogel interessiert sich in seiner Studie genauso wenig für die sozialen, gesellschaftlichen, ökologischen und kulturellen Implikationen der Eisenbahn, wie sich oben zitiertes
Argument für die entsprechenden Implikationen der Grünen
Revolution interessiert (weshalb Fogels Begriff der *social savings* ziemlich irreführend ist). Aber Fogel hat, und das ist
sein großes Verdienst, so explizit wie niemand vor ihm Alternativen zur Sprache gebracht und damit einer Diskussion zugänglich gemacht.[205]

Ich will versuchen, diesen Gedanken auf eine Verkehrstechnik des 20. Jahrhunderts anzuwenden – ohne Fogels Beschränkung des Blicks auf ökonomische Kennzahlen. Seit
einigen Jahren fördern verschiedene Staaten wie beispielsweise Deutschland Elektroautos, die als weniger umwelt-
schädliche Alternative zu den Autos mit Verbrennungsmotor
gelten. Ob das sinnvoll sei, bleibe dahingestellt; was hier interessiert: Weshalb fällt es der Alternative trotz staatlicher
Förderung und großer Medienaufmerksamkeit so schwer, sich
durchzusetzen?[206]

Die Schwierigkeit ist eine technische, würden Autobauer sagen: Ein Benzin- oder Dieseltank ist von unschlagbarer Energiedichte. Um gleich viel Energie zu transportieren, müsste
eine Batterie vielfach schwerer und voluminöser sein; zudem
sind Batterien viel teurer als ein Tank. Das Auto mit Verbrennungsmotor hat somit den Hauptvorteil, sehr viel Energie mit
sich führen zu können, was bedeutet, dass es mit hohen Motorenleistungen weite Strecken zurücklegen kann, ohne auf-
zutanken: Es ist seinen Alternativen technisch überlegen.

Aber so eindeutig ist das offenbar nicht, wenn man die Geschichte des Autos betrachtet. Denn um 1900 hatte der Elektromotor die Nase vorn. Dabei waren die damaligen Batterien
aus Blei, also noch viel schwerer als heute! Am zweithäufigs-

ten war der Dampfantrieb, erst an dritter Stelle folgte der Verbrennungsmotor. Alle drei Antriebsarten waren ungefähr
gleich alt.[207] Erst im ersten Jahrzehnt des 20. Jahrhunderts
setzte sich der Verbrennungsmotor durch.

Wie lässt sich der Vorsprung des Elektroautos erklären?
Jede Antriebstechnik hatte ihre Vor- und Nachteile. Der Haupt-
nachteil des Elektroautos aber, die geringe Energiedichte seiner Batterien, war damals nicht entscheidend. Denn weder
legte man mit den Fahrzeugen weite Strecken zurück[208], noch
brauchte man hohe Motorenleistungen: Schnell zu fahren,
wäre bei den damaligen Verkehrsverhältnissen und Straßen-
belägen gar nicht möglich gewesen. Der typische Automotor
leistete ein paar PS. Auch sein zweiter Nachteil, der höhere
Preis, war um 1900 noch nicht entscheidend, konnten sich damals doch sowieso nur Reiche ein Auto leisten. Sonst aber
hatte das Elektroauto fast nur Vorteile: Es war leichter zu bedienen (die Verbrennungsmotoren musste man mit einer
Kurbel kräftig anwerfen), weniger pannenanfällig und weniger gefährlich. Es war leise, stank nicht und verbreitete keine
Abgase in den Wohnvierteln.

Wie lässt sich aber erklären, dass sich letztlich eben doch
der Verbrennungsmotor durchsetzte?

Eine Antwort gibt ein Brief Carl Benz' an Oberst Hamberger, den ersten Auto-Importeur in der Schweiz, aus dem Jahr
1895. Hamberger hatte sich bei Benz über die Pannenanfällig-
keit von dessen »Patent-Motorwagen« beklagt. Dieser antwortete:

Herr Hamberger, Sie befinden sich in einem grossen Irr-
tum. Sie scheinen zu glauben, meine Motorwagen seien
dazu bestimmt, als Verkehrsmittel zu dienen. Das ist
durchaus nicht der Fall. Nach meiner Erfahrung haben sie

lediglich den Zweck, Leuten, die sich gerne mit Maschinen befassen, gewissermassen als großes Spielzeug zu dienen, wobei es nichts ausmacht, wenn sie gelegentlich auch auf der Straße kleinere Störungen beheben müssen![209]

Der Verbrennungmotor gewann gegen seine Alternativen, weil sich das Auto als »großes Spielzeug«, als Sportgerät, Prestigeobjekt und Ausdruck von Männlichkeit[210] gegenüber dem Auto als Werkzeug der Ortsveränderung durchsetzte. Wer aber ein Auto als Sportgerät will, dem gefällt das Ruppige des Verbrennungsmotors. Wer es als Prestigeobjekt will, der will keinen leisen Motor. Und der Mann der Oberschichten erntete bewundernde Blicke, wenn er am gesellschaftlichen Anlass, an dem alle blütenweiße Hemdkragen trugen, mit öl-verschmierten Händen auftauchte, weil er unterwegs eine Panne hatte beheben müssen.

Die anderen Antriebsarten waren aber nicht die einzige Konkurrenz für das Auto mit Verbrennungmotor: Es gab auch andere Transportmittel. Einen Anreiz, neuartige Fahrzeuge zu entwickeln, schuf im 19. Jahrhundert vor allem die Eisenbahn: Sie ließ das Transportvolumen (von Gütern wie Menschen) auf langen Strecken explodieren; entsprechend wuchs der Bedarf nach Transportkapazität auf den kurzen Strecken von und zu den Bahnhöfen. Das übernahmen haupt-sächlich von Tieren gezogene Wagen, aber die immer zahlreicheren Pferde waren ein Problem sowohl wegen des Futters, das sie fraßen, wie wegen des Mists, den sie hinterließen.[211]

Nun kamen in den Städten fast zeitgleich mehrere neue Verkehrsmittel auf. Gemessen an den Passagierzahlen viel bedeutender als das Auto, und zwar bis weit ins 20. Jahrhundert, waren die Straßenbahn und das Fahrrad. Die ersten Straßen-bahnen ab den 1870er Jahren waren auch für die Unterschichten attraktiv. Das Fahrrad existierte als Hochrad schon länger; als »Sicherheits-Fahrrad« oder Niederrad mit Kettenantrieb und Gummipneus wurde es in den 1880er Jahren alltags- und massentauglich.[212] Zwar blieb das Fahrrad bis ins frühe 20. Jahrhundert in erster Linie ein Sportgerät, das mit dem Auto eine gemeinsame Sozialgeschichte teilte und ihm den Weg bereitete, indem es die Menschen an hohe Geschwindigkeiten gewöhnte. Es wurde aber früher als das Auto zum Massenverkehrsmittel. Für die meisten Personentransporte reichte es vollkommen aus – und das zu einem unschlagbaren Preis (sieht man vom noch billigeren Zu-Fuß-Gehen ab) und bei unschlagbarer Energieeffizienz. Erstmals in der Geschichte konnten sich Menschen, die nicht wohlhabend waren, ein eigenes Fahrzeug leisten.

Global gesehen sind noch heute das Fahrrad und die öffentlichen Transportmittel »wichtiger« als das Auto in dem Sinne, dass mehr Menschen sie benutzen. Und doch ist das Auto mit Verbrennungsmotor zweifellos die prägendste Verkehrstechnik unserer Zeit, ja eine der prägendsten Techniken schlechthin. Denn die »Wichtigkeit« einer Technik hat immer auch damit zu tun, wie sie wahrgenommen wird. Die Bedeutung sowohl des Fahrrads wie des öffentlichen Nahverkehrs für die Alltagsmobilität wurde bis heute stets unterschätzt – aber diese Unterschätzung seiner technischen Konkurrenz ist Teil der eminenten Bedeutung des Automobils. Das Auto entsprach den Vorstellungen der gesellschaftlichen Eliten vom »technischen Fortschritt« so gut, wie es muskelbetriebene, tiergezogene oder öffentliche Verkehrsmittel nie gekonnt hätten.

Dem Prestige des Fahrrads war es abträglich, dass es früh vom Sportgerät der Eliten zum Alltagsvehikel der Arbeiterschicht wurde, und der gleiche Makel haftete den öffentlichen

Nahverkehrsmitteln an. Im Konkurrenzkampf gegen letztere
setzte das Auto zudem auf unlautere Methoden, derer sich im
Jahrhundert vorher schon die Eisenbahn gegen die Binnenschifffahrt bedient hatte: Unternehmen des Automobil- und
Erdölsektors kauften vor allem in den USA Nahverkehrsnetze
auf, um sie zu zerstören.[213]

So war es denn im 20. Jahrhundert zunehmend der Verbrennungsmotor, der die Entwicklung der Verkehrsumwelt
prägte: Es wurden Autobahnen gebaut zu einem Zeitpunkt,
als es noch gar keine Autos gab, die für solche Straßen taug-
ten[214], und Städte wurden »autogerecht« – das heißt: Ver-
brennungsmotor-gerecht – umgebaut. Die U-Bahnen hatten
nicht zuletzt den Zweck, die Straßen für das Auto frei zu räumen, indem man den öffentlichen Verkehr in den Untergrund
verbannte. Mit dem Auto – und von der Autolobby aggressiv
propagiert – entstand eine auf das Auto ausgerichtete Verkehrsinfrastruktur, eine autofreundliche Gesetzgebung und,
vielleicht am wichtigsten, eine Mobilitätskultur, die auf seine
Stärken der hohen Leistung, hohen Geschwindigkeit und hohen Reichweite ausgerichtet war (vgl. Kapitel »Tempo«).

Gewiss: Das Auto mit Verbrennungsmotor könnte nicht so
wirkmächtig sein, würde es nicht ein Bedürfnis besser befriedigen als seine Alternativen. Aber es gab vor dem Auto kein
Bedürfnis, dessen Befriedigung nach einem Gerät verlangt
hätte, das 150 PS leistet[215], 180 Stundenkilometer erreicht
und ohne Zwischenhalt tausend Kilometer weit fährt, und es
wäre ohne das Auto auch nie ein solches Bedürfnis entstanden. Der Verbrennungsmotor ist anderen Antriebsarten nicht
a priori technisch überlegen, aber er ist technisch überlegen in
einer Technikumwelt, die er selber hervorgebracht hat. Dass
die Menschen mit den modernen Verkehrsmitteln und namentlich mit dem Auto mit Verbrennungsmotor mobiler ge-

worden seien, ist eine Fehlwahrnehmung, die geschaffene Bedürfnisse für gegebene Bedürfnisse hält. In Wirklichkeit hat das 20. Jahrhundert für viele Menschen eine Verarmung der Möglichkeiten ihrer Mobilitätsausübung gebracht, wie der Technikhistoriker David Nye für das Autoland USA feststellt: »Die Wahlmöglichkeiten im Verkehr haben seit 1905 abgenommen, als das Land Millionen Pferde hatte, ein starkes Busnetz, Fahrräder und einige der besten Personenzüge der Welt. (…) Die Geschichte des amerikanischen Verkehrs zeigt, dass eine wohlhabende Nation Wege einschlagen kann, die ihre Wahlfreiheiten beschränken, statt sie zu erweitern.«[216]

Wie sähe eine kontrafaktische Welt aus, in der sich der Elektro- gegenüber dem Verbrennungsmotor durchgesetzt hätte? Autos würden heute vorwiegend im Zubringerverkehr genutzt, wo das Fahrrad nicht ausreichte, also zum Beispiel zum Transport schwerer Waren. Nicht die Städte hätten sich den Autos angepasst, sondern die Autos den Städten; sie wären mehrheitlich klein und wendig und dadurch im innerstädtischen Verkehr schnell, obwohl sie nur bescheidene Spitzengeschwindigkeiten erreichten. Die Fußgängerinnen und Fußgänger hätten die Straße nie komplett dem neuen Vehikel überlassen (vgl. Kapitel »Tempo«). Für lange Strecken gäbe es eine gut ausgebaute Eisenbahn, aber nicht zwei parallele Langstrecken-Verkehrsnetze (Eisen- und Autobahnen); die volkswirtschaftlichen Ersparnisse – Fogels *social savings* – gegenüber der tatsächlichen Welt wären enorm, und niemand wäre deswegen weniger mobil. Die zahlreichen Fahrräder und fahrradähnlichen Geräte gerieten mit den zu Fuß Gehenden und mit auf der Straße spielenden Kindern in Konflikt, aber schwere Verkehrsunfälle wären selten. Die Wege wären kurz, die städtischen Funktionen Wohnen, Arbeiten, Freizeit, Einkaufen und Bildung in den Stadtvierteln druchmischt. Und die Faszination der Geschwindigkeit? Die gäbe es trotzdem, es gäbe wohl Autorennen, und da gehörte der Lärm der Verbrennungsmotoren, der Gestank der Abgase und ab und zu ein fürchterlicher Unfall zum Spektakel. Aber niemand würde so etwas im eigenen Wohnviertel haben wollen.

Blickt man auf historische Alternativen, besteht die Gefahr, sie teleologisch zu betrachten – also in dem, was heute ist, das Ziel (griechisch *telos*) zu sehen, auf das alles zugelaufen ist. Von möglichen Alternativen erscheint dann jeweils der Entwicklungspfad, der sich historisch durchgesetzt hat, als der richtige, logische oder doch zumindest überlegene. Dem teleologischen Blick entgehen selbst grobe Dysfunktionalitäten einer Entwicklung, weil er sie nach den Kriterien bewertet, nach denen sie folgerichtig erscheinen muss.[217] Der teleologische Blick übersieht, dass auch andere Entwicklungspfade zu einem ähnlichen Resultat hätten führen können (das ist Fogels Botschaft) – oder aber (hier gehe ich über Fogel hinaus), dass andere Pfade zu ganz anderen Welten führen können, deren Bewohner aber genauso das Gefühl hätten, ihre Welt sei Resultat einer logischen Entwicklung.

Kehren wir noch einmal zu Robert Fogel zurück. Das Kriterium, das Fogel verwendet, um die Eisenbahn im 19. Jahrhundert zu bewerten – das Bruttosozialprodukt –, wurde erst im 20. Jahrhundert erfunden. Es ist eine krude, aber wirkmächtige Größe zur Messung von Wohlstand, die addiert, was gegen Geld gehandelt wird, aber den Abbau von Kapital und Schäden an Umwelt und Gesellschaft – den Abbau »ökologischen« und »sozialen Kapitals« – ignoriert. Sie gleicht damit der Unternehmensform der Aktiengesellschaft, deren Besitzer zwar den Verlust ihres investierten Kapitals riskieren, darüber hinaus aber für den Schaden, den ihr Kapital anrichtet, nicht haften.

Der Aufstieg der Aktiengesellschaft war, wie geschildert, eng mit dem Eisenbahnwesen verbunden. Vielleicht wäre, wenn die Aktiengesellschaft ohne Eisenbahn nicht diese dominante Stellung erreicht hätte, auch das Bruttosozialprodukt nie so wichtig geworden, und kein Ökonom wäre im 20. Jahrhundert wie Fogel auf die Idee gekommen, Technik in dieser Messgröße zu bewerten.

Wie wir uns die Welt einrichten und wie wir sie bewerten, ist Resultat historischer Entscheide und historischer Zufälle. Es hätte immer auch anders kommen können.

9 Erfahrung

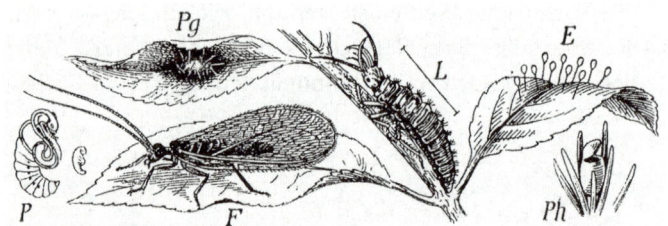

Abb. 48. Die gemeine Florfliege. E Eier, L Larve, vergr., Pg Puppengespinst,
Ph Puppenhülle, P die darin enthaltene Puppe, vergr. und in natürlicher Größe,
F Florfliege, vergr.

Abb. 10   Darstellung von Florfliege und Florfliegenlarve in einem obst-
baulichen Lehrbuch von 1911. Der Autor schreibt dazu: »Mit Recht
nennt man diese Larven *Blattlauslöwen*. Die überlangen Fresszangen
verleihen den Tieren schon ein schreckliches Aussehen. Aber greulich,
ruppig ist auch der Körper der Blattlauslöwen, noch abscheulicher,
wenn auf den borstigen Warzen der Mörder die ausgesogenen Häute
der Blattläuse hängen. Findet der Gärtner ein solch hässliches Tier,
so vermutet er in ihm gewiss einen der schlimmsten Feinde seiner
Lieblinge« – natürlich zu Unrecht, wie der Autor anfügt.[218]

Die umzäunte Liegewiese auf ihrem Grundstück war nicht
gerade dazu geeignet, den Ruf Mina Hofstetters bei ihren
Nachbarn zu verbessern. »Sonnenbad, klare Ehrlichkeit!«
nennt Hofstetter den Zweck jener Wiese etwas verklausu-
liert – es war ein kleines Nudistengelände.
   Mina Hofstetter-Lehner (1883 bis 1967) war eine Pionierin

des biologischen Landbaus. Während einer langen Krankheit las sie viel und wurde zur überzeugten Vegetarierin. Der Hof unweit von Zürich, den sie mit ihrem Mann übernehmen konnte, umfasste auch einen Kuhstall. Hofstetter verkaufte die Kühe und führte den Hof ganz ohne Tiere. Es existiert ein Bild, auf dem ein Knecht Hofstetters Ackergerät über den Boden zieht. Pflügen, das ohne Zugtiere unmöglich gewesen wäre, lehnte Hofstetter ab.

Hofstetter stand in der Tradition der Lebensreformbewegung. Ihre Schriften sind eine ziemlich krude Mischung aus landwirtschaftlichen Ratschlägen, Resultaten eigener Anbauversuche, wissenschaftlichen Grundlagen, Sinngedichten, Schimpftiraden auf die Wirtschaftsordnung, Bibelzitaten, Anekdoten und Naturschwärmereien. Titel und Untertitel ihres ersten Buchs zeigen schon ihren thematischen Anspruch an: *Brot. Die monopolfreie Lösung der Getreidefrage durch die Frau*. Zu ihren Inspirationsquellen gehörten Raoul Francé, einer der Begründer der modernen Bodenbiologie, oder der große Chemiker des 19. Jahrhunderts, Justus von Liebig, aber auch Nietzsche oder der Geheimbund der Rosenkreuzer (nicht aber der Anthroposoph Rudolf Steiner, der ungefähr zeitgleich die biologisch-dynamische Landwirtschaft entwickelte). Krankheit, war Hofstetter überzeugt, sei eine Folge falscher Ernährung, und der Mensch ernähre sich falsch, wenn er den Boden falsch dünge. Die Erlösung vom falschen Leben erhoffte sie sich von den Frauen, denn »die Erde und die Frau haben dasselbe Gesetz!«. Sie sah sich als Erneuerin und Bewahrerin zugleich: *Neues Bauerntum, altes Bauernwissen* heißt eines ihrer Bücher programmatisch.[219] So argwöhnisch die Nachbarn auf sie blickten, strahlte ihr Wirken doch weit aus: Ihre Kurse fanden Teilnehmerinnen und Teilnehmer aus halb Europa.

Ich höre von Hofstetter erstmals in der Bauernstube von
Otto Schmid. Schmid, eben pensioniert, war ab 1977 erster
Berater für biologische Landwirtschaft am Forschungsinstitut
für Biologischen Landbau (FiBL) in Frick – damals ein kleines
Institut mit einer Handvoll Angestellter, heute die weltweit
führende Forschungsinstitution ihrer Art. Schmid war am
Aufbau der Branchenorganisation Bio Suisse und der Internationalen Vereinigung der ökologischen Landbaubewegungen
(IFOAM) beteiligt, als »bio« noch kein geschützter Begriff
war. Zudem führt er einen Nebenerwerbs-Bauernbetrieb;
seine Spezialität ist der biologische Obstbau.

Zum biologischen Landbau kam Schmid auf ähnlichem
Weg wie Mina Hofstetter: Während einer langen Krankheit
las er viel und stieß dabei auf einschlägige Schriften. Im Agro-
nomiestudium an der ETH Zürich gründete er mit Mitstu-
dentinnen eine studentische Arbeitsgruppe Biolandbau, als
biologische Methoden im Curriculum des Studiums noch
nicht auftauchten. Der Biolandbau sei damals auf viel Ablehnung gestoßen, sagt Schmid: Er passte nicht in das herrschende Bild des Fortschritts. Erfolgreiche Biobauern wurden
verdächtigt, heimlich Gift zu spritzen.

Als Schmid seine Beratertätigkeit aufnahm, sammelte er
das vorhandene Wissen über den biologischen Pflanzenschutz
und publizierte 1979 mit Silvia Henggeler – einer Hausgärt-
nerin und Kursleiterin, die nie Agronomie studiert hatte – ein
Handbuch, das seither zahlreiche Auflagen erlebt hat.[220] Wissenschaftliche Literatur zum Thema gab es nicht. Zu Schmids
und Henggelers Quellen gehörten Gespräche mit Praktikerin-
nen und Praktikern, Broschüren, wie sie beispielsweise das
Kloster Fulda herausgab, und alte Schriften – darunter solche
von Pionierinnen wie Mina Hofstetter.

Viel altes Wissen, sagt Schmid, habe in den Gärten über-

lebt: Gärten sind ein Bereich besonders intensiver Bewirt-
schaftung, sie sind traditionell eine Domäne der Frauen und
dienen zu einem großen Teil der Selbstversorgung der Bauernfamilien. Auch wenn ihre Männer auf dem Acker Gift und
Kunstdünger einsetzten, hatten viele Bäuerinnen den Ehr-
geiz, ihrer Familie »natürlich« gezogenes Gemüse aufzuti-
schen. Da die Gärten näher am Haus und damit weniger aus-
gestellt sind als die Äcker, fiel es auch leichter, sich über die
herrschenden Gepflogenheiten hinwegzusetzen.[221]

Nicht alles, was zusammenkam, hielt einer kritischen Prüfung stand, sagt Schmid. Einiges war falsch, anderes funktionierte nur unter den spezifischen Bedingungen eines bestimmten Betriebs. Pionierinnen wie Mina Hofstetter hätten
vieles richtig erkannt, aber man würde ihnen heute nicht in
allen Punkten folgen – Hofstetters totale Ablehnung der Tier-
haltung etwa könne für gewisse Betriebe sinnvoll sein, sei
aber nicht zu verallgemeinern.[222] Schmid und seine Koautorin
mussten erkennen, »dass es die biologischen Wundermittel
nicht gibt«, und formulierten in späteren Auflagen des Hand-
buchs manches vorsichtiger als zu Beginn. Gleichwohl hält
Schmid den eingeschlagenen Weg bis heute für richtig: Innovativ zu sein heiße, traditionelles mit neuem und Erfahrungswissen mit wissenschaftlichem Wissen zu verbinden. Dabei
müsse man auch die soziale Komponente beachten, nämlich
die Art und Weise, wie Wissen ausgetauscht wird. Zum alten
Wissen, das es zu bewahren gelte, zählt Schmid auch das ku-
linarische Erbe – das Wissen darum, wie »alte« Sorten zuzubereiten und zu konservieren sind.[223] Sein Institut, das FiBL,
verbindet auch heute agrarwissenschaftliche Forschung mit
Bauernbefragungen, mit denen es Erfahrungswissen systematisch sammelt.[224]

Der Biolandwirtschaft haftet der Ruf an, etwas für Privilegierte zu sein, die sich aufwendiger produzierte Nahrung leisten können. Es ist schick, seine Freunde nach einem alten Rezept aus einem teuren Kochbuch mit schwarzem Mais oder blauen Kartoffeln zu bekochen und sich die dazugehörigen Geschichten zu erzählen. Aber es geht um mehr als um Wohlfühlkultur: Erfahrungswissen könnte gerade in Zeiten des Klimawandels zur Überlebensnotwendigkeit werden – oder ist es vielerorts bereits.

Die Konferenz für Handel und Entwicklung der Vereinten Nationen (Unctad) fordert in ihrem *Trade and Environment Review 2013* mit dem eindringlichen Titel *Aufwachen, bevor es zu spät ist*, traditionelle Anbausysteme zu stärken. Moderne Monokulturen seien gegenüber Veränderungen, wie sie der Klimawandel mit sich bringe, besonders anfällig. Der Bericht zitiert Studien, die die Folgen der Hurrikane Mitch (1998) in Guatemala, Honduras und Nicaragua, Stan (2005) in Mexiko und Ike (2008) in Kuba untersucht haben. Betriebe, die nach traditionellen Methoden wirtschafteten, erlitten markant weniger Ernteausfälle und Erosion und erholten sich schneller.[225]

Fünf Jahre zuvor stellte der *Weltagrarbericht* – die umfassendste Begutachtung landwirtschaftlichen Wissens, die es je gab – fest: »Traditionelles und lokales Wissen stellt eine schier unermessliche Quelle gesammelten praktischen Wissens dar.« Als Beispiele nennt der Bericht unter anderen Weberameisen als Pflanzenschutz, die traditionell in Zitrus- und Mangopflanzungen Bhutans und Vietnams genutzt wurden und neu auch in Westafrika zum Einsatz kommen; Steinreihen und Pflanzfurchen zum Auffangen des Regenwassers in den Savannen Westafrikas oder Bewässerungssysteme mit unterirdischen Wasserrinnen (Qanats) in Iran, Afghanistan und auf der arabischen Halbinsel, die zum Teil mehrere Jahrtausende zurückreichen.[226]

Und eine Zweigstelle der Weltbank stellte 1998 im Bericht *Indigenes Wissen für die Entwicklung* Beispiele erfolgreicher Entwicklungsprojekte in Afrika vor, die auf traditionellem Wissen basieren, und forderte: »Indigenes Wissen sollte in den Entwicklungsaktivitäten der Weltbank und ihrer Partner eine größere Rolle spielen.«[227]

Über einen eindrücklichen Fall einer Wiederbelebung alter Agrartechniken berichtet Abasse Tougiani vom nigrischen Nationalen Agrarforschungsinstitut in Maradi.[228] Das west-afrikanische Niger hat mit dem Vordringen der Wüste zu kämpfen, weshalb es schon seit einigen Jahrzehnten Wieder-aufforstungsprogramme gibt. Nach schweren Dürren in den 1970er Jahren setzten mehrere Sahelstaaten vor allem auf den Einsatz schnell wachsender exotischer Bäume wie den indi-schen Neem oder den australischen Eukalyptus. Sechzig Mil-lionen Bäume ließ allein Niger pflanzen. Der Erfolg war lau-sig: Vier von fünf Bäumen gingen ein.

1983 realisierten die Mitarbeiter des Maradi Integrated De-velopment Project (MIDP), dass in den baumlosen Steppen von Niger ein »Wald im Untergrund« existierte: Einst – das heißt: während mindestens 2000 Jahren bis ins 20. Jahrhundert – war es im Sahel üblich, dass auf den Feldern Akazien wuchsen (man spricht von Agroforstwirtschaft oder auch von Parklandwirt-schaft).[229] Die meisten dieser Bäume waren jetzt verschwun-den, aber ihre Stümpfe mit den Wurzeln lebten weiter. Die Bauern schnitten die ausschlagenden Triebe regelmäßig ab, denn erstens hatten sie gelernt, dass ein guter Bauer sein Feld »sauber« halte, und zweitens gehörten alle Bäume aufgrund eines Gesetzes, das auf die französische Kolonialherrschaft zu-rückging und eigentlich die Wälder schützen sollte, dem Staat. Die Bauern ließen die Bäume, die ihnen sowieso nicht gehören würden, lieber gar nicht erst nachwachsen.

Das MIDP ermutigte die Bauern nun, die Bäume wachsen zu lassen. Zu Beginn verbreitete sich die neu-alte Methode nur langsam, doch 2007 wurde mehr als die Hälfte des kultivierten Lands in Niger nach der Agroforst-Methode bebaut. Andere Baumarten kamen zu den ursprünglich verwendeten Akazien hinzu, darunter Jujube, Tamarinden, Baobab oder Moringa mit ihren essbaren ölhaltigen Früchten. Heute stehen in manchen Dörfern zehn- bis zwanzigmal so viele Bäume wie noch vor zwanzig Jahren. Die Bäume tragen nicht nur Früchte und liefern Brenn- und Bauholz, sie spenden auch Schatten und reduzieren den Wind in Bodennähe und damit die Austrocknung der Böden. Die Akazien können als Hülsenfrüchtler (Leguminosen) Stickstoff aus der Luft fixieren und düngen so den Boden. Die Wurzeln der Bäume verbessern die Bodenstruktur und stimulieren das Bodenleben, und der Boden enthält im Umfeld der Bäume mehr Phosphor, Kalium, Kalzium und Magnesium sowie Kohlenstoff. Bauern, die ihre Bäume wachsen lassen, ernten heute 49 bis 153 Prozent mehr Hirse und 36 bis 169 Prozent mehr Sorghum als vorher.[230]

Warum war dieses Projekt so viel erfolgreicher als die staatlichen Wiederaufforstungsprogramme? Zum einen wegen der Baumarten. Die schnell wachsenden exotischen Arten, insbesondere der Eukalyptus, bereichern den Boden nicht, sondern laugen ihn aus und schützen mit ihren tiefen, aber nicht in die Fläche wachsenden Wurzeln kaum vor Erosion. Tougiani und seine Mitautoren führen den Erfolg aber vor allem auf soziale Faktoren zurück. Anders als die selbstherrlich auftretenden Kommissare des staatlichen Wiederaufforstungsprogramms schrieb das MIDP den Bauern nichts vor, sondern entwickelte die neue Anbaumethode, die ja eine alte war, mit den Bäuerinnen und Bauern gemeinsam. Es blieb ihnen überlassen, wie viele Bäume sie wachsen lassen wollten. War man zunächst davon ausgegangen, dass 40 Bäume pro Hektar optimal seien, wachsen nun mancherorts mehr als 150. Zudem initiierte der International Fund for Agricultural Development, eine Agentur der Vereinten Nationen, Dorfkomitees, in denen alle wichtigen Gruppen gemeinsame Entscheidungen treffen. Diese Komitees organisierten gemeinsame Arbeiten wie das Graben von Brunnen oder die Aufzucht von Setzlingen in Baumschulen; über sie verbreitete sich die Agroforstwirtschaft viel effizienter, als es durch ein von der Regierung vorgeschriebenes Programm möglich gewesen wäre. Die Regierung schließlich passte die Forstgesetze an.

In Afrika haben achtzig Prozent der Bauernbetriebe weniger als zwei Hektar Land. Um ihre Familien ernähren zu können, sind viele von ihnen gezwungen, Jahr für Jahr die Feldfrucht anzubauen, die am meisten Ertrag abwirft. Sie können es sich nicht leisten, Teile des Lands brachliegen zu lassen, und Dünger ist zu teuer. So werden die Böden ausgelaugt und liefern immer weniger Ertrag. Agroforstwirtschaft kann einen Ausweg aus diesem Teufelskreis weisen. Dennis Garrity und sein Team vom Welt-Agroforstzentrum (ICRAF) in Nairobi berichten von entsprechenden Initiativen in mehreren Ländern im westlichen und südlichen Afrika.[231] In Sambia begannen 1996 private und staatliche Akteure gemeinsam, eine Methode zu propagieren, die auf Akazien sowie auf schonende Bodenbearbeitung setzt. Der Ertrag beim Anbau von Mais – dem Hauptnahrungsmittel in Sambia – konnte so von 1,1 Tonnen pro Hektar auf mehr als das Doppelte gesteigert werden. In Sambias Nachbarland Malawi waren nach einer Dürre 2005 fünf Millionen Menschen (38 Prozent der Bevölkerung) auf Nahrungsmittel-Nothilfe angewiesen. Nach der Dürre begann die Regierung, Kunstdünger zu subventionieren. Das geschah gegen den jahrelangen Druck der internationalen

Geldgeber, deren Doktrin die Abschaffung aller »Marktver-
zerrungen« und einen möglichst weitgehenden Rückzug des
Staats aus der Wirtschaft vorsah. Die Erträge stiegen sofort
markant.[232] Doch die Regierung war sich bewusst, dass sub-
ventionierter Kunstdünger keine dauerhafte Lösung sein
konnte, und startete ein Agroforst-Nahrungssicherheitspro-
gramm, das ebenfalls auf Akazien sowie leguminose Sträu-
cher und andere Baumarten setzte. Auch hier war diese
Anbautechnik nicht neu, aber weitgehend in Vergessenheit
geraten. In Betrieben, die die Methode anwendeten, stiegen
die Erträge von einer auf zwei bis drei Tonnen Mais pro
Hektar, wenn kein Kunstdünger eingesetzt wurde, und bis auf
vier Tonnen mit dem zusätzlichen Einsatz von Kunstdünger.
In Burkina Faso schließlich, Nigers südlichem Nachbarland,
brachte der Agroforst mit Akazien geschätzte Ertragssteigerungen von vierzig bis über hundert Prozent. Hier begann-
nen Bauern in den 1980er Jahren, mit traditionellen Techniken zu experimentieren, um Wüstenland zurückzugewinnen.
Neben dem Einbezug von Akazien umfassten diese Techniken
auch Pflanzgruben, die *zaï*, die Nährstoffe und Regenwasser
um die Wurzeln der Pflanzen konzentrieren. Einfache Bauern
zogen durch die Gegend und unterwiesen ihre Berufskol-
legen.[233]

Erfahrungswissen wird vor allem mündlich tradiert. Tradition gilt als konservativ, und das ist gewiss nicht ganz falsch.
Und wenn Tradition ideologisch zur Heimattümelei (oder zur
Schwärmerei für edle Wilde) aufgeladen wird und dabei erstarrt, dann wird sie gefährlich. Weil aber jeder, der Wissen
auf mündlichem Weg weitergibt, es mit eigenen Erfahrungen
anreichert und den sich verändernden Voraussetzungen an-
passt, kann mündlich tradiertes Wissen gerade auch flexibler
sein als schriftlich fixiertes. Und wenn eine Tradition zudem

Leute wie Mina Hofstetter hervorbringt, die sie pflegen und gleichzeitig hinterfragen, dann führt sie nicht in die Erstarrung, sondern ist eine Quelle der Vielfalt und des Wandels.

Aber warum verschwindet traditionelles Wissen?

Erstens hat das in Ländern wie Niger viel mit dem Kolonialismus zu tun. Die Kolonialisten hatten selten viel Sinn für den kulturellen Reichtum der von ihnen unterworfenen Länder, und die Entwicklungspolitik seit der Dekolonisierung war in dieser Hinsicht selten besser. Zweitens lässt sich mit neuen Techniken, mit Agrochemikalien, Landmaschinen und patentgeschützten Kulturpflanzen Geld verdienen. Die Agrarindustrie hat kein Interesse am Erhalt traditioneller Techniken, und die Agrarwissenschaft ist zu einem guten Teil von der Industrie finanziert oder mit ihr verbunden.

Doch nicht alle Wissenschaft ist korrumpiert, und in vielen Ländern, die nie Kolonien waren, ist dennoch viel altes Wissen in Vergessenheit geraten. Hier haben neue Techniken die alten Traditionen verdrängt, weil sie tatsächlich besser waren – zumindest kurzfristig, zumindest unter den gegebenen Rahmenbedingungen, zumindest nach den Indikatoren, die an den landwirtschaftlichen Ausbildungsstätten dominieren. Altes Wissen, alte Techniken, aber auch alte Nutzpflanzensorten und Tierrassen wurden – scheinbar – obsolet.

Die Mechanisierung, Motorisierung, Chemisierung und Verwissenschaftlichung der Landwirtschaft im 20. Jahrhundert brachte höhere Erträge. Aber ihre Bilanz ist zweifelhaft, sobald man ökologische, soziale und kulturelle Auswirkungen oder die langfristige Veränderung der Bodenfruchtbarkeit berücksichtigt oder fragt, was alternative Strategien zu leisten fähig gewesen wären (vgl. Kapitel »Alternativen«). Dramatisch war beispielsweise der Verlust der Diversität in der Landwirtschaft.[234] Für eine differenzierte Bilanz der modernen Landwirtschaft aber ist der agrarwissenschaftliche Blick schlecht gerüstet. »Forschungszentren und Universitäten haben es versäumt«, schreibt etwas umständlich der *Weltagrarbericht*, »Kriterien und Verfahren für die Priorisierung und Evaluierung von Forschungen zu entwickeln, die über die üblichen Performanzindikatoren hinausgehen und weitergehende Kriterien von Gerechtigkeit, ökologischer und sozialer Nachhaltigkeit umfassen, die von Völkern und örtlichen Akteuren entwickelt wurden, denen ihre Traditionen wichtig sind. (…) In den schlimmsten, aber keineswegs seltenen Fällen sind Unterrichtspläne bewusst dazu genutzt worden, traditionelles und lokales Wissen und zugehörige Identitäten zu unterdrücken.«[235]

Ein Grund für die Mühe, die große Teile der Agrarwissenschaft bekunden, traditionelles Wissen anzuerkennen, liegt laut der Agrarsoziologin Cornelia Butler Flora in einer Haltung, die die Agrartechnik losgelöst von ihrem konkreten Ort betrachtet.[236] Das entspricht einem Ideal exakter Wissenschaften wie der Physik: Ein Experiment in Boston muss zu denselben Resultaten führen wie dasselbe Experiment in Abidjan. Aber Landwirtschaft ist eben nicht Physik: Sie hat es mit zahlreichen Faktoren zu tun, die sich von Ort zu Ort unterscheiden und sich auch mit der Zeit verändern: Klima, Bodenbeschaffenheit, Hangneigung und so weiter; auch kulturelle und gesellschaftliche Faktoren gehören dazu. Die Physik untersucht im Idealfall einzelne Parameter unabhängig voneinander, indem sie jeweils einen Parameter im Experiment verändert und die anderen unverändert lässt. Nach diesem Muster funktioniert laut Flora auch ein großer Teil der Agrarforschung. So würden beispielsweise Anbaumethoden miteinander verglichen, indem nebeneinander einmal nach dieser, einmal nach jener Methode dasselbe angebaut werde. Das werde der landwirtschaftlichen Komplexität aber nicht gerecht: Es komme darauf an, was im Umfeld der Versuchsfelder geschehe. Eine Mischkultur gibt Schädlingen und Krankheiten weniger gute Voraussetzungen, sich stark zu vermehren. Wenn aber ein einzelner Betrieb umgeben von lauter Monokulturen eine Mischkultur betreibt, kann dieser Effekt kaum zur Geltung kommen. »Eine wahrhaft alternative Landwirtschaft«, schreibt Flora, »würde Bauern zu Wissensproduzenten machen« – aber das würde bestehende Hierarchien der Wissensproduktion in Frage stellen.

Das heißt nicht, dass die Agrarwissenschaft für die Zukunft der Landwirtschaft entbehrlich wäre. Mina Hofstetter forderte im frühen 20. Jahrhundert eine schonende Bodenbearbeitung, um das Bodenleben zu unterstützen. Sie konnte sich dabei auf erste Erkenntnisse einer jungen Wissenschaft, der Bodenbiologie, berufen. Bakterien, Pilze und Würmer, die im Boden leben, schließen für die Pflanzen Nährstoffe auf, bauen Schadstoffe ab, lockern den Boden auf und halten Schädlinge in Schach. Schon immer arbeitete die Landwirtschaft mit ihrer Unterstützung – ohne es zu wissen: Mikroorganismen waren unbekannt, und von den größeren Bodenorganismen wie beispielsweise Regenwürmern waren manch falsche Vorstellungen im Umlauf.[237] Zu der Zeit, als Hofstetter zu einem schonenden Umgang mit dem Boden aufrief, entwickelte sich die konventionelle Landwirtschaft aber genau in die umgekehrte Richtung. Immer schwerere Ackergeräte verdichteten den Boden, Herbizide, Überdüngung und eine einseitige Bodennutzung durch Monokulturen schädigten das Bodenleben. Das fiel allerdings nicht auf, solange die Erträge trotzdem stiegen und solange sich fast niemand für den Boden interessierte. Die Bodenbiologie kam kaum über ihre Anfänge hinaus; die Industrieforschung interessierte sich nur für Wurzelschäd-

linge, gegen die sie Pestizide entwickelte. Heute beginnt die
Bodenbiologie, auch dank neuer Untersuchungsmethoden,
aufzuwachen.[238] Mit ihr bietet sich die Chance, gezielter denn
je mit dem Bodenleben zu arbeiten.

Vieles von dem, was die moderne Landwirtschaft scheinbar
überflüssig gemacht hat, ist es gar nicht: Alte Techniken und
Sorten könnten wieder wichtig werden, wenn Rahmenbedingungen sich ändern; sie könnten nützlich sein, wenn sie mit
neuen Techniken kombiniert würden, oder sie könnten immer
schon besser gewesen sein, wenn man langfristig rechnet und
alle wesentlichen Faktoren einbezieht.

Immerhin: Die zitierten Berichte der Weltbank, der Unctad
oder der *Agrarbericht* zeigen, dass Erfahrungswissen heute
mehr Anerkennung erfährt als zuvor. Auch einige der internationalen Agrarforschungszentren, die in der Consultative
Group for International Agricultural Research (CGIAR) zu-
sammengeschlossen sind, haben sich der Erforschung traditionellen Wissens zugewandt (das oben erwähnte Welt-Agroforstzentrum ICRAF in Nairobi ist ein CGIAR-Institut). Das
ist bemerkenswert, weil die 1971 gegründete, der Weltbank
nahestehende CGIAR eine der treibenden Kräfte hinter der
Grünen Revolution war, die als rückständig wahrgenommene
Landwirtschaften in Asien, Lateinamerika und Afrika »mo-
dernisieren« wollte.

Als ich 2004 das CGIAR-Forschungszentrum für Landwirtschaft in den Trockenzonen (Icarda) im syrischen Aleppo
besuchte, erwartete ich, dass dort auch mit gentechnisch veränderten Pflanzen gearbeitet werde: Trockenheitstolerante
Sorten gehören seit langem zu den großen Versprechen der
Gentechnikindustrie. Doch obwohl die Forscherinnen und
Forscher, mit denen ich sprach, die Gentechnik keineswegs
grundsätzlich ablehnten, arbeiteten sie nicht damit.

Es sei wenig sinnvoll, sagte mir der Pflanzenpathologe und Gerstenspezialist Amor Yahyaoui, nach artfremden Genen Ausschau zu halten, solange die arteigenen genetischen Ressourcen noch so wenig bekannt seien. Und die dürften immens sein: In der Genbank des Instituts lagern (oder lagerten vor dem Bürgerkrieg in Syrien[239]) weit über 100 000 Pflanzenproben von Gersten-, Weizen-, Fawa-, Linsen- und Kichererbsensorten. Außerdem, sagte Yahyaoui, gehe es darum, taugliche Lösungen für die mehrheitlich armen Bauern in den Trockenzonen zu finden: Lösungen, die ohne große Investitionen auskommen und nicht durch patentgeschützte Gentechpflanzen neue Abhängigkeiten schaffen. Sozialwissenschaftlerinnen und Sozialwissenschaftler des Icarda erforschen deshalb weltweit traditionelle Techniken der Regenwassergewinnung und -nutzung (*water harvesting*). Sie werden am Icarda mit wissenschaftlicher Methodik optimiert und daraufhin geprüft, ob sie in andere Regionen übertragbar sind. In Kursen in den jeweiligen Ländern geben die Icarda-Fachleute dieses Wissen dann der einheimischen Bevölkerung weiter. Im Chanassertal unweit seines Hauptsitzes hat das Icarda geholfen, ein 1500 Jahre altes Bewässerungssystem aus römischer Zeit wieder instandzusetzen. Entdeckt hatte es ein aus dem Süden eingewanderter Bauer, dessen Blick darin geübt war, Gräser zu sehen, die Wasseradern anzeigen.[240]

»Innovation« als Wiederbelebung und Weiterentwicklung alten Wissens: Das gibt es nicht nur in der Landwirtschaft, sondern beispielsweise auch in der Architektur. Die Architektur weist viele Parallelen zur Landwirtschaft auf. Auch sie ist eine uralte Technik und befriedigt existentielle Bedürfnisse. Auch sie findet an konkreten Orten statt – dasselbe Haus an einem anderen Ort ist nicht dasselbe Haus. Auch in der Architektur haben neue Techniken alte obsolet gemacht: Man

muss den Baukörper nicht mehr nach Sonne und Wind aus-
richten, wenn Zentralheizung und elektrische Klimaanlagen
jederzeit für die gewünschte Temperatur sorgen, und man
braucht nicht mit lokal verfügbaren Materialien zu bauen,
wenn sich Baumaterial billig um den Globus verschiffen lässt.
Die alten Techniken sind aber – wie in der Landwirtschaft –
nur so lange obsolet, als genügend billige Energie zur Verfügung steht, um die neuen Techniken zu betreiben. Auch in der
Landwirtschaft hat der globale Austausch zu neuen Möglichkeiten geführt, aber gleichzeitig gefährdet die globale Arbeits-
teilung und Standardisierung die kulturelle Vielfalt.

Und wie in der Landwirtschaft gibt es auch in der Architektur einen Trend, sich wieder auf lokale Techniken, Formen
und Materialien zu besinnen. Im Herbst 2013 haben zwanzig
Architektinnen und Architekten das *Laufen-Manifest für
eine menschliche Designkultur* verfasst. Es fordert eine ver-
stärkte Zusammenarbeit von »Gemeinschaften, Handwerkern,
Planern, Bauleuten und Organisationen«, um die »ökologische, soziale und ästhetische Qualität der gebauten Umwelt
zu verbessern«. Projekte sollten auf der »sorgsamen Beobach-
tung der geophysischen Bedingungen, lokalen Bautraditionen
und Raumhierarchien beruhen«; es gelte, globales Wissen »an
das lokale Klima, an verfügbare Materialien, vorhandene Fähigkeiten und Energiequellen anzupassen«.[241]

Stellvertretend für viele Architektinnen und Architekten[242] möchte ich einen erwähnen: Gion Caminada, gelernter
Schreiner und Architekturprofessor an der ETH Zürich. Caminada hat die in seiner Heimatregion, der Surselva im Kanton Graubünden, einst dominierende Technik des Strickbaus
(eine Blockbautechnik) wiederbelebt und mit den Möglichkeiten moderner Statik erweitert. Ein besonders eindrücklicher
Bau ist die Stiva da Morts (Totenstube) in Caminadas Wohn-

ort Vrin, die Caminada 2002 in enger Zusammenarbeit mit den Bewohnerinnen und Bewohnern des kleinen Bergdorfs entwickelt hat. Traditionellerweise wurden in der Surselva die Toten vor der Beerdigung in der Wohnstube aufgebahrt, und die Bekannten kamen zum Abschied vorbei. Seit aber immer mehr alte Menschen die letzte Zeit ihres Lebens außerhalb ihres Dorfes in Pflegeheimen oder Krankenhäusern verbringen, gibt es häufig gar keinen Ort mehr, wo man sie nach dem Tod aufbahren könnte.[243] Mit der Stiva da Morts haben die Vriner etwas Neues erfunden, um eine alte Tradition zu bewahren.

Wenn Tradition wandelbar bleibt, kann sie vieles überleben. Wandelbare Tradition ist nichts, was dem Neuen im Wege stünde.

10 Spiel

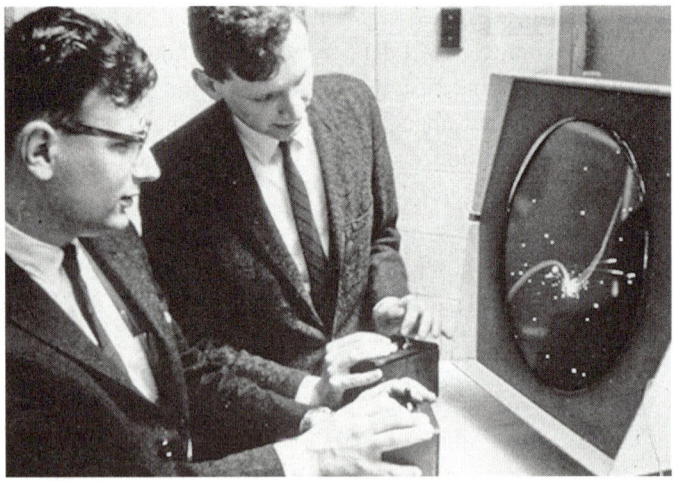

Abb. 11   Da trugen die Computerkids noch Krawatte und kurzes Haar:
Dan Edwards (links) und Peter Samson spielen am Massachusetts
Institute of Technology das von ihnen mitentwickelte Computerspiel
Spacewar. (© Digital Equipment, ungefähr 1962)

Ein fensterloser Raum mit »brutalem« Neonlicht voller Com-
puterkonsolen, riesigen brummenden Maschinen und Ro-
botern auf Rädern. An den Wänden Plakate gegen den Vietnamkrieg und gegen Präsident Nixon. Ein Banner mit der
Aufschrift »Morgen die Probleme von heute lösen«. Das Personal: mehrheitlich junge Männer, »auf denen viel Haar ist« –

manche von ihnen haben lediglich die Grundschule abgeschlossen, aber alle gehören sie zur Elite der Programmierer.
Der Institutsdirektor wird zum Bierholen geschickt, »als sich
zeigte, dass er keine unmittelbare Funktion hatte«: So beschreibt der Journalist Stewart Brand 1972 im *Rolling Stone*
eine Spielsession der von ihm organisierten »Spacewar Olym-
pics« am Artificial Intelligence Laboratory der Universität
Stanford in Kalifornien.[244]

Spacewar war eines der frühesten Computerspiele. Erfunden hat es in seiner Urform 1961 Steve Russell, ein junger
Computerwissenschaftler am Massachusetts Institute of Technology (MIT). Im Spiel kämpfen zwei Spieler mit je einem
Raumschiff gegeneinander; eine Sonne, um die die Raum-
schiffe kreisen und deren Gravitation Schiffe wie Geschosse
anzieht, erschwert das Spiel. Brand schreibt 1972, als die allermeisten Menschen mit dem Wort »Computer« keine oder nur
eine diffuse Vorstellung verbinden, dass »die Computer zu
den Menschen kommen«. Das sei »vielleicht die beste Neuigkeit seit den psychedelischen Drogen«. Verantwortlich dafür,
dass dieses Zu-den-Leuten-Kommen des Computers so »gesund« ausfallen werde, seien mehrere Faktoren: der »jugend-
liche Übermut und feste Anti-Establishmentarianismus der
Freaks, die die Computerwissenschaft gestalten«, ein »erstaunlich aufgeklärtes Forschungsprogramm an der Spitze des Ver-
teidigungsdepartements« (das Programm *Information Pro-
cessing Techniques* der Advanced Research Projects Agency
ARPA) – und »ein un-unterdrückbares Mitternachtsphäno-
men namens *Spacewar*«. Letzteres habe entscheidend zur
Computerentwicklung beigetragen, unter anderem weil es
eine Community von Spielern hervorgebracht habe, die gemeinsam ein Programm weiterentwickelten und dazu wiederum Software brauchten, um sich zu vernetzen.

Kaum eine Technik hat die Lebenswelten so vieler Menschen in den letzten Jahrzehnten so sehr verändert wie die billigen, von jedem ohne Fachkenntnisse bedienbaren und global vernetzten Computer. Ist all das ein Verdienst spielender Computerkids, die »ihren Arbeitgebern wertvolle Rechenzeit stahlen«? Man muss der These mit Skepsis begegnen. Die Computerszene neigt sehr dazu, sich selbst und namentlich ihre Herkunft aus der Gegenkultur der 1960er Jahre zu stilisieren. Und Stewart Brand war nicht nur der wohl einflussreichste Computerjournalist der Pionierzeit, er war auch ein Visionär und Aktivist; einer, der die Szene, die er beschrieb, und ihre Selbstwahrnehmung selber entscheidend prägte. Dass die Computertechnik nicht nur von der Gegenkultur, sondern auch (und vor allem) vom Militär abstammt, verschweigt Brand zwar nicht. Aber er hoffte, dass das Spielerische des ARPA-Computerforschungsprogramms dem Verteidigungsministerium helfe, »sich selbst überflüssig zu machen«.

Der Personal Computer als Kind des Computerspiels: Da steckt viel Stilisierung drin. Aber abwegig ist der Gedanke nicht. Immer wieder waren das Spielen und das Drauflos-Erfinden, oder allgemeiner: war die Suche nach dem Unterhaltenden, dem Schönen, dem, was Lust macht, ein stärkerer Antrieb für technischen Wandel als das Streben nach dem Nützlichen und dem Notwendigen.

Unternehmen wir einen kurzen Rundgang durch die Technikgeschichte – spielerisch-assoziativ statt systematisch!

Vorläufer der Computerkids waren die Automatenbauer. Die wohl raffiniertesten Automaten der vor-elektronischen Zeit, die je gebaut wurden, waren drei Puppen: der Zeichner, die Musikerin und der Schriftsteller aus der Werkstatt der Uhrmacher Jaquet-Droz in La Chaux-de-Fonds, gebaut in den

1770er Jahren. Die von je einem Uhrwerk angetriebenen Puppen, so groß wie kleine Kinder, funktionieren heute noch und können zeichnen, Klavier spielen respektive schreiben, den Bleistiftstaub vom Papier blasen, mit den Augen den Bewegungen der Hände folgen, sich verbeugen; der Schriftsteller ist sogar programmierbar und kann jeden beliebigen Text von bis zu vierzig Buchstaben Länge schreiben.[245]

Die »Androiden« der Jaquet-Droz' tourten mit viel Erfolg durch Europa, wobei sie in eine idyllische Gartenszene eingebettet waren. Gärten und Automaten: Das war eine beliebte Kombination in der maschinenverrückten frühen Neuzeit. Gärten wurden mit Figurentheatern ausgestattet wie etwa der Renaissancegarten der Villa Pratolino des Francesco de' Medici bei Florenz, den Michel de Montaigne in seinem Reisetagebuch beschrieben hat.[246] Zu den Gärten gehörten auch Wasserspiele, von denen es in der Parkanlage von Versailles besonders prächtige gab. Das Wasser dafür musste von der Seine über 163 Meter hochgepumpt werden. Die Pumpanlage in Marly-le-Roi, 1685 in Betrieb genommen, trieb mit vierzehn Wasserrädern 259 Pumpen an und erbrachte eine Leistung von 750 Pferdestärken (500 Kilowatt), womit das leistungsstärkste »Kraftwerk« seiner Zeit dem Spiel – dem Wasserspiel – diente, und hundert Jahre später galt einer der ersten (erfolglosen) Versuche, eine Dampfmaschine zu bauen, ebenfalls einem Wasserspiel (vgl. Kapitel »Dampf«).

All die Automaten, Wasserspiele und Gärten waren Ausdruck einer spielerisch-technischen Phantasie, die auch eine beliebte Literaturgattung hervorbrachte: Maschinenbücher über nie gebaute Maschinen. Conrad Keyser stellte in *Bellifortis* 1405 phantastische Kriegsmaschinen vor, Agostino Ramelli 1588 in seinem reich bebilderten *Diverse et artificiose machine* Maschinen verschiedener Art, namentlich zahlreiche Vorrichtungen zum Heben von Wasser. Er erfand Geräte, die es längst gab, noch einmal, nur ausgeklügelter, komplizierter – und zumeist völlig unpraktisch. Ramelli gab mit seinem Werk »Antworten auf Fragen, die niemand gestellt hatte, und fand Lösungen für Probleme, die niemand als solche ausgegeben hatte«, wie Eugene Ferguson in seinem Kommentar einer modernen Neuauflage Ramellis bemerkt.[247]

Wichtigste Inspirationsquelle der frühneuzeitlichen Automatenbauer waren die Schriften des Heron von Alexandrien, der wahrscheinlich im ersten nachchristlichen Jahrhundert gelebt hatte und im 13. Jahrhundert ins Lateinische übersetzt wurde.[248] Heron befasste sich (wie andere antike Technik-Autoren der Antike[249]) mit Hydraulik und Pneumatik und bezweckte damit immer wieder eines: Illusionsmaschinen anzutreiben, die im Theater und in religiösen Zeremonien zum Einsatz kamen. So entwarf Heron die »Apotheose des Bacchus«: Der selbstfahrende Automat auf Rädern spritzte Milch und goss Wein aus, Bacchantinnen tanzten auf ihm, eine Nikefigur drehte sich, und aus seinem Altar flammte Feuer auf, bis er am Ende des Spektakels an seinen Ausgangsort zurückfuhr.[250]

Der römische Schriftsteller Sueton berichtet, wie Kaiser Nero seine Gäste während seiner Gelage mit Wasserspielen unterhielt, mit Parfüm besprengen und Blumen aus Luken in der Decke auf sie regnen ließ – Anwendungen Heronscher Künste. Nero, der seine Brutalität mit einer Liebe zum Theater verband, ließ in Sublaqueum (heute: Subiaco) fünfzig Kilometer östlich vor Rom drei Staumauern bauen. Deren höchste war vermutlich über vierzig Meter hoch und damit mehr als tausend Jahre lang die höchste Staumauer der Welt, bis sie 1305 einstürzte. Das Bauwerk wurde nicht erbaut, um Getreidefelder zu bewässern und Rom zu ernähren oder um die Stadt mit Trinkwasser zu versorgen (wenn es auch nach Neros Tod so genutzt wurde), sondern weil Nero seinen Landsitz mit einem dreistufigen See verzieren und Wasserspiele betreiben wollte.[251]

Landläufig nimmt man an, technische Innovationen gäben in erster Linie Antworten auf praktische Bedürfnisse und Probleme, Technik sei also dem Gebot von Nutzen und Notwendigkeit unterworfen. Darob wird das Spielerische der Technik vergessen. Der Mediävist Johan Huizinga hat 1938 in seiner bahnbrechenden Studie *Homo ludens* festgestellt, »dass menschliche Kultur im Spiel – als Spiel – aufkommt und sich entwickelt«.[252] Das gilt, selbstverständlich, auch für die Technik als Teil der menschlichen Kultur. Als wichtigstes Element dessen, was Spiel ausmacht, galt Huizinga das Zweckfreie: Spiel strebt keinen Zweck an, Spiel selbst ist ein Zweck an sich.[253] Weitere Elemente des Spiels sind das Sich-Messen mit anderen im Wettstreit; das Ausloten und Überschreiten von Grenzen; die Illusion; die Lust an der Verstellung.

Kehren wir zu unseren Computerspielern zurück. Ob tatsächlich Computerspiele zu Soft- oder Hardware-Entwicklungen beigetragen haben, die über das Spielen hinaus bedeutend waren und ohne Spiel nicht genauso entwickelt worden wären, ist fraglich. Aber, und das ist mehr: Die Computerpioniere waren Spieler, das Programmieren (und das Hacken, wenn etwa Studenten, die mehr von Computern verstanden als ihre Professoren, sich in die Großrechner ihrer Universitäten einhackten, um Rechenzeit zu stibitzen) war Spiel – ob man nun Spiele programmierte oder Tabellenkalkulation. Das Knacken militärischer Geheimcodes im Zweiten Weltkrieg, das an der Wiege der Computerwissenschaft stand, war Rätsel, war Spiel, auch wenn es um Leben und Tod ging. Das 1966 von dem gegenüber Computern skeptischen Computerwissenschaftler Joseph Weizenbaum entwickelte Programm *Eliza*, das ein psychotherapeutisches Gespräch simuliert, war Illusion wie Herons Automaten, war Spiel (und Weizenbaum war entsetzt, als man sein Spiel ernst nahm).

In seinem Text über *Spacewar* zitiert Stewart Brand einen Doktoranden in Stanford: »Einer von uns hat ein Programm geschrieben, das von alten Caruso-Aufnahmen die Orchesterbegleitung eliminiert. Ich weiß nicht, *wozu das gut sein soll.*« – Brand kommentiert: »Ein wahrer Hacker.« An anderer Stelle schreibt er: »Die Hacker waren damals [in den 1960er Jahren] die vorderste Front der Computerwissenschaft. Ohne irgendwelche genaueren Angaben fingen sie einfach an zu programmieren, schnell und schmutzig. (…) Computer befähigen Programmierer dazu, am äußersten Rand ihrer intellektuellen Fähigkeiten zu leben und diese Grenze immer weiter zu verschieben.«[254]

Spiel ist nicht nur ein Anreiz zu technischem Erfinden, Spiel ist eine Haltung – und eine Erkenntnisform. Eine lineare Technikwahrnehmung neigt dazu, technischen Wandel als eine Umsetzung wissenschaftlichen Wissens zu sehen. Aber wissenschaftliches Wissen ist nur eine Wissensform unter mehreren. Es hat jedoch den Wissensbegriff kolonisiert, was sich im Deutschen etwa daran zeigt, dass die meisten Wissenschaftsseiten der Zeitungen nicht mit »Wissenschaft«, sondern mit »Wissen« überschrieben sind, so als handelten die restlichen Seiten der Zeitung vom Nichtwissen.

Nichtwissenschaftliche Wissensformen sind für technischen Wandel ebenso wichtig, wenn nicht wichtiger als wissenschaftliche: Erfahrungswissen selbstverständlich (vgl. Kapitel »Erfahrung«); Spielwissen; Kunstwissen. Dass Galileo Galilei, als er durch das Fernrohr den Mond betrachtete, etwas anderes sah als Zeitgenossen, die denselben Mond mit denselben Geräten betrachteten, lag daran, dass er auch ein Künstler auf der Höhe der Kunst seiner Zeit war: Sein Wissen aus der Kunst befähigte ihn, in den Hell-Dunkel-Mustern Schatten von Kratern zu sehen.[255]

Der Soziologe des Handwerks Richard Sennett betont die Bedeutung des Spiels, präziser: einer spielerischen Haltung in der Technik. Jeder Mensch, behauptet er, könne ein guter Handwerker werden, und begründet das damit, dass »sich der Rhythmus der Routine in handwerklichen Tätigkeiten auf die kindliche Erfahrung des Spiels stützt, und fast alle Kinder können gut spielen«.

»Handwerkliche Fähigkeiten« oder »handwerkliche Orientierung« sind für Sennett »Ausdruck eines dauerhaften menschlichen Grundstrebens: des Wunsches, eine Arbeit um ihrer selbst willen gut zu machen« – so wie für Johan Huizinga Spiel etwas war, was man um seiner selbst willen tut. Sennett versteht das Spielerische als ein Pröbeln statt eines Planens aller Details von Anfang an; ein Pröbeln, das Offenheit und Flexibilität bewahrt – aber die Bereitschaft voraussetzt, im Herstellungsprozess spielerisch auf Widerstände zu reagieren. Er vergleicht es mit der Offenheit und Flexibilität, die ein Jazzmusiker braucht, um in der Improvisation auf seine Mitspieler zu reagieren.

Ein spielerisches Arbeitsinstrument ist die Skizze, die »dafür steht, dass man zu Anfang noch nicht genau weiß, worauf etwas hinauslaufen soll«. Wer mit der Skizze arbeitet, »reagiert positiv auf Zufall und Beschränkung« und hütet sich, »ein Problem unerbittlich bis zu dem Punkt zu verfolgen, an dem er es nur noch isoliert wahrnimmt«. Einer, der laut Sennett beispielhaft den »spielerischen Umgang mit der Skizze« beherrschte, war der österreichische Architekt Adolf Loos (1870 bis 1933) – ausgerechnet Loos, der rigide Formalist, der

heute vor allem für sein Diktum bekannt ist, Ornament sei
Verbrechen. Aber Loos' Bauten hätten nicht die »formale
Reinheit« erzielt, wäre Loos stur einem von Anfang an festgelegten Plan gefolgt; vielmehr habe Loos situativ auf Widerstände reagiert, die während des Baus auftauchten – und Bau-
fehler so korrigiert, dass die Korrektur zu einem Stilelement
werden konnte.[256]

Aber führt eine spielerische Technik auch zu einer ver-
spielteren – und letztlich besseren Welt? Viele Protagonisten
der Computerszene waren überzeugt davon. Brands emphati-
sches »*Spacewar* dient dem Erdenfrieden« ist ein später Wi-
derhall von Friedrich Schillers Gedanke, der Spieltrieb setze
den Menschen »sowohl physisch als auch moralisch in Freiheit«.[257] Aber Spiel ist auch das »Schneller, höher, stärker« der
neuzeitlichen olympischen Bewegung, das in der Technik all-
zuoft verheerend gewirkt hat. Eine »handwerkliche Orientierung«, die Dinge um ihrer selbst willen gut machen will,
kann auch die Atombombe hervorbringen, wie Richard Sennett festgestellt hat. Der Krieg hat eine starke spielerische und
sogar eine ästhetische Komponente – wenn auch natürlich
nur für die wenigen, die den Krieg führen, und nicht für die
vielen, denen mitgespielt wird. Der Kalte Krieg war auf seine
Weise ein großes Planspiel. Der sowjetische Sputnik, eine
wichtige Spielfigur im »Wettlauf ins Weltall« des Kalten
Kriegs, hatte keinen anderen Zweck als zu piepsen – und gehört zu werden, auf dass er verkünde: Wir waren schneller! –,
denn mehr als piepsen konnte er nicht. Die US-amerikanische
Flagge, die Neil Armstrong und Buzz Aldrin am 21. Juni 1969
zur Krönung des Apollo-Programms, des wohl größten Unternehmens der Moderne, das reiner Selbstzweck war, in den
Mondsand steckten, hatte keinen anderen Zweck, als dort zu
stecken – und gesehen zu werden. Sowohl die USA wie die

Sowjetunion arbeiteten an Plänen, auf dem Mond eine Atombombe zu zünden: Damit der Atompilz gesehen werde und seine Botschaft der Überlegenheit verkünde. Wissenschaftler berechneten, zu welchem Zeitpunkt und an welchem Ort die Sonne den lunaren Atompilz besonders schön beleuchten würde – ihr Leitfaden war ein ästhetischer![258]

Die spielerische Phantasie in der Technik ist ein zweischneidiges Schwert. Die heutigen Nachfahren der Keysers und Ramellis der Renaissance sind die populären Technikmagazine, die jede Verheißung aus der Welt der Technik freudig als die nächste Revolution feiern. Zur Zeit, da ich dieses Buch schreibe, wird die Revolution gerade von den sogenannten 3-D-Druckern (wird man das Wort in zehn Jahren noch kennen?) erwartet, billigen Geräten, die auf dem Computer entworfene Dinge fast in jeder beliebigen Form herstellen können, womit jeder sein eigener Produzent und mithin von den Konzernen unabhängig werden könne. Genau diese Vision hat Stewart Brand bereits 1974 verkündet, in einem Nachwort zu seinem *Spacewar*-Artikel von 1972![259] Der Technikhistoriker George Basalla schreibt: »Wenn auch spielerische Technikphantasien zur Vielfalt der Artefakte beitragen, so fördern sie doch auch das gedankenlose Akzeptieren technischen Wandels als an und für sich gut.«[260]

Diese Ambivalenz wird in der Geschichte des Computers deutlich. Nicholas Negroponte, Direktor des Media Lab am MIT, erwartete 1995, das Internet werde »Organisationen verflachen, die Gesellschaft globalisieren, Kontrolle dezentralisieren und helfen, Menschen zu harmonisieren«; eine neue, »digitale Generation« werde heranwachsen – »verspielt, selbstgenügsam, psychologisch ganzheitlich« –, und würde sich in kollaborativen Netzen organisieren.[261] Doch da war aus der kleinen, verschworenen Gemeinschaft verspielter Computerkids, die weltanschaulich in Gegenkultur und Neuer Linker wurzelte, längst eine Bewegung geworden, die einen ausgeprägten Technikdeterminismus predigt und mit den Mächtigen der Welt bestens vernetzt ist. Zu den prominentesten Unterstützern von Leuten wie Brand oder Negroponte gehört Newt Gingrich, der am (libertären) rechten Rand der republikanischen Partei politisiert und als Sprecher des Repräsentantenhauses 1995 die treibende Kraft hinter der Abschaffung des Büros für Technikfolgen-Abschätzung des US-amerikanischen Kongresses war (vgl. Kapitel »Überschall«). Den emanzipatorischen »Anti-Establishmentarianismus«, wie es Brand 1972 genannt hatte, haben die transnationalen Konzerne, längst viel mächtiger als der Staat, gegen den sie sich wenden, gekapert.[262] Und wenn auch der einflussreiche Politberater Jeremy Rifkin bis heute davon träumt, die »dritte industrielle Revolution« würde »jeden Aspekt unseres Lebens fundamental verändern«, und zwar zum Guten, weg vom Rohstoff Erdöl und hin zu sauberer Information, weg von hierarchischer und hin zu »lateraler« Machtorganisation[263], so ist doch die Computer- und Internetwelt in Wirklichkeit längst beherrscht von mächtigen Oligopolisten wie Microsoft und Apple, Facebook und Google (und den Geheimdiensten). Nicht, dass all die anderen Wirtschaftsformen nicht auch Platz hätten im großen Netz. Aber die Erwartung, die kleinen, billigen Personal Computer anstelle der alten, riesigen Großrechner brächten von alleine eine verspieltere, friedlichere, demokratischere und partizipativere Welt, hat sich doch als falsch erwiesen.

Ein guter Techniker muss immer auch Spieler sein: Er muss, wie es Schiller vom Künstler forderte, »aus dem Bunde des Möglichen mit dem Notwendigen das Ideal erzeugen«. Nur die Spielerin, nur der Spieler hat die Phantasie, sich die

Welt auch anders vorstellen zu können, und die Neugier, das Mögliche auszuprobieren. Ob die spielerisch imaginierten Welten, wenn sie realisiert werden, dann auch bessere Welten sind und den Menschen »in Freiheit setzen«: Das ist eine andere Geschichte.

11 Tempo

Abb. 12 Ausschnitt aus der *New York Times* vom 23. November 1923:
Die heutige Selbstverständlichkeit, mit der Straßenverkehrstote als
unvermeidlicher Tribut an die moderne Welt wahrgenommen werden,
existierte noch nicht. (© New York Times)

Am 14. November 1896 trafen im englischen Seebad Brighton, verteilt über Stunden, vierzehn merkwürdige Vehikel
ein, die man später Automobile nennen sollte. Es waren Teilnehmer eines überaus chaotischen Rennens, das in London
gestartet war. Es siegte vielleicht der Franzose Léon Bollée,
vielleicht der Amerikaner Charles Duryea; da sind sich die
spärlichen Quellen uneins. Mindestens ein Teilnehmer soll
seinen Motorwagen regelwidrig mit der Bahn transportiert
haben. Neunzehn der gestarteten Vehikel schafften es nicht

ins Ziel. Vor dem Start wurde in London eine rote Flagge
rituell zerstört.[264]

Das Rennen von 1896 hatte einen unbedeutenden Anlass:
es feierte die Aufhebung eines unbedeutenden Gesetzes. Oder
präziser: Das Rennen war unbedeutend, weil weniger Teilnehmer als erhofft antraten und selbst prominente Angehö-
rige der damaligen englischen Motorfahrer-»Szene« (wenn
von einer solchen die Rede sein konnte) dem Anlass fernblie-
ben. Das Gesetz, bekannt als »Rote-Flagge-Gesetz« (*Red Flag
Act*), war unbedeutend, weil es ein Gerät zum Gegenstand
hatte, das damals im Vereinigten Königreich äußerst selten
war.

All das wäre also nicht der Rede wert, wäre nicht sowohl
dem Rennen wie vor allem dem Gesetz im Nachhinein Bedeutung angedichtet worden. Seit 1927 wird das Rennen zwischen London und Brighton als Oldtimer-Rennen jährlich
neu inszeniert. Es ist bekannt als *Emancipation Day Run*.
»Emancipation Day«: Das ist ein großes Wort. So heißen in
den karibischen Staaten und im Süden der USA die Tage,
an denen die Abschaffung der Sklaverei gefeiert wird. Wer
wurde am 14. November befreit?

Es war das Ende einer »Unterdrückung«, die 1861 begonnen
hatte. Damals erließ das britische Parlament das erste Stra-
ßenverkehrsgesetz. Autos in heutigem Sinne existierten noch
nicht, doch gab es Dampfmaschinen auf Rädern, die auch
neben den Eisenbahnschienen auf Feldern und Straßen auftauchten. »Lokomotiven auf Straßen« nannte sie das Gesetz.
Die meisten waren landwirtschaftliche Traktoren, sie waren
furchteinflößend und bedurften deshalb trotz ihrer geringen
Zahl der Regulierung. Das Gesetz erlaubte ein Fahrzeugge-
wicht von zwölf Tonnen (!) und eine Höchstgeschwindigkeit
von zehn Meilen pro Stunde (sechzehn Stundenkilometer)

und gab der Regierung das Recht, Fahrzeuge zu verbieten, die
die Straßen »exzessiv verschlissen« oder für die Öffentlichkeit
»gefährlich oder lästig« waren. Offenbar reichte das nicht aus,
die Ungetüme zu bändigen: Das Folgegesetz von 1865 setzte
das Tempolimit auf vier Meilen pro Stunde (sechs Stundenkilometer) außerorts und zwei Meilen pro Stunde (drei Stundenkilometer) innerorts herab. Zudem musste vor dem Fahrzeug eine Person her gehen und mit einer roten Flagge bei
Tage oder einer Laterne bei Nacht »den entgegenkommenden
Verkehr vor dem Fahrzeug hinter ihm warnen«; daher die Be-
zeichnung *Red Flag Act*. Der vorgeschriebene Warner zu Fuß
bot zu Zeiten, da es keine Geschwindigkeitsmessung gab, Gewähr, dass kein Fahrzeug schneller fuhr als erlaubt.[265]

Der *Red Flag Act* war bis zu jenem 14. November 1896 in
Kraft. Die »Emanzipation« dieses Tags bestand in der Abschaffung des warnenden Vorausgehers und in der Anhebung
des Tempolimits auf, je nach Gewichtsklasse, fünf bis zwölf
Meilen pro Stunde (acht bis achtzehn Stundenkilometer).

Es gibt eine Lesart – und ihretwegen ist uns das Gesetz hier
der Rede wert –, die im »Rote-Flagge-Gesetz« den Grund
sieht, weshalb die britische Automobilindustrie in ihrer Entwicklung behindert gewesen sei, als Autobauer in Frankreich,
Deutschland und im Rest der Welt keinen solchen Einschränkungen unterlagen.[266] Hinter seiner Ausarbeitung habe die
Pferdetransportlobby gestanden, die sich die neue Konkurrenz habe vom Hals halten wollen.

Die beiden Thesen – das Gesetz als Waffe der Pferdelobby
gegen den »technischen Fortschritt«; das Gesetz als Grund für
den »Rückstand« der britischen Automobilindustrie – sind bis
heute in populären Technikgeschichten, Technikmuseen[267],
auf Wikipedia und in unzähligen Internetforen weit verbreitet. Stimmen sie auch?

Keinem der von mir befragten Expertinnen und Expertenen ist eine historische Studie bekannt, die die Beteiligung einer Antiautomobil-Lobby an der Ausarbeitung der Gesetze belegen würde. Dass Anhänger einer älteren Technik versuchen, ihre jüngere Konkurrenz auszubremsen, kommt öfter vor – man beobachtet es in jüngster Zeit etwa im Kampf zwischen »alten« und »neuen« Formen der Energiegewinnung. Aber hier ist das wenig plausibel: Die »Lokomotiven auf Straßen« waren um die Mitte des 19. Jahrhunderts weit davon entfernt, für die etablierten Transportarten auch nur den Hauch einer ernsthaften Konkurrenz darzustellen. Der Pferdetransport wuchs im 19. Jahrhundert mit hohen Raten, und die Autos begannen nicht vor dem Ersten Weltkrieg, mit ihm zu konkurrieren.[268]

Nicht Opfer, sondern Nutznießer von Lobbypolitik waren die motorisierten respektive dampfbetriebenen Fahrzeuge in Großbritannien aber nachweislich in der Zeit vor und in der Zeit nach dem *Red Flag Act:* Bis 1849 verteuerten die *Corn Laws* (Getreidegesetze), die eine starke Agrarlobby erwirkt hatte, die Getreidepreise, wodurch die Konkurrenzfähigkeit der Eisenbahn gegenüber den Getreide fressenden Pferden zunahm. In Ländern ohne *Corn Laws* dauerte es länger, bis die Eisenbahn gegen den Pferdetransport konkurrenzfähig wurde (vgl. Kapitel »Dampf«). Und die Abschaffung des *Red Flag Act* im Jahr 1896 war ein Erfolg der jungen, aber bereits einflussreichen Lobby der Automobilfreunde. Ihr rührigster Vertreter war Sir Davis Salomons, Gründer der Self-Propelled Traffic Association. Das Gesetz von 1896, das den *Red Flag Act* ablöste, »dürfte von Salomons selber entworfen worden sein, denn es gab damals in keiner Abteilung der Regierung Leute mit Erfahrung auf diesem Gebiet«, schreibt der Wirtschaftshistoriker Kenneth Richardson.[269] Die Autolobby war bestens

organisiert und hatte, als die Verteilkämpfe um die Straße begannen, gegenüber Fußgängerinnen und Fußgängern sowie
Radfahrerinnen und Radfahrern »einen Vorsprung in ihrem
Einfluss auf die Meinung der Regierung, der viele Jahre lang
anhielt«.[270]

Noch weniger plausibel ist die These, der *Red Flag Act* habe
die britische Autoindustrie ausgebremst. Denn es gab keine!
Die britische Autoindustrie nahm ihre zaghaften Anfänge um
die Jahreswende 1895/96 und musste sich mithin nur ein paar
Monate mit dem ungeliebten Gesetz herumschlagen. Und
auch in diesen Monaten konnte das Gesetz nicht allzu hin-
derlich wirken, wurde es doch kaum durchgesetzt. Die Bu-
ßen, wenn überhaupt gebüßt wurde, tendierten laut Richardson »dazu, symbolisch zu sein«. Ein früher Autoindustrieller,
Léon L'Hollier, wurde Anfang 1896 in Birmingham ertappt,
wie er mit einem Auto unterwegs war, ohne dass jemand vor
dem Auto her ging. Er musste einen Shilling Buße bezahlen,
und der Beamte, der die Buße aussprach, erklärte entschuldi-
gend, er müsse eben auch »Gesetze durchsetzen, mit denen er
nicht unbedingt einverstanden sei«.[271] Wenn etwas die Entwicklung der britischen Autoindustrie ausbremste, war es die
Geschäftspolitik des Organisators des Autorennens von 1896:
Harry Lawson, ein früherer Fahrradhändler, versuchte die
britische Autoherstellung zu monopolisieren, ehe es sie gab.
Ende 1895 gründete er das British Motor Syndicate, das sich
Lizenzen auf möglichst viele Patente sicherte[272], Anfang 1896
die britische Daimler Company, die die Rechte an dem von
Gottlieb Daimler entwickelten Verbrennungsmotor für Groß-
britannien und seine Kolonien besaß. Der *Emancipation Day
Run* von 1896 war eine Werbeveranstaltung für die Daimler
Company.[273]

Die Verschwörungstheorie um den *Red Flag Act* ist popu-

lär, aber wenig plausibel. Weshalb konnte er sich denn ver-
breiten und so lange halten? Es gibt zwei Gründe dafür.

Erstens eignet sich der *Red Flag Act* bestens, um jede Technikkritik lächerlich zu machen. Durchsucht man das Internet
nach dem Begriff »Red Flag Act«, findet man vor allem Seiten, auf denen mit dem Mythos des Gesetzes gegen alle möglichen »Fortschrittsfeinde« gewettert wird. Man kann über
unsere Vorfahren, die vor Fahrzeugen, die sich in Schritt-
tempo bewegten, auch noch eigens gewarnt werden wollten,
trefflich spotten – und mit dem Spott heutige Technikkritiker
mittreffen. Es gibt ein ähnliches Beispiel angeblicher Technik-
angst aus Deutschland, das gerne zum selben Zweck verwendet wird: eine Warnung vor schnellen Bahnfahrten aus dem
Jahr 1835. Schon 1879 machte sich Heinrich von Treitschke,
der große Nationalhistoriker Deutschlands, darüber lustig[274],
und in einem Positionspapier zur Gentechnik des Wirtschafts-
beirats Bayern aus dem Jahr 2010 heißt es:

Ein Bayerisches Obermedizinalkollegium warnte davor, dass
Bahnfahrten, schneller als 30 km pro Stunde, bei den Reisenden wie auch bei den Betrachtern zu schweren Gehirn-
erkrankungen führen können. Inzwischen hat die Erfahrung der Menschen gelehrt, dass diese mit der Autorität
eines wissenschaftlichen Kollegiums verkündeten Befürchtungen in den vergangenen 175 Jahren nicht eingetreten
sind. Gleichwohl gab es solche Befürchtungen und es wird
sie immer wieder geben, wenn Menschen mit Informationen konfrontiert werden, die ihre Vorstellungskraft über-
treffen.[275]

Die hübsche Geschichte hat nur einen Haken: Es gab 1835
kein »Obermedizinalkollegium« in Bayern. Von Treitschke ist

der erste, der die angebliche Aussage zitiert; er scheint sie erfunden zu haben. Seither wird sie immer wieder zitiert – genauso wie der *Red Flag Act.*

Der zweite Grund, weshalb sich die Verschwörungstheorie
um den *Red Flag Act* hartnäckig hält, liegt darin, dass die
Jahrhundertwende eine tempoverliebte Zeit war. Das deutsche
Wort »Tempo« in seiner heutigen Bedeutung kam »um 1900
aus Frankreich [nach Deutschland] herüber«. Es war auch die
Zeit, da »die Fortschrittsidee (…) auf Kosten ihres traditionellen politischen Gehalts eine Technisierung erfuhr«.[276] Wenige
Monate, bevor der *Red Flag Act* außer Kraft trat, hatten die
ersten Olympischen Spiele der Neuzeit stattgefunden, und es
lag nahe, in ihrem Motto ein Gesetz des Fortschritts zu sehen:
»Schneller, höher, stärker«.

Die Gleichung »Geschwindigkeit gleich Fortschritt« hat
bis heute überdauert. 1929 (wenige Monate vor Ausbruch
der Weltwirtschaftskrise) schrieb ein vom US-amerikanischen
Präsidenten eingesetztes Komitee: »Beschleunigung, nicht
struktureller Wandel, ist der Schlüssel zum Verständnis unserer jüngsten ökonomischen Entwicklungen.«[277] Ihre volle
Blüte erreichte die Idee, es gebe eine natürliche Tendenz des
Fortschritts zu immer höherer Geschwindigkeit, nach dem
Zweiten Weltkrieg. Und obwohl sich von den damaligen Sci-
ence-Fiction-Visionen kaum etwas verwirklichte, hält sie sich
bis heute: Als sich die Wirtschaftszeitschrift *The Economist*
2013 der Frage widmete, ob die Welt in einer »Innovations-
krise« stecke, nannte sie als Argument für ein Ja auf diese
Frage den Umstand, dass die Reisegeschwindigkeit heute vielerorts langsamer ist als vor einer Generation.[278]

Hält man Beschleunigung für ein Quasi-Naturgesetz, erscheint das Auto als zwingender Schritt auf dem Weg zum
Fortschritt (wobei das schnellste Fahrzeug auf den Straßen des

19. Jahrhunderts das Fahrrad war[279]). Dass ein Parlament bestehende Geschwindigkeitslimits herabsetzt, passt nicht in
dieses Bild – es sei denn als eine Verschwörung der Technik-
feinde. Wenn nun aber das Auto für den Fortschritt steht, so
passt es für nationalistisch denkende Britinnen und Briten
auch nicht ins Bild, dass England, das Mutterland so vieler
moderner Techniken, ausgerechnet in der Motorisierung hinter Frankreich und Deutschland zurückblieb.[280]

Es gibt kein Gesetz des Immer-Schneller in der Technikgeschichte, aber man kann die Geschichte seit dem ausgehenden
Mittelalter tatsächlich als eine Geschichte der Beschleunigung
schreiben – wie es ja tatsächlich oft geschieht. Die Schiffbau-
technik erlaubte immer schnellere Schiffe zur See; die Post-
kutschen, die Chausseen des 18. Jahrhunderts und die Eisenbahn brachten immer schnellere Reisezeiten zu Land. Doch
all diese Beschleunigungen berührten die allermeisten Menschen nicht oder nur indirekt: Ihr Leben war von den Rhyth-
men der Tages- und Jahreszeiten, von den religiösen Festen
und vom Wetter bestimmt. Das erste Gerät, das höhere Geschwindigkeiten mitten ins Zentrum des gesellschaftlichen
Lebens, auf die belebten Straßen und Plätze von Städten
brachte und zu Klagen über die »Raserei« führte, war im späten 19. Jahrhundert das Fahrrad, bald gefolgt von Auto und
Motorrad.

Nun setzte tatsächlich eine Phase der stetigen Beschleunigung ein, aber diese Phase endete um 1970. 1971 begruben die
USA ihre in der Geschwindigkeitseuphorie der 1950er Jahre
wurzelnden Pläne, ein Überschall-Passagierflugzeug zu bauen
(vgl. Kapitel »Überschall«). 1974 führten ebenfalls die USA
ein bundesweites Tempolimit von 55 Meilen pro Stunde
(89 Stundenkilometer) ein, das mittlerweile zwar aufgeweicht
wurde, in vielen Bundesstaaten aber weiterhin gilt. Viele an-

dere Staaten senkten ihre Tempolimits in den 1970er und
1980er Jahren. Vor allem führte die schiere Überlastung der
Verkehrswege dazu, dass die tatsächlich gefahrenen Geschwindigkeiten vielerorts teils drastisch sanken. In manchen Großstädten sind Autos heute zu Stoßzeiten nur noch in Schrittgeschwindigkeit unterwegs – oder langsamer.

Vom späten 19. Jahrhundert bis um 1970 aber sorgten
technische Entwicklungen tatsächlich für immer höhere Geschwindigkeiten mitten in der Lebensumwelt der Menschen.
Schnellere Fahrzeuge und bessere Straßen mit neuen Belägen
erlaubten schnelleres Fahren. Die gesetzlichen Geschwindigkeitslimits folgten diesen Entwicklungen und wurden immer
wieder angehoben (und im faschistischen Italien wie in Nazi-
Deutschland vorübergehend ganz abgeschafft). Nicht selten
wurde das damit begründet, dass die alten Limits ja sowieso
missachtet würden – als könnten Gesetze lediglich nachvollziehen, was die Technik vorgibt. Autofahrerinnen und Autofahrer betrachteten Tempolimits immer als eine Vorschrift
minderer Legitimität, ihre Verletzung als ein Kavaliersdelikt:
Die ersten Automobilverbände wurden gegründet, damit
sich ihre Mitglieder vor Geschwindigkeitskontrollen warnen
konnten. Diese Haltung besteht bis heute, wie im Juli 2010 besonders deutlich die britische Regierung zeigte (der so viele
Millionäre angehörten wie nie zuvor und die mithin eine ähnliche soziale Schicht repräsentierte wie die Autolobby um
1900): Sie hob vier Fünftel aller Radarfallen auf, was der für
Verkehrssicherheit (!) zuständige Staatssekretär Mike Penning damit begründete, der »Krieg gegen die Autofahrer«
müsse beendet werden.[281] Und in Deutschland verbrennen
sich Politiker bis heute immer wieder die Finger, wenn sie es
wagen, die deutsche Besonderheit der Autobahnen ohne Geschwindigkeitsbeschränkung infrage zu stellen.

Dieser Trend zur höheren Geschwindigkeit setzte aber nicht
einfach so ein, er war keine zwangsläufige Folge der technischen Entwicklung, sondern wurde hart erstritten. Es war ein
Kampf um die Frage, wer den öffentlichen Raum wie stark beanspruchen darf. In diesem Kampf hatten die Autolobby und
ihre Verbündeten schon die Nase vorn, als sie noch kleine
Minderheiten der Bevölkerung vertraten, weil sie besser organisiert waren, weil bald schon viel ökonomische Macht hinter ihnen stand – und weil zumindest die tonangebenden
Schichten das Auto viel mehr als seine Alternativen (Fahrrad,
Straßenbahn, …) als Ausdruck des technischen Fortschritts
wahrnahmen (vgl. Kapitel »Alternativen«).

Doch das war nicht die Sichtweise der breiten Bevölkerung.
Automobilisten wurden im frühen 20. Jahrhundert oft Opfer
von Angriffen. Bauern leerten Gülle in geparkte Autos, Na-
gelbretter wurden gelegt, und bei Berlin köpfte ein gespanntes
Drahtseil einen Automobilisten.[282] Das einzige Staatswesen,
das seine (männlichen) Bürger an der Urne über das Auto entscheiden ließ, war der schweizerische Kanton Graubünden.
1900 stimmten die Graubündner für ein Autoverbot, das sie in
der Folge nicht weniger als neun Mal bestätigten. Als 1925
dann erstmals eine Mehrheit für die Aufhebung des Fahrver-
bots stimmte, schafften sie ein Verbot ab, das sowieso kaum
noch existierte: Die Regierung war immer gegen das Verbot
gewesen, die Polizei setzte es nicht durch, zahlreiche Ausnah-
mebewilligungen durchlöcherten es. Zudem hatte die Regierung die letzte Abstimmung in die Zeit der Heuernte gelegt,
so dass viele Bauern keine Zeit hatten, zur Urne zu gehen.[283]
Dabei war Graubünden damals bereits ein Land mit einer hoch
entwickelten Tourismusindustrie. Das Autoverbot schadete
dem Tourismus nicht, eher im Gegenteil: Im ersten Jahrzehnt
des 20. Jahrhunderts wurden spektakuläre Bahnlinien eröff-

net, die die Touristinnen und Touristen zu den Kurorten
brachten und dabei die Fahrt selber zum Erlebnis machten.
Die 1910 fertiggestellte Bahnlinie von Tirano nach St. Mo-
ritz war eine der weltweit ersten, die von Anfang an elek-
trisch funktionierte: Die leichteren Elektroloks konnten höhere Steigungen überwinden, wodurch man mit weniger
Tunnels auskam – man wollte den Gästen schließlich nicht
eine möglichst schnelle Reise, sondern spektakuläre Aus-
sichten bieten.[284]

Am Verkehr zeigt sich beispielhaft, dass eine Technik nicht
verstanden werden kann, wenn man nur die technischen Geräte betrachtet. Ein Fahrzeug ist nichts wert ohne Straßen, auf
denen es sich bewegt (vgl. Kapitel »Rad«), samt der zugehöri-
gen Infrastruktur wie Tankstellen, Reparaturwerkstätten und
so weiter. Es braucht ein Set von (geschriebenen wie unge-
schriebenen) Regeln, damit das Fahrzeug funktionieren kann.
Es erfordert Menschen, die den Umgang mit der Technik ein-
geübt haben – die Fahrer müssen ihr Fahrzeug lenken, alle anderen Verkehrsteilnehmer es als Gefahr erkennen und ihm
ausweichen können. Es braucht Instanzen, die Autos herstellen und vertreiben, Treibstoffe liefern, Straßen bauen, Regeln
erlassen und durchsetzen (oder auch nicht). Diese Instanzen
bilden Interessen aus, die sie mit mehr oder weniger Gewicht
durchzusetzen versuchen – wobei diese Interessen mitunter
überraschend sind: Die deutsche Automobilindustrie, die sich
heute mit Händen und Füßen gegen die Einführung von Tempolimits auf Autobahnen wehrt, bezog 1930 gegen den Bau
von Autobahnen Stellung, weil ihre Autos für langes Fahren
mit hohen Geschwindigkeiten gar nicht geeignet waren.[285] Pu-
blizistinnen und Publizisten wirkten auf die öffentliche Meinung: Wie viele Journalisten und Schriftsteller des 20. Jahrhunderts waren autobegeistert![286]

Fahrzeuge und Straßen, Interessenvertretungen und Gesetzgebung, Wahrnehmungen und Mentalitäten, Fähigkeiten
und Gewohnheiten: All diese Faktoren wirken zusammen,
ringen miteinander und entwickeln sich abhängig voneinander; sie prägen die Umwelt, sie strukturieren den Raum,
sie definieren immer wieder neu, was normal, erwünscht
oder unerwünscht ist. Und oft verstärken sie sich gegenseitig:
Schnellere Fahrzeuge verlangen nach besseren Straßen, bessere Straßen erlauben schnellere Fahrzeuge. Höhere Reise-
geschwindigkeiten lassen die Wege länger werden, längere
Wege rufen nach höheren Geschwindigkeiten – so dass die
meisten Menschen immer schneller immer weiter fahren, nur
um die immer gleichen Bedürfnisse zu befriedigen.

»Bevor die Stadtstraße physisch umgebaut werden konnte,
um sie für Motorfahrzeuge tauglich zu machen, musste sie
sozial als Fahrbahn rekonstruiert werden«, schreibt der US-
amerikanische Historiker Peter Norton.[287] Die Straße: Das
war nach Gewohnheitsrecht seit jeher der Platz der Menschen, und Fahrzeuge hatten auf sie Rücksicht zu nehmen.
1922 hielt das Aargauer Obergericht in einem Urteil fest,
»dass ein Fußgänger auf der Straße völlig frei ist, wo er gehen will, dass ferner nicht nur normalhörige, sondern auch
schwerhörige Personen, ja sogar Taubstumme und Leute mit
schweren Holzschuhen die Straße betreten dürfen«.[288] Die
heutige Gerichtspraxis ist eine sehr andere, aber die Begründung des Gerichts ist heute so plausibel wie damals: Die Fußgänger »gefährden andere nicht; das Gefahrenmoment aber
schafft das Automobil, das mit bedeutend größerer Schnellig-
keit als der Fußgänger sich fortbewegt«. Dem Urteil liegt die
gleiche Haltung zugrunde wie dem britischen *Red Flag Act*
von 1865: Das Gesetz will »den Verkehr« vor den Fahrzeugen
schützen, und damit meint das Gesetz in erster Linie die Men-

schen, die sich zu Fuß bewegen. Dass der potentielle Täter auf das potentielle Opfer aufpassen muss und nicht umgekehrt, war selbstverständlich. Aber offenbar wurde diese Selbstverständlichkeit damals herausgefordert – denn sonst hätte das Gericht sie nicht feststellen müssen.

Wie die Selbstverständlichkeit, dass Straßen den Menschen gehören und die Fahrzeuge dafür verantwortlich sind, dass es nicht zu Unfällen kommt, in Frage gestellt und schließlich durch die Idee ersetzt wurde, die Straße gehöre in erster Linie den (Motor-) Fahrzeugen, hat Peter Norton für die USA nachgezeichnet. Auch hier, im Mutterland der Massenmotorisierung, war die öffentliche Meinung, die veröffentlichte Meinung und die Gerichtspraxis bis in die 1920er Jahre mehrheitlich klar: An Unfällen sind die Fahrzeuge schuld. Tötete ein Auto ein Kind, war das nicht wie heute die persönliche Tragödie einer Familie, sondern ein öffentlicher Skandal. In vielen Städten gab es Denkmäler für im Verkehr getötete Kinder wie für Kriegsgefallene. Damals besaß bereits ein beträchtlicher Teil der amerikanischen Haushalte ein Auto, doch das allein reichte nicht aus, dass die Unfälle einfach so als Tribut an die Moderne akzeptiert wurden.

Autos wurden dafür gebaut, schneller zu sein als die herkömmlichen Verkehrsteilnehmer (Fußgänger, Pferde und Pferdewagen, Trams), aber schnelleres Fahren bedeutete in der allgemeinen Wahrnehmung einen Missbrauch der Straße. Automobil-Lobbyisten war klar: Diese Wahrnehmung musste geändert werden. Erste Versuche, die Fußgänger zu disziplinieren, fruchteten wenig: Fußgängerstreifen gab es seit 1915, aber sie wurden ignoriert, und noch 1926 erklärte ein Richter in Illinois Verkehrsregeln für Fußgänger für ungültig.

Automobilverbände versuchten aber seit den 1910er Jahren, diese Haltung zu ändern. Ihre Hauptbotschaft war eine, wie sie heute die Waffenlobby gegen strengere Waffengesetze verwendet: Nicht Autos töten Menschen, Menschen töten Menschen. Diese Sichtweise konstruiert eine Symmetrie – sowohl Opfer wie Täter sind Menschen, beide machen Fehler – und kaschiert die extreme Asymmetrie zwischen Autos und Fußgängern bezüglich Geschwindigkeit, Stärke, Verletzlichkeit und der Beanspruchung von Platz.

Geht es um Deutungshoheit, spielt die Sprache eine wichtige Rolle. Um 1910 kam für unvorsichtige Fußgänger das Wort »Jaywalker« auf.[289] Ein *Jay* war ein Trottel vom Lande, der nicht weiß, wie man sich in der Stadt benimmt. Automobilverbände lancierten Kampagnen, um das Wort bekannt zu machen. Seit 1921 schickten sie Pfadfinder los, an die Fußgänger, die in ihren Augen unvorsichtig die Straße überquerten, Flugblätter zu verteilen: »Wussten Sie, dass Sie sich des *Jaywalkings* schuldig machen, wenn Sie die Straße unvorsichtig überqueren!«, stand beispielsweise darauf. »Jaywalker« sollten lächerlich gemacht werden: Während »Sicherheitswochen« torkelten Clowns über die Straßen und ließen sich von langsam fahrenden Autos umfahren. In Los Angeles druckte der Automobilclub Plakate mit der Aufschrift, *Jaywalking* sei verboten, und hängte sie mit Hilfe der Polizei auf – obwohl es gar kein derartiges Verbot gab. Autoverbände sponserten Verkehrserziehungskampagnen in Schulen mit der klaren Botschaft: Spiele nicht auf der Straße, die Straße gehört den Autos! 1925 sprach im Rahmen einer solchen »Verkehrserziehung« ein Schülergericht einen zwölfjährigen Jungen des *Jaywalkings* für schuldig und verurteilte ihn zu einer Woche Wandtafelputzen; alle 1300 Schüler seiner Schule mussten dem »Prozess« beiwohnen. Die Meinung der Presse erkaufte man sich: 1910 boykottierten Autohändler erstmals eine Zeitung (die *Chicago Tribune*), weil sie zu wenig autofreundlich schrieb; der Inserateboykott wirkte. Das Konzept des *Jaywal-kings* begann, in Gesetzgebung und Gerichtspraxis einzuflie-ßen, und um 1930, schreibt Norton, akzeptierten die meisten Menschen – willig oder unwillig –, dass die Straße den Autos gehörte. Das Verhältnis Amerikas zum Automobil als »Lie-besaffäre« zu bezeichnen, sei Geschichtsschreibung aus der Siegerperspektive.[290]

Eine neue Facette trat in den 1940er Jahren zur Abwertung des unmotorisierten Menschen im öffentlichen Raum hinzu: Die zunehmende Automobilisierung war Ausdruck des wirt-schaftlichen Aufschwungs, während zu Fuß gehende Men-schen mit den Arbeitslosen assoziiert wurden, die während der Weltwirtschaftskrise in den Straßen »herumlungerten«. Um keine solch ungeliebten Erinnerungen zu wecken, hatten die neu entstehenden Vorstädte (»Levittowns«) oft absichtlich Fußgänger-unfreundliche Straßen.[291]

Auch in Europa finanzierten Automobilclubs Verkehrser-ziehungskurse für Kinder. Die Umdeutung der Straße vom öf-fentlichen Raum zur bloßen Fahrbahn lässt sich für die euro-päischen Staaten vielleicht weniger genau datieren als für die USA. Beschleunigt wurde er aber auf jeden Fall durch Krieg und Nazidiktatur. Nun konnten Räume entstehen, die wie die Autobahnen exklusiv dem Auto vorbehalten oder auf denen Fußgänger sich nach strengen Regeln zu verhalten hatten, um nach einem Unfall nicht als mitschuldig zu gelten. Das deut-sche Bundesverfassungsgericht schrieb 1963 in einem Urteil: »Der moderne Massenverkehr auf den öffentlichen Wegen ist (…) mit schweren Gefahren für Leben, Gesundheit und Eigentum der Verkehrsteilnehmer verbunden. Aufgabe der Rechtsordnung ist es, die Entschädigung der Unfallopfer nach Möglichkeit sicherzustellen« – und nicht, die Gefahren abzu-wenden[292] Die »Opfer« erscheinen nun als unvermeidbar; ihr

Leid kann bestenfalls dadurch gemildert werden, dass man sie
»nach Möglichkeit« entschädigt.

Diese Wertung ist heutigen Menschen von Kindheit an so
in Fleisch und Blut übergegangen, dass sie gar nicht mehr auf-
fällt – anders wäre es schwer, in der modernen Welt zu bestehen. Meinte der *Red Flag Act* mit »Verkehr« die Menschen,
die es vor den Fahrzeugen zu schützen galt, heißen heute Innenstädte, in denen ein (Motor-) Fahrverbot gilt, »verkehrs-
frei« – egal, wie belebt sie sind.

Versetzt sich ein heutiger Mensch gedanklich ins 19. Jahrhundert: Die damaligen Geschwindigkeiten kommen ihm
langsam, die »Lokomotiven auf Straßen« harmlos vor, und
der *Red Flag Act* wirkt lächerlich. Aber wenn umgekehrt ein
Mensch aus dem 19. Jahrhundert in unsere heutige Welt
versetzt würde, der den ganzen Prozess der Gewöhnung an
immer höhere Geschwindigkeiten nicht mitgemacht hat: Er
könnte nicht anders als entsetzt sein. 1988 fragte ein ehemaliger Entwicklungschef von Daimler-Benz in einer Diskussion
über die Technikfolgenabschätzung, »ob bei einer Technikbe-
wertung im letzten Jahrhundert das Auto als Verkehrssystem
nicht schlicht verboten worden wäre, wenn all die heute zuta-
getretenen Folgen damals bekannt gewesen wären«.[293] Auch
wenn das vermutlich als ein Argument gegen die Technikfolgenabschätzung gemeint war: Er hatte recht! Der *Red Flag
Act* war nicht übertrieben technikängstlich, im Gegenteil: Er
war bezüglich der Gefahren, die das neue Gefährt noch mit
sich bringen würde, blauäugig.

Wessen Normalität ist nun aber die »richtigere«: die der
britischen Gesetzgeber im 19. Jahrhundert, in der Fahrzeuge
den Restverkehr vor sich warnen müssen – oder eine, die jährlich 1,2 Millionen Verkehrsunfalltote[294] als Tribut an die Moderne hinnimmt?

Der Mensch ist ein Wesen, das seine Grenzen immer wieder neu definieren kann, und das gilt auch für den Umgang mit Geschwindigkeit. Aber offenbar lassen sich die Grenzen nicht beliebig hinausschieben. Der Mensch, der von Natur aus fünf Kilometer pro Stunde zu Fuß geht, kann auch mit einem Fahrrad zwanzig Kilometer pro Stunde fahren, ohne dass dies größere Probleme verursachen würde. Wer aber bei mehr als einer Million Verkehrsunfalltoten pro Jahr behauptet, die Geschwindigkeit des heutigen Motorverkehrs bedeute eine erfolgreiche Erweiterung der menschlichen Grenzen, der liefert damit lediglich einen Beleg für die menschliche Fähigkeit zur Gewöhnung – zur Abstumpfung.

In einer Sommernacht 2013, kurz vor Mitternacht, fuhr in Zürich ein Lastwagen in die Halle des Hauptbahnhofs ein, die zu dieser Zeit immer noch recht belebt war. Er brachte Material für eine Bühne, die hier für einen Werbeanlass aufgebaut werden sollte. Unterwegs auf einem Platz, wo Motorfahrzeuge normalerweise nicht zugelassen sind, und inmitten von Menschen, fuhr der Lastwagen mit sicher weniger als zwei Meilen pro Stunde. Vor ihm her ging ein Mann mit gelber Weste und batteriebetriebenem Leuchtstab, und warnte die Passanten. Es ist die normale Art, wie sich ein potentiell gefährliches Fahrzeug an einem Ort bewegt, der den Menschen gehört.

Der *Red Flag Act* war ein vernünftiges Gesetz.

Abb. 13   Faksimile des Feuilletons der F. A. Z. vom 27. Juni 2000. Die Symbolik war perfekt: Zwar war nun bekannt, an welcher Stelle des Genoms sich ein A(denin), T(hymin), C(ytosin) oder G(uanin) befand. Was der Buchstabensalat bedeutet, wusste man damit aber noch längst nicht. (© Frankfurter Allgemeine Zeitung, 29. 6. 2000)

Frankfurter Allgemeine Zeitung

Fortsetzung von der vorigen Seite

Das Buch des Lebens

```
AGACAA GTTGTT CCGTGA ATCTTC   TCACAG TAGAGA TTTATT CAAAAA
CTCTTC TCGGGC CCCTTC AATCTA   TTATGA AATTAC TCTGGG TTGGCC
CAAATG CAGATC GGACCT CCATGA   TCCCTC TCCTTC CTTCCA ATTCTA
TTGTCC TACAGG ATCCCA CTTCCC   CATACA TGGGGA ATGTTG CAGGCC
TGAGCA TAGTCT GATTAG ACTAGA   CTTGGA GACTCA GTGTTC TCTACC
GCTGAT CACAAT GATTCA AACAGG   TGTAGA ATGAAC AGAGTG ACTTAT
ACCAAT CAGATT GTCTCT AACATA   CTTAGC TCTTTC CTGCTA AGAGAA
ATTCAG AATCCC ATCAAG CAGCAG   GCCAAG AGGACT AATGCC TGCTTT
CCATTC AGTCTC TGTCTG TGGTTG   GAGGTC CTTACT ATAGTG TAATGA
GTTAAG TGGGAC TGTGGA GACTGA   CCAAGA ACATAG GATTTG GAGGCA
ATGGCT GCTGCT TGATTG GTTACA   TGCTTC TTGGGC TCAGAC TTGGAC
GAGTCA GGCACC AGGCAT CAGCTC   TCTGTC ATTTAC TGGTTG TGAGAT
GACAAA TTGCCA GCTGTT CTTAGG   TTGGGG CATATA TATTCA CTTTGC
CAAATT ACTCAA CCAGGG TACCTC   TGTGCC TTCAGT TTCTCC ACCTAT
TCAGAT TCCTCA CCCGTA CATTAA   AAAATG AGACCA ATAATA GCATCT
GGGCGA TAATAG TACATG CCTCAT   ATTGTA AGTGCT TATCAT CATGCC
GTGAGA TGCTTA GCACAA AACTGC   TGGCAA ATGGTG TGAACT CAGTAC
TGACAT GTAAAA GTATGT GAGAAA   ATATGG CCATTG TGTCAT TATTGT
TATAGG TTGAGC CTCTGT AATCAA   TGCCAC TATGAT AGTTTC TACTGT
AAAAAT CCAAAA TTTGAG GTGTTC   TATCAT TATTAT CAATAT TATTAC
CAAAAT CTCACA CTTTTG GAGCGT   CATGTT ATTCTA TTTGGT GGCAGA
GAATAT GGTGCT CAAAGG AGATGC   TGCACT ATGGGA AAACAT ATTGCA
TCATTG GAGCAT TTTGGA TTACGA   AGGATC TGATCT TTAGAA AATAAT
ATTTTT GGATTA GAGATG CCGACA   TTTGAA TTCTGC CACAGC TTTAGA
CTGTTA AATCTA ATGCAA ATATTC   GAACCC TCAGAA ATAAGA AAAGGG
AAAAAT CAAAAA AGAAAA TTCCAG   CATAGA GGAGGA AGAAGG AAGAAG
AGTCTG AAATAC TTCTGG TGTCAA   AGCTAA AAAAGG AATGAT GGGGGA
GCATTT TAGATA TGGGAT ACTAAA   AAACAA GTTTGC AGCACT TGGAAC
CCTGTC TTAACG TTATTA TTGTAT   CATTCC TGGTAT GTAGTA ATTTCC
TAATTT TCTGTG GCTGCC ATAACA   ACCCCC CATTCC TATACA CACACA
ACTAAC CGCAGA CTTAGT GGCTAA   AACCTT TCGTAG ATGAAT TGTTAT
AAAACA ACACAA ATATAT TATTTT   AAAACC AAGATC TAAATG ATAGCC
ATAGTT ATGTGG GTTGGA AATTCA   AAATAC AGACCT ACTGGC TGGTTC
ACACAA GCCTCA CTCACC CTTGTG   TCCAAT CCCATC ACTCTC CACCCT
ACTATG TGATTA CATTAG GCCCAG   CACCCT CCACAA AGTCAG TGAGTA
GTTGGCT TATCCA GGATAA TCTCCC  AGAAAA GCTTTG ATTCTG CCCTGT
TATTTT AAGGTC AGCTGA TTAGCA   GATTCA CACTCA GTGGGT TTCTTG
ATCTTA ATTCCA TCTGCA ATCCTA   GGTGAT TTCATT ATAAGT AAAATA
ATTCCT CTTTGC CATGTA ATGCAA   ATTCCA GGGTTT TCCCTT GAAGAG
CATATT CACAAG TTCTTG GGATTA   TAGTAT ACATTG GTGATG AAATTG
AGATGT GGACAT CTTTGT GGGGGG   TCATTT GTCTCT GCCAAC AGACCG
GTACGT TATTCT ACCTTC CACAAT   TCATGG GTTGTG AAGCTG AGAGTA
TGTCAG AAAAAA AATTGA GGAGCT   GTCCTG AGGCTG TGGCAG AGAAGG
CTGGGC AACAAT AGTACA TCTTAA   GCATGG TCTTTA ATGCTC TGGACC
AGATGG TGAAGA AAAAGA AGAAAT   CATTTG CTAAGC TGATTT TTGCTT
TCTGCA GGAGAA TGAAGA CAGGCC   TTGTCC TATAAC AACAAT GATTAA
AGACAC AACACT CATTCT AGAAAT   TTTTAT CCAAAT TATCCT TTCTCT
AACCCA GTGTTC TTATGT CAATCA   CCTTGT TAATCC ACCGTG TTTTTC
GGGGCC CCTAAA AACTAA ATTACA   TGAACA CTTTCT TATGGA TTAGTA
TCATTT ATGGAT AATATC TCCCAG   TTGATG CTGGGG TTTCTT GGAGGA
AATTTT AGTTGA GCCAAG TTCACT   CCCAGC CAATGT AACAAA AGCTTC
TTAGTA TTTTTT TCTTTG TCCAGA   TCAAGA TGTTTA CTGATG CTCTTC
AATTGCA GTGCTC TTTTGA AAGAAG  TCCTAT TGATCT AATTAA AGATCA
TCCTCG AGTTTC CTTTTG CACCCG   TGATGC CTAATA TAATTA GTCAGC
CTCTAA ACAACT ATTGTC CCTGCA   CTTTCT GTCAGG ATGCTT CTTACA
CTATGC CCTGAA AAAGGA AGACAT   CTTTTA AACATA CAAGCA CCAGAG
GTAAGT GCAGGA TTTCTG TGAGCC   ATCAAT TGCTTT AGGATA ATGAAC
TATGTG GGTACT GGCCTT GTGTAG   TACAAT TCTGAA AGAAAT GGCTTT
AGTGAT TTTACT TGGAAT AGGATT   CAGGAT ACAAAT ATGTGA ATCAAC
ATGGAT GGACTC AATAAA AGATGT   TAGGAC TTTAAT TATAGG ATTTCT
GTTTGA GTACTA CCTCTG CCTCCT   CACTTT TTTGTA AAGCAG TTGATG
AAAATA TCTGAG TGCCCA AACGAG
```

Vor ein paar Jahren besuchte ich einen Laborkurs für Wissenschaftsjournalisten am Max-Planck-Institut für biophysikalische Chemie bei Göttingen. Ein Forscher des Instituts stellte seine Arbeit vor: Er untersuchte an Fruchtfliegen, wie deren Gene zur Regulierung des Fetthaushalts arbeiten. Das sei, betonte er, reine Grundlagenforschung – doch dann zeigte seine Präsentation plötzlich das Titelbild eines *Spiegels* mit übergewichtigen Kindern. »Wer weiß«, sagte der Forscher, »ob unsere Forschung eines Tages zu einem Medikament gegen die Volkskrankheit Übergewicht führen wird?« Ich fragte ihn nach dem Vortrag, ob er nicht glaube, Übergewicht müsse auf der Ebene des Ernährungs- und Bewegungsverhaltens der Kinder bekämpft werden statt auf der genetischen Ebene? »Selbstverständlich«, antwortete er. Er habe auch gar nicht vor, Anwendungen zu entwickeln, sondern er sei an Grundlagenwissen interessiert und könnte gerade so gut mit anderen statt mit Fettgenen arbeiten. »Aber der Medienverantwortliche unseres Instituts hat uns eingeschärft, wir sollten immer auf den möglichen Nutzen unserer Forschung verweisen, wenn Journalisten im Saal sind.«[295]

Im Oktober 2013 nahm ich an der ETH Zürich an der Tagung »Daten und Gesundheit« teil. Der Molekularbiologe Ernst Hafen (der ebenfalls an Fruchtfliegen forscht), Organisator der Tagung, sprach in seiner Begrüßung von zwei »Revolutionen«, die wir gerade erlebten: Die eine bestehe darin, dass es immer billiger werde, das Erbgut eines Menschen – sein Genom – zu analysieren (in der Fachsprache: zu sequenzieren). Häufig ist vom »Tausend-Dollar-Genom« die Rede, weil das, was bei der erstmaligen Sequenzierung eines menschlichen Genoms am Ende des 20. Jahrhunderts Milliarden Dollar kostete, heute für tausend Dollar möglich ist. Die andere Revolution bestehe darin, dass »wir alle« heute fast ständig ein Smartphone mit uns trügen, das in der Lage sei, große Mengen von Daten über unseren Körper zu sammeln. Bringe man die beiden Revolutionen zusammen, eröffne das ganz neue Perspektiven für die Medizin: Wenn man die Gendaten sehr vieler Menschen mit ihren Krankheitsgeschichten abgleiche, könnten mathematische Algorithmen Korrelationen erkennen und aus gewissen individuellen Genvarianten Prädispositionen für bestimmte Erbkrankheiten lesen. Man könnte dann Therapien für die genetische Disposition der Patienten maßschneidern und gar vorbeugende Therapien gegen Krankheiten ergreifen, für die man die Veranlagung trägt, bevor Symptome auftauchen.[296] »Personalisierte Medizin« nennen ihre Fürsprecher diese Vision, und Hafen versah sie sogar mit einer konkreten Zahl: Auf eine Billion Dollar im Jahr 2020 werde ihr Marktpotential geschätzt.

Allein, die Referenten der Tagung ließen nicht viel von der Euphorie ihres Gastgebers stehen. Sie wiesen darauf hin, dass die Genomik – die wissenschaftliche Subdisziplin, die sich mit dem Analysieren von Genomen befasst – bis heute zu keinen klinischen Anwendungen geführt hat. Der Bioinformatiker Elia Stupka vom Ospedale San Raffaele in Mailand sagte: Vergesst das »Tausend-Dollar-Genom«! Gewiss sei die Analyse eines Genoms heute atemberaubend billig, aber die Forschung der letzten Jahre habe gezeigt, dass man weit davon entfernt sei, Genomdaten interpretieren zu können. Statt um das »Tausend-Dollar-Genom«, sagte Stupka, gehe es heute darum, das »Eine-Million-Dollar-Interpretom« zu finden.

Dem Genforscher in Göttingen und Ernst Hafen in Zürich ist gemein, dass sie sehr viel versprechen. Der eine, weil man es von ihm erwartete. Der andere, weil er daran glaubt.

Vielversprechende Genomik hat der Ethnologe und Wissenschaftshistoriker Mike Fortun seine Studie zum isländi-

schen Genomik-Unternehmen DeCode Genetics genannt.[297]
Es ist eines der faszinierendsten Wissenschaftsbücher, die
in den letzten Jahren erschienen sind. Betrachtet man ihre
Anfänge und ihr Ende, ist DeCode eine Biotechfirma wie viele
andere. Gegründet 1996 von einem Universitätsprofessor,
meldete sie 2009 Insolvenz an; die Restposten des Unternehmens gingen an eine Investmentfirma und das Biotech-Unternehmen Amgen. In den Jahren 1998 bis 2003 aber lockte
DeCode Genetics Scharen von Journalisten nach Island. Was
war so speziell an DeCode?

Anfang 1998 gaben DeCode und der Schweizer Pharma-
riese Roche eine Zusammenarbeit im Umfang von »bis zu
200 Millionen Dollar« bekannt. »Bis zu« bedeutete: Die Ver-
tragspartner vereinbarten sogenannte Meilensteine. Wenn
DeCode einen »Meilenstein« erreichte, würde eine Zahlung
durch Roche fällig. Oder wie es Mike Fortun formuliert:
Roche »*verspricht*, für *potentielle* Rechte am biomedizini-
schen *Potential*, das in Genen liegen *könnte*, die irgendwo
existieren *könnten*, und das zu einer Therapie entwickelt werden *könnte*, die bei einem gewissen Prozentsatz von Patienten
funktionieren *könnte*, die in der Lage sein *könnten*, in einer
Zukunft, in der Medikamente mit großer Wahrscheinlichkeit
teurer sein werden, für eine solche Therapie 200 Millionen
Dollar zu zahlen.« (Hervorhebungen im Original)[298]

Fortuns zentrale These lautet, dass »die Genomik in Begriffen des Versprechens beschrieben werden *muss*«. Während
die frühere, prä-genomische Generation der Biotech-Unternehmen überlebt habe, indem sie »Produkte herstellte, überleben die Genomik-Unternehmen, indem sie Versprechen herstellen.«[299]

Ein Versprechen, das sich gegen ein Versprechen von »bis
zu« 200 Millionen Dollar eintauschen lässt, muss außerge-

wöhnlich sein. DeCode wollte die genetischen Daten eines
Großteils der isländischen Bevölkerung sammeln und in einer
Datenbank mit den Gesundheitsdaten dieser Personen sowie
ihrer verstorbenen Eltern und Großeltern, soweit in ärztlichen Aufzeichnungen vorhanden, zusammenbringen, um
aus ihnen Rückschlüsse über Gene und Genvarianten zu ziehen, die gewisse Krankheiten auslösen oder begünstigen. Der
besondere Wert der Datenbank lag laut DeCode darin, dass
fast der gesamte Genpool eines Volks erfasst würde, der besonders homogen sei, da die Isländer seit tausend Jahren vom
Rest der Welt mehr oder weniger isoliert lebten.

Letzteres war eine Behauptung ohne wissenschaftliche Basis – tatsächlich wies ein Aufsatz in der Fachzeitschrift *Nature
Genetics* im Jahr 2000 nach, dass eher das Gegenteil der Fall
sei, weil in den fischreichen Gewässern des Nordatlantik immer schon Fischer und Seefahrer verschiedener Nationen
kreuzten.[300] Dass ein homogener Genpool wissenschaftlich
wertvoller sei als ein heterogener, entbehrte ebenfalls einer
Grundlage – als etwas später in Estland ein ähnliches Projekt
lanciert wurde, betonten die Verantwortlichen gerade die (angebliche) Heterogenität der estnischen Bevölkerung, die ihre
Datenbank besonders wertvoll mache. Aber die Geschichte
von den isolierten Wikingern im hohen Norden, die sich tau-
sendjährige Sagas erzählen und sich nun aufmachen, der Welt
zu zeigen, wo es wissenschaftlich lang geht, ist eine gute
Story. Versprechen ist eine literarische Technik.

Für sein Versprechen brauchte DeCode die Unterstützung
der Politik. Die isländische Regierung – dieselbe, die den isländischen Finanzmarkt derart deregulierte und entfesselte,
dass er eine beispiellose Spekulationsblase aufblähte, die 2008
platzte – präsentierte im März 1998 das Gesetz, mit dessen
Hilfe DeCode seine Datenbank errichten sollte. Es sah vor,

dass die Gesundheitsdaten aller Isländerinnen und Isländer erfasst würden, solange die betroffenen Personen sich nicht explizit dagegen wehrten (»Opt-out-Prinzip«). Der wissenschaftsethische Standard aller nationalen und internationalen medizinischen Vereinigungen sieht das Umgekehrte vor: In Datenbanken erfasst werden dürfen nur Daten von Personen, die dem explizit zustimmen (»Opt-in«).

Die biomedizinische Gemeinschaft Islands wehrte sich, unterstützt von internationalen Standesorganisationen, gegen das Gesetz. Ein Drittel aller Allgemeinpraktiker der Insel unterzeichnete einen Protestbrief an das Parlament und erklärte, die Daten ihrer Patienten nicht zur Verfügung zu stellen. Trotzdem verabschiedete das Parlament das Gesetz Ende 1998 mit deutlicher Mehrheit.

Die Geschichte der isländischen Gendatenbank war »eine Geschichte des Schmierens, der Hinterzimmerdeals, des Kuhhandels, der ›Gentlemen's‹ Agreements und Erpressungen«, schreibt Fortun.[301] Geschenke wurden verteilt und Journalisten eingeschüchtert, der Präsident der Nationalen Ethikkommission ausgewechselt und die Kommission schließlich ganz abgeschafft, und eine undurchsichtige Investmentfirma verkaufte den Isländern vor dem Börsengang exklusiv überteuerte DeCode-Aktien.

Im November 2003 erklärt das isländische Höchste Gericht das Gendatenbank-Gesetz für verfassungswidrig. DeCode verlegte sich darauf, individuelle Genomanalysen zu verkaufen, und ging schließlich sang- und klanglos unter.

Genomik ist »Versprechen durch und durch«, schreibt Fortun. Aber ist das Durch-und-durch-Versprechen typisch für die Genomik? Und ist es verwerflich?

Zweimal nein. Große Versprechen und das Vertrauen darauf, dass sie sich erfüllen, sind mit Wissenschaft und Technik verbunden, seit es so etwas wie eine Fortschrittsidee gibt. Mehr als das: Ohne Versprechen und Hoffen können Wissenschaft und Technik gar nicht funktionieren. Es gibt auch keine Wirtschaft ohne Versprechen und Vertrauen, weil niemand investiert, wenn er sich davon nichts verspricht, und kein menschliches Zusammenleben ist ohne Versprechen und Vertrauen denkbar.

Aber Versprechen können zu groß, können zum Hype und zur Scharlatanerie werden. Wo die Schwelle vom Versprechen zum Hype liegt, lässt sich immer erst im Nachhinein sagen: Wenn die Investition in den Sand gesetzt oder die Börsenblase geplatzt ist. Natürlich gibt es Leute, die das Platzen von Blasen richtig vorhergesagt haben, aber ihre Vorhersage wurde auch immer erst im Nachhinein zur richtigen Vorhersage.

Auch übertriebene Versprechen sind nichts Neues, die Technikgeschichte ist voll davon. Aber es gibt eine spezielle Dynamik des Versprechens, die erst in den letzten Jahrzehnten entstanden ist. Sie kommt nirgends so deutlich zum Ausdruck wie in der Genomik.

Genomik, habe ich oben geschrieben, sei die Subdisziplin der Genetik, die sich mit der Sequenzierung von Erbgut befasst. Man könnte auch anders definieren: Genomik ist Genetik plus *Big Data*. *Big Data*, das ist, wovon die Internetgiganten Google, Facebook, Amazon & Co. leben: das Sammeln und Analysieren gigantischer Mengen von Daten, in denen mathematische Algorithmen Muster erkennen – so dass die Internetfirmen »wissen«, was wir wollen, bevor wir es selber wissen.

Bei Google und Facebook zahlen die Kunden nicht mit Geld, sondern indem sie Informationen über sich preisgeben, die die Firmen nutzen können. Ihre eigentlichen Dienste sind günstig oder gratis, weil die Kunden zusätzich zum Preis mit ihren

Daten bezahlen. Das Geschäftsmodell existiert auch in der Genomik: Die 2006 mit Startkapital von Google gegründete US-amerikanische Firma 23 and Me bietet Genom-Teilanalysen für 99 Dollar an – weit weniger, als die Sequenzierung kostet. Dafür zahlt der Kunde auch mit seinen Genomdaten, die 23 and Me sammelt. 2013 hat das Unternehmen sein erstes Patent erhalten – für ein Verfahren, mit dem sich Eispenderinnen und Samenspender so auswählen lassen, dass ein künstlich gezeugtes Kind mit einer gewissen Wahrscheinlichkeit gewisse Wunschmerkmale aufweist (gleichwohl scheint sich das Unternehmen als Misserfolg zu erweisen).

Das Geschäft mit biologischer Information eignet sich bestens für große Versprechen: Daten haben keinen Körper und sind somit nicht den physikalischen Gesetzen unterworfen, sie lassen sich in praktisch beliebiger Menge sammeln, und in der rasanten Entwicklung der Datenverarbeitung ist noch keine Grenze absehbar. Und: Noch niemand weiß, wofür die Daten gut sein können. Die Verbindung von Information und biomedizinischer Forschung ist besonders stark, weil das hohe Prestige der *Life Sciences* auf die Unternehmen abfärbt, weil hier einige der Ur-Träume der Menschheit beheimatet sind – das Leben verstehen, das Leben verlängern, Krankheit abschaffen – und weil die Menschen, die es sich leisten können, bereit sind, für ihre Gesundheit besonders viel Geld auszugeben.

All das macht die Genomik zum idealen Tummelfeld der Vielversprecher. Vor allem aber ist sie das Kind einer Zeit, in der Kräfte, die zu große Versprechen relativieren, geschwächt und solche, die sie anstacheln, gestärkt worden sind.

Der Boom der Biotechnik begann in den 1970er Jahren. Die Träume, Erbkrankheiten auszurotten oder die menschliche Spezies zu verbessern (Eugenik) sind zwar viel älter, doch erst jetzt ging aus der Genetik eine Technik hervor, die ökonomisch verwertbare Resultate versprach: die Gentechnik. Sie bestand aus Einzeltechniken zum Manipulieren, Sequenzieren und Duplizieren von DNA (der Substanz, aus der das Genom besteht).

1976 gründete der Biochemiker Herbert Boyer von der University of California in San Francisco zusammen mit einem Investor Genentech, das erste (und bis heute eines der erfolgreichsten) Biotech-Unternehmen im engeren Sinne.[302] Boyer hatte eine Methode entwickelt, fremde Gene in Bakterien einzuschleusen. Genentech ließ das Verfahren patentieren und produzierte ab 1978 mit gentechnisch veränderten Bakterien Insulin. Neu war, dass Boyer in der universitären Forschung blieb, nachdem er Genentech gegründet hatte. Nach der damals vorherrschenden Meinung waren die Rollen des akademischen Forschers und des Unternehmers nicht vereinbar: Der eine sucht nach Wahrheit und ist nur ihr verpflichtet, der andere will verkaufen und muss also möglichst viel versprechen. Neu war auch, dass nicht ein Forschungsresultat, sondern eine Forschungsmethode patentiert worden war und damit lizenzpflichtig wurde.[303] Auch die 1983 entwickelte Polymerase-Kettenreaktion, eine der wichtigsten Techniken der Molekularbiologie, wurde patentiert.[304]

Anfang 1980 löste Charles Weissmann von der Universität Zürich einen Entrüstungssturm in der Forschungsgemeinschaft aus: Er gab an einer Pressekonferenz bekannt, dass es ihm gelungen war, das für die Immunabwehr wichtige Protein Interferon zu synthetisieren. Damit schaffte es Weissmann auf die Titelseiten der Weltpresse, bevor die Fachgemeinde an einer wissenschaftlichen Tagung oder in einer Fachzeitschrift über den Durchbruch informiert worden war. Weissmann sagte in einem Interview freizügig, was er mit seinem Vorgehen bezweckt hatte: Er habe ein »Maximum an Wirkung für

Biogen« erzielen wollen – für das von ihm mitgegründete Unternehmen, das sein Verfahren patentieren ließ.[305]

Im selben Jahr fällte der Oberste Gerichtshof der USA mit
knapper Mehrheit den Entscheid, dass gentechnisch veränderte Lebewesen Erfindungen seien und also patentiert werden können. Später wurden nicht nur gentechnisch veränderte Lebewesen, sondern selbst einzelne Gene in großer Zahl
patentiert, mit der Begründung, einzelne, isolierte Gene kä-
men in der Natur nicht vor und seien deshalb Erfindungen.
Erst 2013 erklärte der Oberste Gerichtshof diese Argumenta-
tion für nichtig und Gene für nicht patentierbar.[306] Ebenfalls
1980 erließ der US-Kongress ein Gesetz (den Bayh-Dole-Act),
das den Forschungsinstituten das Recht gab, Forschungsresul-
tate patentieren zu lassen, die sie mit Bundesgeldern erlangt
hatten. Bisher hatte dieses Recht bei den Bundesbehörden ge-
legen, die selten davon Gebrauch gemacht hatten.

Die Ausweitung der Patentpraxis in den 1970er und 1980er
Jahren war entscheidend für die Entwicklung der Biotechnik.
Wissenschaftliche Methoden wie wissenschaftliche Resultate
wurden so zu handelbaren Waren.

Auch Börsen und neue Börsengesetze erleichterten das Geschäft mit dem großen Versprechen. 1984 erlaubte die elektronische Börse Nasdaq erstmals Börsengänge von Firmen, die
noch kein einziges profitables Geschäftsjahr ausweisen konnten – das *Versprechen* künftiger Profite war ausreichend.[307]
Die Deutsche Börse tat es Nasdaq 1997 mit der Gründung
des Neuen Markts gleich, der eigens für »Zukunftsbranchen«
eingerichtet wurde, kurz und heftig boomte und dann nach
dem Platzen der sogenannten Dotcom-Blase im Jahr 2000 und
nach zahlreichen Konkursen und Betrugsfällen 2003 eingestellt wurde.

1995 verabschiedete der US-Kongress ein Gesetz (den Private Securities Litigation Reform Act), das die Managements von Unternehmen davor schützt, wegen irreführender Angaben beim Börsengang verklagt zu werden. Wer sein Unternehmen an die Börse bringt, kann nun praktisch alles versprechen – solange er nur irgendwo in den Unterlagen zum Börsengang schreibt, die Angaben seien ohne Gewähr. Das Gesetz, schrieb die Anlegerzeitschrift *Money*, erlaube Managern, »Anleger zu betrügen und sich mit Lügen aus der Verantwortung zu stehlen.«[308]

Dagegen begann die Ära der Genomik scheinbar ganz abseits kommerzieller Erwägungen. Das Projekt, das gesamte menschliche Genom zu sequenzieren, geriet in den 1980er Jahren in den Bereich des Möglichen, als erste Automaten die bis dahin mühsame Handarbeit des Sequenzierens von DNA übernahmen. Es verhieß zunächst nicht Gewinne, sondern Kosten von drei Milliarden Dollar. Wie rechtfertigt man ein solches Vorhaben? – Mit großen Versprechen.

An einem Kongress in Cold Spring Harbor 1986 wurde das Projekt unter Molekularbiologen erstmals diskutiert. Mike Fortun zitiert einen Teilnehmer des Kongresses:

Ich möchte nur sagen, dass wir vielleicht Politiker spielen und es ›Das gesamte menschliche Genom sequenzieren‹ nennen sollten und das Geld genau dafür ausgeben (Gelächter und vereinzelter Applaus im Saal). Ich meine, es ist wie auf den Mond zu fliegen. Der bemannte Mondflug war extrem teuer und extrem unsinnig (mehr Gelächter) – weil wir gleich viel Informationen halb so teuer hätten haben können, mit Maschinen – zumindest wissenschaftlich betrachtet. Aber wenn wir dem Kongress erzählen, wir wollten so was Ähnliches tun, so dass es das allgemeine Publikum versteht, dann geben sie uns das Geld.[309]

Das geschah dann: Die Biologen priesen das Humangenomprojekt als etwas mit dem bemannten Mondflug Vergleich-
bares – und bekamen das Geld. 1990 fiel der offizielle Start-
schuss. Die Forschungsförderagentur National Institutes of
Health (NIH) und das Energieministerium in den USA sowie
die Forschungsförderstiftung Wellcome Trust in Großbritannien waren die wichtigsten Geldgeber, außerdem beteiligten
sich staatliche und privatwirtschaftliche Partner aus mehreren Ländern. Das Ziel lautete, »das« menschliche Genom bin-
nen fünfzehn Jahren zu sequenzieren.[310]

1992 erschien ein Buch, in dem sich Beteiligte und auch
zwei kritische Beobachterinnen über das Projekt äußerten.
James Watson, der erste Direktor des Humangenomprojekts,
schrieb:»Erst eine Analyse des Lebens auf der Ebene der DNA
(…) kann eine wirkliche Erklärung der vielfältigen Formen
und Vorgänge des Lebens liefern«. Sein Kollege Walter Gilbert schrieb:»Ich denke, dass sich auch unser philosophisches
Selbstverständnis ändern wird. (…) Man wird eine CD aus
der Tasche ziehen können und sagen ›Hier ist ein Mensch; das
bin ich!‹ Wir werden *gründlich* verstehen, wie wir aufgebaut
sind, diktiert von unserer genetischen Information.«[311] Gilbert vermerkte zwar auch, dass natürlich nicht die Gene allein
den Menschen ausmachten – aber das schreibe er wohl »mehr,
um eine theoretische Möglichkeit anzuerkennen, denn aus
Überzeugung«, meinte der Harvard-Evolutionsbiologe Richard C. Lewontin in einer Rezension.[312]

Und Lewontin, der den Gendeterminismus schon lange kri-
tisierte, fügte hinzu:»Keiner der Autoren dieses Bands hat
den schlechten Geschmack zu erwähnen, dass viele reputierte
Molekularbiologen (…) Gründer, Direktoren, Manager und
Aktionäre kommerzieller Biotechfirmen sind.« Denn natürlich ging es auch hier um kommerzielle Interessen, auch wenn

man das nicht an die große Glocke hängte. Das Humangenomprojekt sollte mit vorwiegend staatlichen Geldern Grundlagen erforschen, auf denen Private dann ihre kommerziellen Entwicklungen aufbauen könnten.

Aber nicht nur die auf der genomischen Information aufbauenden Entwicklungen waren kommerziell interessant, sondern auch die Informationen selber. Über der Frage, wie mit dieser Situation umzugehen sei, kam es zum Streit. James Watson, der sich – anders als seine Chefin, NIH-Direktorin Bernadine Healy – gegen jegliche Patentierung sequenzierter Gene aussprach, musste 1992 als Direktor des Projekts zurücktreten.

Im gleichen Jahr verließ auch ein Mitarbeiter namens J. Craig Venter das Projekt. Venter hatte vorgeschlagen, zu einer schnelleren Methode der Sequenzierung zu wechseln. Als er damit nicht durchdrang, weil die vorgeschlagene Methode zwar schneller, aber auch fehleranfälliger war und nicht zu den dezentralen Strukturen des Humangenomprojekts passte, gründete er die Biotechfirma Celera (»celer« heißt auf Lateinisch »schnell«) und kündigte an, das Genom schneller als das Humangenomprojekt zu sequenzieren. Es begann ein erbitterter Wettkampf um Prestige und Patente. Als am 26. Juni 2000 US-Präsident Bill Clinton mit den Worten »Heute lernen wir die Sprache, in der Gott das Leben schuf« verkündete, das menschliche Genom sei nun entziffert und die beiden Projekte seien gleichzeitig im Ziel angekommen, waren tatsächlich erst etwa neunzig Prozent des Genoms sequenziert. Beide Genom-Versionen wiesen um 100 000 Lücken und (wie sich später zeigte) zahlreiche Fehler auf und waren unterschiedlich lang. Clintons Pressekonferenz hatte vor allem den Zweck, den Streit zu beenden. Die mühselige Kleinarbeit, die Lücken zu stopfen, überließ Celera dann gerne dem Humangenomprojekt.[313]

Was brachte die ganze Anstrengung? Wissenschaftlich sehr viel – aber nicht, was die euphorischen Fürsprecher der Genomsequenzierung versprochen hatten. Man lernte, dass der Mensch nicht wie erwartet 100 000 bis 200 000, sondern lediglich 20 000 bis 25 000 Gene hat. Gemäß der gängigen Theorie »codierte« in der Regel ein Gen ein Protein – also einen der Bausteine des Organismus, die dessen Eigenschaften bestimmen. Nun zeigte sich aber, dass der Mensch viel weniger Gene als Proteine besitzt. Dass ein Gen mehrere Proteine »codieren« kann, wusste man zwar, aber man hatte es für die Ausnahme gehalten. Jetzt sah man, dass es die Regel war. Umgekehrt werden viele Proteine von mehreren Genen »codiert«, weshalb ein Organismus auch dann gesund sein kann, wenn ein wichtiges Gen ausfällt.

Die Molekularbiologie verwendet seit den 1950er Jahren gerne Sprachmetaphern, wenn sie vom Erbgut spricht: Die DNA als »Code« des Lebens, die einzelnen Gene als seine »Wörter«, die in Proteine »übersetzt« werden und so weiter.[314] Es zeigte sich nun, dass die Metaphern in gewissem Sinne sogar besser zutreffen als erwartet: Gene können genauso wie Wörter der menschlichen Sprache Verschiedenes »bedeuten«, der »Kontext«, in dem ein Gen steht, beeinflusst seine »Bedeutung«, und das Erbgut ist genauso wie die menschliche Sprache redundant. Als einzige Wissenschaft taufte die Molekularbiologie eine ihrer Thesen vollmundig »Dogma«: Das 1958 von Francis Crick formulierte »Zentrale Dogma der Molekularbiologie« besagte, Information könne immer nur von der DNA zu den Proteinen fließen und nie in die umgekehrte Richtung. Nun war klar: Das Dogma war falsch. Die in den 1990er Jahren populären Aussagen von der Art, Forscher hätten ein Gen für die und die Eigenschaft entdeckt, verschwanden aus den Medien.

Die Molekularbiologen sind in ihrem Verständnis der Erb-vorgänge heute einen großen Schritt weiter als vor zwanzig Jahren – aber einen großen Schritt weniger weit, als es viele damals zu sein glaubten. Die »Sprache, in der Gott das Leben schuf«, verstehen wir noch lange nicht.

Man hat das alles schon vorher wissen können. Dass Gene mehrere Proteine »codieren« können, war 1977 erstmals be-obachtet worden. Kritische Stimmen wie der bereits erwähnte Evolutionsbiologe Richard Lewontin oder die Biologiehistori-kerin Evelyn Fox Keller warnten schon lange vor dem geneti-schen Reduktionismus.

Die deutschen Wissenschaftshistoriker Hans-Jörg Rhein-berger und Staffan Müller-Wille haben die Geschichte der Genetik seit den 1970er Jahren als merkwürdiges Neben-einander zweier gegenläufiger Tendenzen beschrieben: Einer-seits halfen die neuen Untersuchungstechniken, den Gen-begriff immer weiter auszudifferenzieren (eine allgemein akzeptierte Definition, was ein Gen sei, hat es sowieso nie ge-geben). Andererseits hatten dieselben Techniken zur Folge, dass ein »vereinfachter Begriff des Gens an Popularität ge-wann und zunehmend den öffentlichen Diskurs bestimmte«. Als einen Grund hierfür verweisen sie darauf, dass die Wis-senschaftler »nicht mehr nur als Vertreter der Forschung, sondern zunehmend auch als Agenten oder sogar Eigentü-mer der aus dem Boden schießenden Biotechnologie-Firmen auf[traten], deren Interesse darin bestand, mit Versprechen Risikokapital anzuziehen«.[315] Denn für die kommerziellen Anwendungen dieser Techniken war ein Verständnis am hilf-reichsten, das das Genom als eine Art Lego-Bausatz verstand, dessen Bausteine man beliebig auseinandernehmen und neu zusammensetzen konnte, ohne dass der Umbau die einzelnen Steine veränderte – was in einigen wenigen Anwendungen durchaus funktioniert. Die Patentierung des neuen Wissens war darauf angewiesen, die Gegenstände des »intellektuellen Eigentums« klar zu benennen und abzugrenzen.[316]

Aber nicht nur kommerzielle Interessen begünstigen große Versprechen, auch die Politik ermuntert Wissenschaft und Technik, sehr viel zu versprechen. Im festen Glauben, alles werde besser, wenn es sich im Wettbewerb bewähren müsse, bemüht sich die Wissenschaftspolitik seit den 1990er Jahren um ein zunehmend kompetitives Umfeld für ihre Schützlinge. Weil sich aber wissenschaftliche Leistung anders als sportliche Leistungen nicht exakt messen und vergleichen lässt, wurden dubiose Methoden entwickelt, den »Einfluss« von Wissenschaftlern dadurch zu bestimmen, wie oft ihre Arbeiten in wie wichtigen Zeitschriften zitiert werden (*impact factor*). Obwohl alle wissen, wie fragwürdig solche Erbsenzählereien sind, haben sie im Hochschulbetrieb einen ungeheuren Einfluss gewonnen. Ebenso dubiose Universitätsranglisten sind bei den Medien genauso beliebt wie bei den Universitäten, die darin Spitzenplätze belegen.

Eine neue Dimension der Förderung großer Versprechen erreichte die Europäische Union 2013 mit ihrem Programm der »FET-Flaggschiffe«. Die EU bestimmte im Rahmen dieses Programms zwei Forschungs-Verbundprojekte, die, verteilt über zehn Jahre, je eine Milliarde Euro erhalten sollen.[317] Das Programm trägt das Versprechen im Titel: »FET« steht für *future and emerging technologies* – »künftige und neu entstehende Techniken«. Aus den zahlreichen Bewerbern gelangten erst einmal sechs Projekte in die engere Auswahl. Sie erhielten je 1,5 Millionen Euro, um ihr Projekt bis zum definitiven Entscheid zu »entwickeln«. Die Projekte setzten dieses Geld in erster Linie für Marketing ein: für Versprechenstechniken. Eines der beiden Siegerprojekte, das Human Brain Project unter der Leitung von Henry Markram von der EPF Lausanne, will bis 2020 das gesamte menschliche Hirn im Computer simulieren. Es ist Neurologie plus *Big Data*, wie Genomik Genetik plus *Big Data* ist. Zur Zeit der Bewerbung hatte Markrams Forschungsgruppe kaum wissenschaftliche Publikationen vorzuweisen, und selbst die Werbevideos des Projekts räumten ein, dass das angestrebte Ziel heute weit außerhalb des technisch Möglichen liegt. Trotzdem versprach Markram bei der ersten Präsentation seines Projekts vor der EU-Kommission im Jahr 2011 viel: Sein Hirnmodell werde helfen, Therapien gegen sämtliche Hirnkrankheiten zu entwickeln. Das war jedenfalls eindrücklich genug, um US-Präsident Barack Obama 2013 zu veranlassen, hundert Millionen Dollar für ein amerikanisches Konkurrenzprogramm bereitzustellen – ohne freilich den Zweck dieser Brain Initiative genauer umreißen zu können.[318]

Gegenüber dem Human Brain Project nimmt sich das zweite Siegerprojekt, das Graphene Flagship, geradezu bescheiden aus: Es will das vielversprechende Material Graphene – eine zweidimensionale Kristallstruktur des Kohlenstoffs – erforschen. Aber die Pressemitteilung der Kommission zielte auch hier aufs Große: »Graphene will die einzigartigen Eigenschaften eines revolutionären kohlenstoffbasierten Materials erkunden. (…) Die Substanz hat die Voraussetzungen, zum Wundermaterial des 21. Jahrhunderts zu werden, so wie es Plastik im 20. Jahrhundert war. (…) Das Material scheint langfristig so wichtig zu werden wie Stahl oder Plastik.«[319]

Die Kräfte, die große Versprechen begünstigen – vom Risikokapitalismus über die Medien zur Politik –, sind gestärkt worden; die Rolle der wissenschaftlichen Gemeinschaft aber, die traditionellerweise die Aufgabe hatte, allzu große Versprechen als solche zu entlarven, ist geschwächt. Wobei sich die

Frage stellt, inwieweit eine wissenschaftliche Gemeinschaft ihre moderierende Funktion überhaupt noch wahrnehmen kann, die sich selber zum Teil eines Zirkus machen lässt, in dem nur die Lautesten die nötige Aufmerksamkeit erzielen, um ihre Forschungsprojekte zu finanzieren.

Aber entlarven sich die zu großen Versprechen nicht spätestens dann, wenn offensichtlich wird, dass sie sich nicht erfüllen? Das scheint nicht der Fall zu sein. Betrachtet man die Wissenschafts- wie die Technikgeschichte, ist man oft verblüfft zu sehen, wie alt große Versprechen, die als neu angepriesen werden, schon sind. Versprechen scheinen gegen Erfahrungen erstaunlich resistent zu sein, wenn sie nur gut genug erzählt werden. Und gerade die Kurzatmigkeit unserer Medienwelt begünstigt paradoxerweise die Langlebigkeit großer Versprechen: Wessen Publikum vergisst, dass man ihm dasselbe schon vor zehn oder zwanzig Jahren versprochen hat, der kann es immer wieder als frisch anpreisen.

Der Gendeterminismus hat in der Vision von der »personalisierten Medizin« überlebt: Man könnte unter dem Begriff ja auch das verstehen, was jeder gute Hausarzt versucht, nämlich die Behandlung seiner Patienten auf deren Geschichte, ihr soziales Umfeld, ihren Charakter und so weiter abzustimmen. Aber wer von »personalisierter Medizin« spricht, hat einzig das persönliche Genom im Blick.

Auch der Ruf der Biotechnik als Wirtschaftszweig, der besonders fortschrittlich sei und besonders viele hoch qualifizierte Arbeitsplätze und Wirtschaftswachstum verspreche, überdauert alle anders lautende Empirie.[320] In Wirklichkeit hat die Branche als Ganzes seit ihrem Bestehen weit mehr Geld verloren als verdient – und von dem verdienten Geld ging mehr als die Hälfte auf das Konto nur zweier Unternehmen, Amgen und Genentech.[321] Zum Schaden der Risikokapitalisten war das nicht: Ihr Geschäftsmodell ist es nicht, Produkte eines Unternehmens gewinnbringend an dessen Kunden zu verkaufen, sondern Investoren das Versprechen künftiger Gewinne in Form von Aktien zu verkaufen. Ihre Kunst besteht darin, ein Unternehmen an die Börse zu bringen, wenn ihr Versprechen am höchsten im Kurs steht.

J. Craig Venter schließlich, der Herausforderer des Humangenomprojekts, gilt bis heute als der Prototyp eines erfolgreichen *scientific entrepreneur*. Aber die Firma, mit der er sich diesen Ruf erworben hat, Celera, ist ökonomisch genauso gescheitert wie die meisten Biotechfirmen und verschwand 2011 als eigenständiges Unternehmen (Venter war längst nicht mehr an Bord). Und Venters wissenschaftliche Hauptleistung bestand darin, mehr schnelle (und teure) DNA-Sequenziermaschinen eingesetzt zu haben als die Konkurrenz. Seither hat sich Venter längst anderen Projekten zugewandt und verkündete 2010, er habe das erste von Grund auf künstliche Lebewesen geschaffen. Damit hat er sozusagen auf die Ur-Hybris gezielt, und die neuen Homunculi sollen Venter zufolge künftig fast alle Probleme der Menschheit lösen: Treibstoffe, Nahrung und Medikamente produzieren, Krankheiten diagnostizieren, Gifte abbauen, den Klimawandel bekämpfen ...[322] Die Glaubwürdigkeit solcher Verheißungen ist nicht so wichtig: Die Geschichte des wilden Rebellen, der lieber mit seinem Motorrad durch die Wüste rast und mit dem eigenen Forschungsschiff um die Welt segelt, als im Labor zu sitzen, und der dem wissenschaftlichen Establishment den Meister zeigt und dabei noch ein wenig Gott spielt, ist – wie die isländischen Wikinger – zu gut, um sie nicht zu erzählen.

Versprechen Wissenschafter zu viel, weil Kapitalgeber, Politiker und Medien das von ihnen erwarten oder weil sie selber daran glauben? Fatal ist, wenn beides zu einer Rückkoppe-

lungsschleife zusammenkommt: »Ich glaube«, hat der Gene-
tiker David Cox von der Harvard University 2000 gesagt, »in
den letzten zehn Jahren wurde die Forschergemeinde extrem
Public-Relations-hörig – bis zu dem Punkt, wo die Forscher
ihre eigene PR glauben.«[323] Damit stehen die Forscher heute
da, wo laut Karl Kraus im Ersten Weltkrieg die Diplomaten
standen. 1915 notierte Kraus: »Wie wird die Welt regiert und
in den Krieg geführt? Diplomaten belügen Journalisten und
glauben es, wenn sie's lesen.«[324]

Umwelthandwerker werden.
Ein utopischer Epilog

> Im Bereich der natürlichen Ressourcen wie auch des Klimawandels stehen wir vor einer physischen Krise, die weitgehend von uns Menschen gemacht ist. (…) Wenn wir diese Krise überwinden wollen, müssen wir andere Dinge herstellen als bisher und sie auf andere Weise nutzen. (…) Wir werden gute Umwelthandwerker werden müssen.
>
> *(Richard Sennett)*[325]

Wie sähe eine Welt aus, die im Anthropozän verantwortungsvoll mit Technik umginge – sagen wir: heute in dreißig Jahren?

Esperanza Chuxi lebt in einer mittelgroßen europäischen Stadt. Als wissenschaftliche Mitarbeiterin des Rats der Weisen, der technische Entwicklungen auf ihre Zukunftstauglichkeit hin untersucht und politische Debatten über Technikfolgen anstößt, arbeitet sie wie die meisten Menschen, die einer Büroarbeit nachgehen, vorwiegend zu Hause. Nur mittwochs treffen sich alle Mitarbeiter des Rats, weil Telearbeit persönliche Kontakte nicht ersetzen kann. Man isst gemeinsam und unternimmt vielleicht einen Ausflug.

Esperanza lebt in einem Haus ohne Heizung und Klimaanlage. Anders als die frühen »Passivhäuser« kommt das Haus ohne Steuerungstechnik und Dämmmaterialien aus Erdöl-

produkten aus. Die dicken Mauern speichern die Sommer-
wärme bis weit in den Winter, die Bewohnerinnen und Bewohner heizen es mit ihrer Körperwärme und die Geräte mit
ihrer Abwärme. Vertiefte Fenster lassen die Sonnenstrahlen
in den Raum, wenn die Sonne im Winter tief steht, nicht aber
im Sommer, wenn sie hoch steht. Die Energie zum Kochen,
für Licht sowie für elektrische und elektronische Geräte liefern Solarzellen auf dem Dach. Das Stromnetz dient nur un-
terstützend zum Ausgleich, wenn trotz Bedarfssteuerung am
einen Ort zu viel, am anderen zu wenig Energie vorhanden
ist.

Schulen, Freizeitangebote und Läden sind zu Fuß, mit Fahrrad und Stadtbahn erreichbar. Für längere Distanzen benutzt
Esperanza ein Railcab. Die leichten Fahrzeuge fahren auf dem
Schienennetz der früheren Eisenbahn. Gesteuert von einem
Bordcomputer, der stets alle Informationen über die Belegung
des Netzes zur Verfügung hat, sucht sich jedes Railcab den
optimalen Weg zum Ziel wie ein Datenpaket im Internet selber. Die Railcabs haben keinen Motor, sondern werden durch
Magnete in den Trassen fortbewegt. Die Passagiere wählen
zwischen teureren Einzelcabs, die sofort abfahrbereit sind,
und günstigeren Gemeinschaftscabs, die nach dem Sammel-
taxi-Prinzip fahren, wenn sich genug Leute für dasselbe Fahr-
ziel gefunden haben. Sie erhalten die Abfahrtszeit auf ihren
elektronischen Assistenten mitgeteilt.

Aus dem Railcab sieht Esperanza noch ein paar der häss-
lichen CO_2-Abscheider der ersten Generation herumstehen.
Die neuen Anlagen stehen diskret in Steinbrüchen, wo sie das
aus der Luft gefilterte CO_2 chemisch mit dem Gestein zu
Magnesit reagieren lassen, einem Mineral, das gefahrlos de-
poniert werden kann. Ansonsten gibt es kaum mehr Abfälle,
seit alle Güter konsequent so produziert werden, dass die

Wiederverwendung der Materialien von Anfang an einge-
plant ist …

Stopp!

So wird die Welt im Jahr 2045 nicht aussehen, obwohl
all die Techniken in meiner kleinen Skizze mindestens im
Labormaßstab heute bereits existieren.[326] Es mangelt nicht
an Visionen, wie eine Zukunft gestaltet sein könnte, die die
natürlichen Ressourcen nachhaltig nutzt, und zahlreiche For-
schungs- und Entwicklungsteams arbeiten an den dafür nötigen Techniken. Ich bin weit davon entfernt, ihre Arbeit ge-
ringzuschätzen. Aber oft werden ihre Ideen vor allem dazu
benutzt, weiterzumachen wie bisher: Man kann CO_2 aus der
Umgebungsluft wieder entfernen? Dann müssen wir uns weniger anstrengen, es zu vermeiden!

Technische Lösungen werden ihr Teil dazu beitragen, die
gegenwärtige nicht-nachhaltige Gesellschaft in eine zu verwandeln, die ihre Grundlagen nicht zerstört. Aber technische
Lösungen allein genügen nicht. Neue Techniken garantieren
noch keinen anderen Umgang mit Technik. Die Utopie einer
Welt, in der Technik die Freiheiten mehrt und die Lebensgrundlagen erhält, sollte nicht von Techniken ausgehen. Sondern von Bedürfnissen und von den Rahmenbedingungen, die
für ihre Befriedigung gelten müssen.

Utopien sind ein altehrwürdiges literarisches Genre. Die erste
explizite literarische Utopie war Thomas Morus' *Utopia* aus
dem Jahr 1516, sie ist also ähnlich alt wie die Fortschrittsidee.
Eine Utopie ist das Ziel, auf das hin eine progressive Gesellschaft fortschreitet. Das Untergenre der Technikutopien ist
vor allem seit dem 20. Jahrhundert verbreitet und erfreut sich
bis heute großer Beliebtheit, auch wenn der Begriff »Utopie«
aus der Mode geraten ist.

Utopien sind eine janusköpfige Angelegenheit. Alle gro-
ßen Technikutopien der letzten hundert Jahre waren zugleich
Dystopien: die Verbesserung des Menschengeschlechts durch
Eugenik; Roboter, die den Menschen mühselige Arbeit abneh-
men und die Arbeit besser erledigen als sie[327]; die Lösung aller
Knappheitsprobleme durch Atomspaltung oder -fusion; die
Ausmerzung von Fehlentscheiden durch eine kybernetische
Durchorganisation der Gesellschaft; das »globale Dorf«, das
alle und alles mit allen und allem vernetzt.

Das gilt auch für die heute populären *Big-Data*-Visionen,
welche die kybernetische Machbarkeitsphantasie der Nach-
kriegszeit fortführen. »Wenn wir es gut machen«, sagte 2012
Google-Chef Eric Schmidt, »glaube ich, dass wir alle Probleme der Welt lösen können.«[328] In dieser extremen Form
hört die Technikutopie auf, utopisch zu sein: Die Vision einer
Welt, die alle Probleme gelöst hat, ist kein Gesellschaftsent-
wurf, sondern inhaltslose Vision der Innovationsideologie.
Sie fragt nicht danach, was überhaupt lösenswerte Probleme
sind, sondern neigt dazu, für ein Problem zu halten, was »gelöst« werden kann. Dinge, die gut genug sind, ohne perfekt zu
sein, liegen außerhalb ihres Vorstellungsvermögens.

Dass Utopien zugleich Dystopien sind, gilt für die großen
Politutopien des 20. Jahrhunderts erst recht. Die Utopie des
Kommunismus und die – bereits in der Theorie menschenver-
achtende – Utopie der Weltherrschaft der »arischen Rasse«
haben in Katastrophen geführt. Auf die Katastrophen antwortete eine Reihe von Antiutopien – die ihrerseits als Utopien
gelesen werden können: Karl Poppers Vision der »offenen Gesellschaft« etwa oder Friedrich August von Hayeks neoliberale »Verfassung der Freiheit«.[329] Als Antiutopien zielen die
Entwürfe Poppers und Hayeks nicht auf einen idealen Endzu-
stand, sondern sind Utopien gesellschaftlicher Prozesse, deren

Offenheit Popper und Hayek betonen. Das ist vernünftig, schützt aber die Entwürfe noch nicht davor, in der Theorie dogmatisch und in ihrer Umsetzung zur Tyrannei zu werden. Auch Hayeks Vision war für viele Menschen katastrophal – für die Verfolgten der Pinochet-Diktatur, für die Unzähligen, die in »Entwicklungsländern« aufgrund neoliberaler »Strukturanpassungen« ihren Lebensunterhalt und ihre sozialen Netze verloren haben, oder für die Opfer der schweren Eisenbahnunfälle, die die Privatisierung der British Rail in den 1990er Jahren zur Folge hatte.[330]

Das ehrgeizigste theoretisch-utopische Unternehmen des 20. Jahrhunderts war Ernst Blochs monumentales Werk *Das Prinzip Hoffnung* (1954 bis 1959). Die Vermessenheit seiner technoutopischen Visionen frappiert heute, war aber in Blochs Zeit nicht außergewöhnlich. Bloch träumte vom »Umbau des Sterns Erde« mithilfe der Atomkraft: »Einige hundert Pfund Uranium und Thorium würden ausreichen, die Sahara und die Wüste Gobi verschwinden zu lassen, Sibirien und Nordkanada, Grönland und die Antarktis zur Riviera zu verwandeln.«[331]

Die antiutopische Antwort auf Blochs marxistischen Machbarkeitswahn gab Hans Jonas 1978 mit seinem *Prinzip Verantwortung* (1978), einer der Gründungsschriften der politischen Ökologie. Für Jonas sind die politische und die technizistische Utopie Schwestern im Geist, was ihn von vielen Antiutopisten unterscheidet, die nur die politische, nicht aber die Technikutopie ablehnen. Auch Jonas' Buch kann man als Utopie lesen: als die Utopie einer Gesellschaft, der es dank einer Ethik der Verantwortung gelingt, den Kurs der Selbstzerstörung zu verlassen; eine defensive Utopie gewissermaßen. Und selbst Jonas verzichtet nicht ganz auf jedes offensiv technikutopische Element: Der Kernfusion, von der er (wie die meisten

Zeitgenossen) glaubt, ihre zivile Nutzung stehe kurz bevor, begegnet er zwar mit großer Skepsis, sieht sie aber gleichwohl als »hochwillkommenes Geschenk«, das einen Ausweg aus der umweltzerstörenden fossilen Energiegewinnung weisen könnte.[332] Nach Jahrzehnten der Kernfusionsforschung muss man in diesem Punkt heute pessimistischer sein als Jonas.

Große Utopien führen leicht in den Totalitarismus. Aber eine Gesellschaft ohne Utopien hat den un-utopischen, aber kaum weniger gefährlichen Technikvisionen im Stil Eric Schmidts nichts entgegenzusetzen. Deshalb ist es mit der Utopie vielleicht wie mit dem Fortschritt: Wir brauchen sie – nicht als den am Schreibtisch entworfenen großen Wurf, den es der Gesellschaft überzustülpen gilt, sondern als Vielzahl kleiner Alternativszenarien – so wie wir Fortschritte brauchen, selbst wenn man an *den* Fortschritt nicht mehr zu glauben vermag.

»Der endgültig entfesselte Prometheus, dem die Wissenschaft nie gekannte Kräfte und die Wirtschaft den rastlosen Antrieb gibt, ruft nach einer Ethik, die durch freiwillige Zügel seine Macht davor zurückhält, dem Menschen zu Unheil zu werden«, schreibt Jonas im Vorwort zu seiner Antiutopie.[333] Die Verhinderung des »Unheils« – dass nämlich Technik die wichtigsten Errungenschaften der Zivilisation vernichtet – ist die im Umgang mit der Technik dringlichste Aufgabe der heutigen Zeit; dass sie gelinge, ist Jonas' Hoffnung. Wenn ein solches Gelingen nicht als »Zügel« erlebt würde, sondern als Befreiung und Bereicherung, würde aus Jonas' »defensiver Utopie« eine »offensive«.

Ein Umgang mit Technik, der die Freiheitsoptionen der Menschen langfristig mehrt, muss ein paar Anforderungen erfüllen:

- Die Gesellschaft ist nicht »für« oder »gegen« Technik, aber sie behält sich vor, die Anwendung gewisser Techniken nötigenfalls einzuschränken oder zu verbieten. Das hat nichts Illiberales: Jede Gesellschaft verbietet gewisse Techniken (Gifte, Atomwaffen, »ineffiziente« Glühbirnen …) und macht andere bewilligungspflichtig (Auto fahren, Waffen tragen, Medikamente verschreiben). Es ist nicht liberal, eine Technik zuzulassen, die mehr Freiheiten vernichtet als schafft.
- Technikbeschränkungen sind legitim, wenn sie demokratisch gefällt werden.
- Technikbeschränkungen basieren auf dem besten verfügbaren Wissen darüber, was die Techniken bewirken. Weil solches Zukunftswissen immer unvollständig und vorläufig ist, müssen die Entscheide widerrufbar sein. Verantwortungsvoll mit Technik umgehen bedeutet, stets neu auszuhandeln, was erwünscht ist. Risiken lassen sich nicht vermeiden, aber zu vermeiden sind Handlungen, die prinzipiell unumkehrbare Folgen zeitigen.[334] Dabei liegt die Beweislast nicht bei denen, die vor unumkehrbaren Folgen einer Technik warnen, sondern bei denen, die solche Befürchtungen für falsch halten: Dieser Grundsatz heißt »Vorsorgeprinzip«. Das Vorsorgeprinzip folgt aus dem Eingeständnis, dass jedes Wissen über die Zukunft prekär ist – und es ist paradox, dass gerade radikale Marktliberale das Vorsorgeprinzip ablehnen, für deren Vordenker Hayek das Bewusstsein des eigenen Nichtwissens so zentral war.
- Die Verwendung von Techniken muss nachhaltig sein, darf also nicht die Freiheitsoptionen künftiger Generationen schmälern. Den heute inflationär verwendeten Begriff der »Nachhaltigkeit« will ich so verstehen, wie der Ökonom Herman Daly ihn definiert hat: Erneuerbare Rohstoffe dür-

fen nicht schneller aufgebraucht werden, als sie sich erneu-
ern; Schadstoffe dürfen nicht schneller produziert werden,
als sie in der Umwelt abgebaut werden; nicht erneuerbare
Rohstoffe dürfen nicht schneller aufgebraucht werden, als
gleichwertiger Ersatz für sie bereitgestellt werden kann.[335]

- Techniken dürfen keine Kontrollapparate erfordern, die
sich ihrerseits nicht demokratisch kontrollieren lassen.

- Techniken sollen die Resilienz einer Gesellschaft stärken.
Resilienz ist die Fähigkeit von Systemen, auf Störungen zu
reagieren und sich verändernden Rahmenbedingungen anzupassen. Resilienz braucht Redundanz, Redundanz braucht
Vielfalt. Redundanz ist aber nicht effizient, und deshalb
können auf maximale Effizienz getrimmte Systeme nicht
resilient sein, und ebensowenig ist eine Gesellschaft, die
einseitig von einer einzigen Technik, einem Rohstoff oder
einem Infrastruktursystem abhängt, resilient.

- Die Gesellschaft vertraut nicht darauf, dass, wenn eine
Technik außer Kontrolle gerät, künftige Techniken das Problem lösen werden. Es gibt keinen Verlass auf künftigen
Fortschritt. Fortschritte wird es auch in Zukunft geben,
aber es lässt sich nicht voraussagen, welche das sein werden. Schon das Vertrauen darauf, dass die heutigen Kapazitäten auch in Zukunft existieren werden, um wartungs-
intensive Techniken sicher zu halten, ist leichtsinnig. Die
Fortentwicklung der Technik darf nicht auf der Annahme
beruhen, technische Kenntnisse und materieller Wohlstand
nähmen stets zu. Egal, ob man Wirtschaftswachstum be-
grüßt oder ablehnt: Es ist unverantwortlich, nicht mit der
Möglichkeit seines Ausbleibens zu rechnen.

- Auch wenn es in manchen Fällen sinnvoll sein wird, neue
Techniken aufzugeben und alte wieder zu aktivieren, orien-
tiert sich die Gesellschaft nicht an einer Vergangenheit, die

angeblich verantwortungsvoller mit Technik umging als die Gegenwart. Es gab diese Vergangenheit nicht, und manches machten die Menschen »früher« nur deshalb nicht falsch, weil sie nicht in der Lage dazu waren, es falsch zu machen.[336]

- Die Gesellschaft bleibt »innovativ«, aber Innovation ist kein Fetisch und Technik wird nicht auf den Akt ihrer Erneuerung reduziert. Es gibt weiterhin High-Tech, aber High-Tech gilt nicht als einziger Ausdruck technischer Ingeniosität.

Brauchen wir überhaupt neue Techniken? Es gibt zahlreiche Szenarien, die aufzeigen, wie beispielsweise der Umstieg auf eine (fast) vollständig erneuerbare Energieversorgung oder die Ernährung der Menschheit mit ökologischer Landwirtschaft mit heute verfügbaren Techniken möglich wäre.

Langfristig wird jedes dieser Energieszenarien scheitern, wenn die Wirtschaft weiter wächst – und jedes Landwirtschaftsszenario, wenn mit solchem Wachstum auch stets mehr Fleisch konsumiert wird. Innovation allein reicht nicht aus, eine unbeschränkt wachsende Wirtschaft zu nähren. »Qualitatives Wachstum« hilft auch nicht dauerhaft weiter, weil nicht alles immer besser werden kann. Wir brauchen also zumindest neue »Sozialtechniken«: Formen des Wirtschaftens, des Investierens und der sozialen Sicherung, die nicht wachstumsabhängig sind. Wie sie aussehen, wird sich zeigen müssen – bisher haben sich die Wirtschaftswissenschaften kaum um entsprechende Ideen bemüht.[337]

Tatsächlich dürfte es möglich sein, die Bedürfnisse aller Menschen mit heutigen Techniken zukunftsverträglich zu befriedigen und die nicht nachhaltigen Techniken abzulösen, nur: Was genau heißt in diesem Fall »möglich«? Das Verbren-

nen fossilen Kohlenstoffs, Massenvernichtungswaffen, der
Menschen und Landschaften fressende Automobilismus, de-
struktive Finanzwerkzeuge oder eine Landwirtschaft, die ihren eigenen Boden zerstört, verschwinden nicht einfach, weil
Substitute verfügbar sind.

Zunächst geht es gar nicht so sehr darum, mehr richtig, als
darum, weniger falsch zu machen. Das ist eine gute Nachricht: Eine Autobahn nicht bauen braucht keine Forschung
und Entwicklung und kostet nichts. Aber das Nichtbauen
einer Straße ist dann doch nicht so einfach: Techniken bringen
ihre Interessengruppen hervor, die sich für ihren Fortbestand
einsetzen. Manche dieser Interessengruppen wie der Energie-
sektor, der militärisch-industrielle und der automobil-indus-
trielle Komplex oder die Finanzbranche haben ungeheure
Macht entwickelt, die längst nicht mehr demokratieverträg-
lich ist.

Techniken, unerwünschte Techniken loszuwerden, müssen
zuallererst Techniken für den Umgang mit Macht sein – De-
mokratietechniken, Zivilgesellschaftstechniken. Es geht darum, niemanden zu mächtig werden zu lassen respektive die
Macht derer, die es sind, zu beschneiden. Keinen Ökodiktator
braucht die Welt, der den Menschen vorschreibt, wie man
umweltfreundlich lebt, sondern einen Ausbau der Demokratie respektive eine Schwächung der Kräfte, die sie unterlaufen. Schon allein größere technische Diversität nähme Interessengruppen einen Teil ihrer Macht, weil eine Gesellschaft,
die auf Alternativen ausweichen kann, weniger erpressbar ist.
Techniken der Machtbegrenzung – *checks and balances* –
sind Grundlagen jeder demokratischen Verfassung. Sie müssen stets weiter entwickelt werden.[338]

Ihre Macht erzielen und erhalten die techno-industriellen
Komplexe nicht zuletzt durch die Geschichten, die sie erzäh-

len und die andere über sie erzählen – mittels Marketing, Lobbying, aber auch durch die Beeinflussung der Wissenschaften. Die Geschichte vom »Fortschritt« – respektive ihre Rumpfform, die Innovationsideologie – ist eine solche machtvolle Geschichte. Gerade mit dem als besonders innovativ geltenden Bereich des Internets steigert das Marketing seine Macht weiter. Google oder Facebook bieten Dienstleistungen an, ohne die sich viele die moderne Welt kaum mehr vorstellen können. Sie tun es gratis und halten ihre Maschinen mit Werbung am Laufen. Entsprechend zielen ihre Forschung und Entwicklung wesentlich darauf ab, die Bedürfnisse der Nutzer möglichst effizient auf die Angebote der Werber umzuleiten.[339]

Wir brauchen Techniken, solche Geschichten zu dekonstruieren. Mythenzertrümmerung ist Bestandteil jeder Aufklärung. Neue Geschichten müssen an die Stelle der alten treten: nicht *eine* Geschichte, keine neue Großutopie, aber viele Kleinutopien. Ich sehe sie in vielen Nachbarschaften, Bürgerinitiativen, sozialen Bewegungen und Unternehmen, die einen anderen Umgang mit Technik leben und ihre Wahlfreiheit, welche Techniken sie wie nutzen wollen, auch gegen herrschende Trends verteidigen.[340]

Wer darf über Technik mitbestimmen: alle – oder nur, wer die fragliche Technik auch nutzt? Alle – oder nur, wer etwas von ihr versteht?

Dass Technik nur die etwas angeht, die sie nutzen, wird so explizit kaum jemand behaupten. Man würde damit sagen, ein Gewehr gehe nur den etwas an, der am Drücker ist, nicht aber den, der vor seinem Lauf steht. Techniken sind für die, die sie nicht selber nutzen, oft das genaue Gegenteil dessen, was sie für ihre Nutzer sind. Das ist so beim Gewehr, das dem einen Macht gibt und den anderen in Ohnmacht versetzt. Das ist so bei einer Straße, die verbindet, wenn man sie benutzt, aber trennt, wenn man von der einen Seite auf die andere gelangen will.

Implizit wird die Meinung, es dürfe über Techniken bestimmen, wer sie auch nutzt, aber sehr wohl vertreten: nämlich in der Form, dass allein der Markt entscheiden solle. Auf dem Markt hat etwas zu sagen, wer kauft oder verkauft. Nichts zu sagen hat, wer von dem, was andere kaufen und verkaufen, passiv betroffen ist.

Technikentscheide dürfen nicht an den Markt delegiert werden. Das hat nichts damit zu tun, ob man Märkte skeptisch oder euphorisch sieht: Es geht nur darum anzuerkennen, was Märkte sind. Märkte organisieren die Verteilung von Produkten und Dienstleistungen und bringen Angebot und Nachfrage in ein Gleichgewicht. Aber sie sind blind für externe Effekte – also für Effekte, die nicht bei den Nutznießern einer Sache auftreten. Das Trennen ist ein externer Effekt der Straße.[341]

Häufiger explizit vertreten wird die Position, über Technik dürfe nur bestimmen, wer etwas von ihr versteht. Als es in meinem Heimatland 2005 zuletzt zu einem Urnenentscheid über Gentechnik in der Landwirtschaft kam[342], zitierten Gentech-Befürworterinnen und -Befürworter gerne eine EU-Umfrage aus dem Jahr 1997: Die Europäische Kommission hatte mit einem »Eurobarometer« untersucht, wie gut Europäerinnen und Europäer über die Gentechnik Bescheid wissen. Eine Frage lautete: »Haben konventionell gezüchtete Tomaten Gene?« 30 Prozent antworteten falsch mit Nein, 35 Prozent wussten keine Antwort.[343] Tomaten ohne Gene: Das muss in den Ohren eines Biologen oder einer Biologin furchtbar dumm klingen, und wer die Umfrage zitierte, sagte damit: Es kann doch nicht sein, dass Leute, die so wenig von der Sache verstehen, darüber befinden!

Interessanterweise mehrten sich genau zu der Zeit Stimmen von Fachleuten, die den Begriff des Gens grundsätzlich zur Disposition stellten. Biologinnen und Biologen wissen zwar mit Sicherheit, dass jede Tomate Gene hat – allein was ein Gen genau ist, können sie auch nicht definieren.

Wenn nur Leute entscheiden dürften, die »etwas von der Sache verstehen«: Was genau müsste man dann verstehen? Was ein Gen ist? Wie Pflanzen mit ihrer Umwelt interagieren? Wie sich der Patentschutz von Nutzpflanzen auf die Agrarwirtschaft und auf Bauern und Bäuerinnen auswirkt? Ob die Herbizide, die mit herbizidresistenten Gentechpflanzen zusammen ausgebracht werden, die Gesundheit schädigen? Wie man Pflanzen anbaut?

Dass wir uns mit Dingen umgeben, die wir nicht verstehen, ist normal. Und es ist grundsätzlich kein Problem. Ich weiß nicht, wie ein Aspirin funktioniert, aber ich weiß, wie ich es einnehmen muss. Ich weiß nicht, was in meinem Computer geschieht, während ich dieses Buch schreibe (weiß es der Programmierer meines Textverarbeitungsprogramms?), aber ich weiß, was ich tun muss, wenn das Programm bockt. Ich muss keine Ahnung von der Aerodynamik des Überschallflugs haben, um mich von einem Überschallknall belästigt zu fühlen. Das Problem sind nicht Techniken, die man nicht versteht, sondern solche, mit denen man nicht umgehen kann, und das eine hat mit dem anderen wenig zu tun. Das Verbrennen von Erdöl ist simpel, aber wir stehen dem Umstand, dass wir vom Erdöl nicht loskommen, obwohl es unsere Lebensgrundlagen zerstört, so hilflos gegenüber wie den undurchschaubaren Finanzmarktprodukten, die 2008 die weltweite Finanzwirtschaft erbeben ließen.

Wenn ich dezidiert der Meinung bin, es dürfe auch mitbestimmen, wer von einer Sache »nichts versteht«, bestreite ich
dann, dass die Wissenschaft etwas zur Debatte beitragen kann?
Wissenschaft ist fehlbar. Wissenschaftliche Gewisshei-
ten (etwa: was ein Gen ist) können ins Wanken geraten.
Wissenschaft unterliegt außerwissenschaftlichen Einflüssen,
und manchmal sind nichtwissenschaftliche Erkenntnisformen
überlegen. Aber das alles bedeutet nicht, dass die Wissenschaften in einer Technikdebatte nicht wichtig seien. Die Wissenschaften haben Methoden, die ihnen – auch wenn sie
nicht perfekt sind und selten perfekt angewandt werden – eine
privilegierte Rolle in der Erkenntnis der Wirklichkeit geben.
Die beiden Gegenpositionen – die technokratische, die das
Entscheiden einzig Fachleuten vorbehalten will, die »etwas
von der Sache verstehen«, und die wissenschaftsfeindliche,
die den Fachleuten jede privilegierte Rolle abspricht – laufen
letztlich paradoxerweise auf dasselbe hinaus. In den USA ver-
legten sich die technokratischen Befürworter des Überschallprogramms auf eine wissenschaftsfeindliche Position, nachdem sie hatten realisieren müssen, dass Laien sich anmaßten,
mitzureden. Das Büro für Technikfolgenabschätzung des US-
Kongresses fiel ihnen 1995 zum Opfer, die Klimaforschung
steht unter ihrem Dauerbeschuss. Anstelle des wissenschaftlichen Prozesses soll ein »Marktplatz der Ideen« über Richtig
und Falsch entscheiden.[344] Damit bezwecken die scheinbaren
Gegenpositionen dasselbe: Wollten einst die Technokraten unbelästigt von der Mitsprache von Laien entscheiden, sollen
nun die Marktakteure unbelästigt von der Mitsprache derer
entscheiden, die nichts kaufen oder verkaufen. Die Eliten im
einen Fall (Technokraten) dürften mit den Eliten im anderen
Fall (Marktmächtige) über weite Strecke dieselben Interessen
teilen.

Demokratie und Wissenschaft stehen in einem Spannungsverhältnis, weil die beiden Sphären unterschiedliche Methoden kennen zu bestimmen, was richtig und was falsch ist. Dieses Spannungsverhältnis ist auszuhalten. Wissenschaft soll
man kritisieren; auf die beratende Rolle der Wissenschaft zu
verzichten, wäre töricht. Wobei die Rolle der Wissenschaft in
der demokratischen Debatte nicht nur darin besteht, Orientierung zu bieten – sondern mitunter auch darin, zu irritieren
und Sand ins Getriebe zu streuen.[345]

Die Welt in dreißig Jahren: Vielleicht wird es mit einem großen Überdruss begonnen haben.

Dass die Kultur des Immermehr nicht dauerhaft sein kann,
wusste, wer es wissen wollte, schon lang. Die Folgekosten solcher Lebensweisen nahmen zu. Immer mehr Staaten bekun-
deten Mühe, technische Infrastrukturen wie Straßen, Ener-
gienetze oder Abfallentsorgung zu unterhalten; manchenorts
hatte sich längst die Mafia dieser Aufgaben bemächtigt. Ver-
kehrsengpässe ließen sich mit noch so vielen Kapazitätsaus-
bauten nicht beheben, weil jeder behobene Engpass eine
andere Stelle zum neuen Engpass werden ließ. Bestens ausgebildete Fachkräfte fanden keine Arbeit.

In dieser Situation wurden die Verheißungen der Werbung immer fadenscheiniger, während die Werbung immer
aufdringlicher um Aufmerksamkeit buhlte, im öffentlichen
Raum immer mehr Flächen besetzte und den Nutzerinnen
und Nutzern elektronischer Medien immer raffinierter vor-
rechnete, was ihnen zu ihrem Glück noch fehlte. Vielleicht
werden genug Leute dieser Reizüberflutung überdrüssig geworden sein, dass sie sich ihr zu entziehen begannen. Indem
sie Onlineangebote nur noch mit falschen Identitäten nutzten, die sie unter sich austauschten, um die Personalisierungs-

algorithmen zu unterlaufen; indem sie sich für werbefreie Zo-
nen einsetzten, und indem sie bereit waren, für werbefreie
Angebote zu zahlen – den vollen Preis für Journalismus, In-
ternetdienste oder Fahrkarten mit Geld zu zahlen statt mit der
Bereitschaft, beim Lesen der Zeitung, am Bildschirm, an den
Bahnhöfen ständig Zielscheibe für Werbebotschaften zu sein.
Vielleicht verlor das globale Internet sowieso an Bedeutung,
weil es zu sehr zum Überwachungsinstrument geworden war,
und kleine Netze (*peer to peer*) wurden wichtiger.

Angesichts der anstehenden Probleme mag das ein kleiner
Schritt sein. Aber als die Macht des Marketings geschwunden
war, wurden plötzlich andere Erzählungen vom guten Leben
plausibel anstelle des »Wenn du mich kaufst, wirst du glücklich« der Werbung, anstelle des »Die Wirtschaft muss wachsen« der Wirtschaftspolitik, anstelle des »Sei innovativ!« des
Arbeitsmarkts. Erzählungen, die es längst gegeben hatte, die
aber im allgemeinen Marktgeschrei bestenfalls die Funktion
von Hofnarren hatten.

Eine solche Erzählung ist die der Entschleunigung. Sie ist
nicht neu, sie riskierte bereits zum leeren Schlagwort zu werden, sie wurde selbstverständlich von der Werbung vereinnahmt, aber sie hatte sich bisher noch nicht durchsetzen können. Das wird jetzt möglich. Die Vorteile liegen auf der Hand,
schon wegen der horrenden Kosten, die wegfallen: Mehr als
eine Million Menschen jährlich tötete der Straßenverkehr im
frühen 21. Jahrhundert: Opfer von Geschwindigkeit. Es litten
so viele Menschen an Stresserkrankungen wie nie zuvor. Vor
allem aber war die Geschwindigkeit dysfunktional: Als die
Welt immer schneller wurde, war jeder Einzelne bis zu einem
gewissen Grad gezwungen mitzuhalten. Aber da alle immer
schneller wurden, verlängerten sich die Wege, und niemand
erreichte sein Ziel schneller.

Autos – mit all den Merkmalen, die heute ein Auto ausma-
chen – gibt es nun nicht mehr. Seit mehrere wichtige Staaten den Klimaschutz ernst zu nehmen begannen und Förderung und Import fossiler Kohlenstoffe entsprechend ihrem
»CO_2-Budget«[346] drastisch beschnitten, wurden die übermotorisierten Geräte mit ihren Benzinmotoren obsolet. Elektroautos, die die Benzinautos nachzuäffen suchten, haben nie zu
überzeugen vermocht. Es gibt noch Motorfahrzeuge, die aber
mit den Autos, die man in den Technikmuseen aufbewahrt,
wenig gemein haben. Mehrheitlich klein und wendig und
mit Motoren von ein paar PS, dienen sie vor allem dem Warentransport und fahren maximal vielleicht zwanzig Stundenkilometer – also etwa so schnell, wie die Autos im frühen
21. Jahrhundert in einer typischen europäischen Stadt im
Durchschnitt unterwegs waren.[347] Häufigstes und in den Sied-
lungen schnellstes Fahrzeug ist das Fahrrad. Grundsätzlich haben die schwächeren Verkehrsteilnehmer Vortritt: Fußgänger
vor Fahrzeugen, Fahrzeuge ohne Motor vor solchen mit.

Schneller sind Fahrzeuge, die auf geschützten Trassen fahren, aber auch die Eisenbahn setzt nicht mehr auf Hochge-
schwindigkeit. Sie will auch nicht mehr mit dem Flugzeug
konkurrieren, denn Flugzeuge oder Hubschrauber kommen
nur noch für Ausnahmesituationen wie Unfälle und Katastrophen zum Einsatz. Vielleicht erlebt das Luftschiff eine Renaissance.

Das Auto schien fast im ganzen 20. und bis ins 21. Jahrhundert eine heilige Kuh zu sein, und viele hielten es für il-
lusorisch, dass sich eine Gesellschaft demokratisch gegen es
entscheidet. Aber schon damals begannen Städte, das Auto
zurückzudrängen, und Stadtregierungen, denen das gelang,
wurden wiedergewählt – trotz der erdrückenden Marketing-
und Lobbymacht des automobil-industriellen Komplexes. Al-

lerdings brauchte es gegen diese Macht einige hässliche
Kämpfe.

Die Verlangsamung hat den Lebensraum verändert. Plötzlich ist wieder viel Platz frei. Es stinkt weniger und ist weniger laut. Man riecht die Jahreszeiten auch in der Stadt. Der
Anblick von Fotos autoverstopfter Städte und vollgeparkter
Plätze löst mittlerweile denselben Unglauben aus wie die Berichte über den Gestank in den Städten des 19. Jahrhunderts –
etwa über jenen Londoner Sommer 1858, der als der *Great
Stink* in die Geschichte eingegangen ist und das Parlament
und alle, die es sich leisten konnten, aus der Stadt vertrieb.

Für Bau, Betrieb und Unterhalt der Verkehrsinfrastruktu-
ren gibt die öffentliche Hand nur noch wenig Geld aus. Vor allem aber sind die Wege kürzer. Dadurch ist die Wirtschaft
kleinräumiger und damit auch diverser. Weil Transporte teurer geworden sind, lohnt es sich vermehrt, regional zu produzieren. Wertschöpfungsketten, die auf der Suche nach dem
billigsten Produktionsstandort die ganze Welt umrunden,
lohnen sich nicht mehr. Die soziale Durchmischung ist besser.
Ganze Innenstädte, die so teuer sind, dass nur Reiche sich leisten können, dort zu wohnen, während das Personal, das es für
das Funktionieren einer Stadt braucht, täglich von außen her-
einpendelt, gibt es nicht mehr, weil sie nicht mehr funktionieren würden.

Nicht nur Wege werden langsamer zurückgelegt. Als seinerzeit die mobilen Kommunikationsgeräte aufkamen, führten sie dazu, dass die Menschen ständig erreichbar waren –
und das von ihnen auch erwartet wurde. Unterdessen hat sich
ein neuer Umgang mit solchen Geräten eingespielt. Je besser
jemand im realen Leben sozial vernetzt ist, desto weniger oft
schaltet er sein Telefon ein. Initiativen wie die 1986 gegründete Slow-Food-Bewegung überzeugten durch ihre Kunst des

Lebensgenusses und die Konsequenz ihres politischen Engagements. Ähnliche Bewegungen haben andere Lebensberei-
che verlangsamt.

Mobilitätseinbußen gibt es keine, weil man weniger weite
Strecken zurücklegen muss, um dasselbe zu tun. Seit der
öffentliche Raum wieder frei geworden ist zum Leben und
seit Wohnen, Arbeiten und Freizeit näher zueinander gerückt
sind, ist die Nachbarschaft wieder ein wichtiges soziales Netz.
Nachbarschaften oder Gemeinden unterhalten gemeinschaftliche Einrichtungen wie Gemeinschaftszentren, Garküchen,
Gärten, Werkstätten oder Gästezimmer. Vielleicht schließen
sie sich mit Landwirten in der Region zusammen und organisieren ihre Versorgung mit Nahrungsmitteln ohne Zwischen-
handel.[348]

Und das Reisen? Es dauert länger, und die jährliche Flug-
reise, die seit den Billigflügen der 1990er Jahre immer mehr
Menschen als normal zu betrachten begannen, gibt es nicht
mehr. Für manche war das ein Verlust. Doch das Reisen ist
wieder jenes Erlebnis geworden, das die Tourismusindustrie
umso penetranter versprach, je mehr sie das Reisen dessen
entkleidete, was Reisen ausmacht: der Begegnungen mit dem
Fremden, der Überraschungen. Selbst Nahreisen bieten in der
langsameren Welt oft mehr Exotik als einst die Flugreisen ins
umfriedete Resort auf einem anderen Kontinent. Das Bedürfnis derjenigen Reisenden, die das bereiste Land hauptsächlich
durch den Sucher ihrer Kamera oder den Bildschirm ihres
elektronischen Geräts wahrnahmen, hat sich problemlos technisch substituieren lassen.[349]

Die Energieversorgung ist dezentral in lokalen Netzen organisiert, wobei weit weniger Kapazitäten zugebaut werden
mussten, als es die üblichen Szenarien in den Jahren um die
Jahrtausendwende vorhersagten: Es braucht einfach weniger

Energie. Beim Aufbau der Energieversorgung aus lokal verfügbaren, erneuerbaren Quellen konnten die reichen Länder
von den damals »Entwicklungsländer« genannten lernen. Unter dem Stichwort »Techniktransfer« hatte man einst einseitig
den Transfer von Technik aus »entwickelten« in »Entwicklungsländer« verstanden. Aber gerade infrastrukturschwache
Regionen waren gezwungen, eigene Lösungen zu entwickeln,
und die reichen Länder konnten von ihren Erfahrungen profitierten – Lösungen, wie sie beispielsweise D. E. S. I. Power
(*decentralized energy systems* India) für Indien entwickelte.[350]
In Nairobi ist seit den 2010er Jahren eine Softwareindustrie
entstanden, die sich auf Mobiltelefon-Anwendungen für Klein-
unternehmer spezialisierte. Aus der Städtegründungs-Initia-
tive Nestown in Äthiopien gingen Erfahrungen des gemeinschaftlichen Städtebaus und der Gemeindeorganisation hervor,
die weltweit nützlich wurden.[351]

Die Landwirtschaft ist vor allem dank neuen Erkenntnissen
der bodenbiologischen Forschung mit schonender Bodenbearbeitung vom Einsatz synthetischer Dünger und Pflanzen-
schutzmittel weggekommen, ohne dass die Produktivität pro
Fläche gesunken ist. Der Arbeitsaufwand ist höher als im späten 20. Jahrhundert. Dadurch finden wieder mehr Menschen
ein Auskommen in der Landwirtschaft. Als Folge der höheren
Lebensmittelpreise ist der Fleischkonsum nach Jahrzehnten
des Anstiegs wieder leicht (in den reicheren Ländern stark)
zurückgegangen. Das hat zur Folge, dass die größere Weltbe-
völkerung ernährt werden kann, ohne dass neue Agrarflächen
erschlossen werden mussten. Landwirtschaft und Agrarhan-
del orientieren sich an den Grundsätzen der Ernährungssou-
veränität, wie sie die Kleinbäuerinnen- und Kleinbauernbe-
wegung La Via Campesina 1996 definierte.[352] Genussmittel
wie Kaffee, Kakao und Zucker oder Gewürze werden nach wie

vor global gehandelt, aber die Versorgung mit Grundnah-
rungsmitteln findet vorwiegend regional, die mit verderb-
lichen Produkten vorwiegend lokal statt.

Auch viele Konsumgüter sind, jedenfalls in den reichen Ländern, teurer geworden, weil man für die Arbeit anderer zahlen
muss, was man für die eigene Arbeit bekommen möchte – und
nicht, was ein rechtloser Tagelöhner irgendwo in der Peripherie der Weltökonomie verdient. Die Arbeitsproduktivität ist
geringer und damit auch das Wirtschaftsprodukt, aber es gibt
mehr Arbeitsstellen. Es ist gelungen, aus der Wirtschaft etwas
zu machen, das den Menschen dient, statt wachsen zu müssen
um ihrer selbst willen und dabei Umwelt und Gesellschaft zu
verschlingen.

Es gibt in der langsameren Welt weniger Dinge, und sie
werden in geringerer Kadenz erneuert: Das verändert die materielle Kultur. Es war seinerzeit eine weit verbreitete Klage,
die Konsumkultur sei zu materialistisch und hänge zu sehr an
den Dingen. Das Gegenteil traf zu: Nur wer die Dinge ver-
achtete, konnte so viel wegwerfen. Es bestand keine Notwendigkeit, sich weniger mit Dingen abzugeben; einzig der
Verbrauch der Dinge war nicht haltbar. Nicht darum ging es,
weniger materialistisch zu werden, sondern um eine andere
materielle Kultur, die die Menschen (um es so zu sagen, wie es
damals furchtbar altmodisch war) bezüglich der Dinge mehr
Sorge tragen lässt.

Diese materielle Kultur ermöglicht eine Aufwertung des
Handwerks im Sinne des Soziologen Richard Sennett: des
Handwerks als einer Tätigkeit, die man um ihrer selbst willen
gut macht.[353] Handwerk hat insbesondere an Schulen mehr
Gewicht erhalten. Dabei geht es nicht in erster Linie um Fer-
tigkeiten (Nähen, Sägen, Kochen, einen Computer bedienen)
und auch nicht darum, dass die ganze industrielle Produktion

wieder auf Handwerk umgestellt worden wäre und aus jedem Kind ein Handwerker werden sollte. Es geht um das Üben von Grundfähigkeiten: Achtsamkeit für Situationen und Probleme, Beobachtungsgabe, Sich-Hineindenken in die Funktionslogik von Dingen, die andere Menschen hergestellt haben, Lust am Ausprobieren, Neugier, Kooperation. Ein guter Handwerker ist nicht, wer weiß, in welcher Situation er an welchem Hebel ziehen oder welche Schraube drehen muss, sondern wer solches Wissen an immer wieder neue Situationen anpassen kann.

Es ist keine Do-it-Yourself-Welt, in der alle alles selber machen, denn das wäre eine Abwertung von Meisterschaft. Es gibt nach wie vor Menschen, die etwas meisterhaft können, und sie genießen hohes Ansehen. Aber einfache Arbeiten und vor allem Reparaturen sind für alle selbstverständlich geworden. Die Produkte sind so gestaltet, dass sie sich leicht reparieren und deshalb auch leicht abändern und individuellen Verwendungen anpassen lassen.

Die Welt ist allein dadurch, dass mehr Menschen öfter Dinge um ihrer selbst willen gut machen, noch keine bessere Welt. Handwerk ist nicht a priori gut und man kann auch zum Beispiel das Kriegshandwerk in handwerklichem Sinne gut machen. Aber Handwerk und die Produkte, die daraus hervorgehen, verschaffen tiefere Befriedigung als Konsum und Besitz. Sie liegen der neuen materiellen Kultur zugrunde: als neuer Umgang mit den Dingen. Und die Schulung an den Dingen macht die Menschen auch für ihre natürliche und gebaute Umwelt achtsamer, das geschulte Sich-Hineindenken in Funktionsweisen empathischer für die Mitmenschen: »Wer als Handwerker Geschick in der Herstellung von Dingen erwirbt, entwickelt körperliche Fähigkeiten, die sich auch auf das soziale Leben anwenden lassen.«[354]

Der Innovationszwang ist geringer in der langsameren Welt und die Kooperation gegenüber der Konkurrenz aufgewertet. Und, wer weiß: Vielleicht wird mehr gesungen. »Etwas immer wieder zu tun ist anregend, sofern diese Tätigkeit im Blick nach vorn organisiert wird«, schreibt Sennett. »Die Substanz der Routine mag sich verändern, wandeln oder verbessern, der emotionale Lohn aber ist die Erfahrung, es immer wieder zu tun. Diese Erfahrung ist keineswegs sonderbar. Wir alle kennen sie, und sie hat einen Namen: *Rhythmus.*«[355] Singen ist nicht Ersatzhandlung, weil es keine Radios, Walkmans oder MP3-Player mehr gäbe. Das gibt es alles noch. Singen fördert die rhythmische Koordination unter den Arbeitenden. Es ist ein Arbeitsritual. Arbeitsrituale schaffen Zusammenhalt.[356]

Ist das realistisch? Mehr singen, seine Sache gut machen – und die Welt retten?

Utopien sind nicht realistisch. Aber man ist auch »nicht realistisch, indem man keine Idee hat« (Max Frisch).[357] Man ist nicht realistisch, indem man einfach Trends fortschreibt. Es wohnt der Technik kein Zwang inne, immer schneller zu werden und immer mehr zu verbrauchen. Die Geschichte der Technik ist reich an Brüchen, Wendungen, Alternativen. Wir sind nicht Sklaven unserer Technik.

Anmerkungen

1   Edgerton 2006, Seiten 210 und 212.

2   Fallows 2013.

3   Edgerton 2006, Seiten 41 bis 42. – Edgertons Kollege Kurt Möser (2011, Seiten 9 bis 12) hat den Gedanken aufgegriffen und verweist auf weitere übersehene, aber wichtige Techniken des 20. Jahrhunderts: Sperrholz, Epoxidharz, Plastikfolien und Spanplatten.

4   Butter und Käse sind ökonomische Werte in hoch konzentrierter Form, sie lassen sich leicht handeln und gehörten zu den ersten Gütern, die in Europa besteuert wurden. Ihre Herstellung verlangte hohe Fertigkeit und strenge Hygiene, und wer es zu gut beherrschte, erntete dafür allzu häufig nicht Anerkennung, sondern geriet in schlimmen Verdacht: »Milchzauber« war ein häufiger Vorwurf in Hexenprozessen. Im letzten Hexenprozess in meinem Wohnkanton Zürich wurden 1701 sieben Frauen und ein Mann wegen »Milchzaubers« zum Tode verurteilt. – Zur historischen Bedeutung der Milchverarbeitung und zum »Milchzauber« als Verfolgungsgrund siehe Myrdal 2008.

5   Wie sehr die Wahrnehmung, die Dominanz des europäischen Kulturkreises sei technischer Überlegenheit geschuldet – und nicht etwa kolonialer Ausbeutung –, auf der Ignoranz all dessen beruht, was nicht in dieses Schema passt, zeigt Goody 2010 eindrücklich.

6   Sapoznik 2013b.

7   »(…) das Reflexionsniveau des deutschen Idealismus wurde

verlassen, aber der Ausdruck lebte weiter – als politisches Schlagwort und als unbefragter, ubiquitärer Leitbegriff. (…) ›Fortschritt‹ gewann Schlagwortcharakter (…).« Koselleck 1975, Seite 407 bis 408.

8   Der Chemiker Paul Crutzen schlug den Begriff »Anthropozän« im Jahr 2000 vor. Der Mensch habe die Erde so stark umgestaltet, dass es gerechtfertigt sei, von einem neuen Erdzeitalter zu sprechen, das das Holozän ablöse.

9   Um nur ein paar Beispiele zu nennen: Die britische Regierung benannte ihr 1992 gegründetes Office of Science and Technology 2006 in Office of Science and Innovation um; 2007 ging das Büro im neu geschaffenen Department for Innovation, Universities and Skills auf. Die Schweiz hat ihr Staatssekretariat für Bildung und Forschung 2013 nach der Fusion mit dem Bundesamt für Berufsbildung und Technologie in Staatssekretariat für Bildung, Forschung und Innovation umbenannt. Der vormalige Schweizerische Wissenschafts- und Technologierat heißt seit 2014 Schweizerischer Wissenschafts- und Innovationsrat. Die deutsche Bundesregierung unter Gerhard Schröder rief 2004 die Initiative Partner für Innovation ins Leben, die von Bundeskanzlerin Angela Merkel als Rat für Innovation und Wachstum weitergeführt wurde.

10   Laut Evgeny Morozov (2013, Seite x) wird die »Innovation« in Silicon Valley mittlerweile abgelöst: Statt *Innovate or Die!* (»Sei innovativ oder stirb!«) laute der Lieblingsslogan in Silicon Valley seit ein paar Jahren *Ameliorate or Die!* (»Verbessere oder stirb!«).

11   Schumpeter 1939.

12   Solow 1956.

13   Solows »technical change« wurde im Deutschen meist als »technischer Fortschritt« oder eben »Innovation« wiedergegeben. Beide Begriffe erlebten ab etwa 1960 einen Aufschwung, bis sich nach einigen Jahren die »Innovation« durchsetzte. Im Englischen wurden Begriffe wie »technical change«, »technolo-

gical change« oder »technological progress« nie annähernd so häufig verwendet wie »innovation«. Deren Aufstieg begann bereits um 1920, beschleunigte sich aber ab den 1950er Jahren.

14   Wegweisend war in dieser Hinsicht vor allem das *Frascati Manual* der OECD von 1963.

15   Ich danke für die Diskussion meiner These über die Karriere des Innovationsbegriffs Caspar Hirschi und Tobias Straumann.

16   Als Makel wurde empfunden, dass Solow einen Wachstumsmotor postulierte, der außerhalb der Wirtschaft lag. Die sogenannten neuen Wachstumstheorien der Neoklassik versuchten ab den 1980er Jahren, den technischen Wandel aus der wirtschaftlichen Dynamik selbst zu erklären, also aus einem exogenen einen endogenen Faktor zu machen.

17   Solows Produktionsfaktoren waren Kapital und Arbeit. Das Ignorieren der natürlichen Ressourcen als Produktionsfaktoren – des »Bodens«, wie es in den klassischen Wirtschaftstheorien geheißen hatte – ist für die gesamte Neoklassik bezeichnend.

18   Solow 1957, Seite 312.

19   Mirowski 2011, Seite 71.

20   Binswanger 2006, Seite 4.

21   Viele Produkte haben deshalb ihren Verschleiß bereits einprogrammiert (*planned obsolescence*): Schwachstellen wie Akkus, die sich nicht ersetzen lassen, Ersatzteile, die bald nicht mehr hergestellt werden, oder ganz brachial: Zähler, die einen Laserdrucker nach einer gewissen Anzahl gedruckter Blätter lahmlegen. Vgl. Slade 2006.

22   Vgl. dazu Edgerton 1999.

23   Sennett 2009, Seite 103 sowie 43 bis 55.

24   European Commission 2011.

25   Hayek 1973.

26   Ironischerweise kritisieren gerade neoliberale Stimmen das lineare Fortschrittsmodell. Damit wenden sie sich aber vor al-

lem gegen solche Stimmen, die mit dem linearen Modell die staatliche Förderung der (Grundlagen-) Wissenschaft rechtfertigen. Die neoliberalen Kritiker des linearen Modells ziehen nicht in Zweifel, dass Erkenntnisse zu Innovationen und diese zu einer besseren Welt führen, aber sie betonen, dass die innovationsfördernden Erkenntnisse genauso gut aus der Industrie wie aus den staatlich finanzierten Universitäten kommen können. Mirowski 2011, Seite 54 f. – Dass die neoliberale Weltsicht die Unvorhersagbarkeit aller Zukunft ins Zentrum stellt, aber gleichzeitig dazu neigt, die Vergangenheit teleologisch zu deuten, ist eine weitere Ironie.

27 Latour 1995.

28 Frisch 1950, Seiten 58 f.

29 Siehe dazu Turner 2006.

30 Morozov 2013, Seite 357. – Morozov setzt das »Internet« konsequent in Anführungszeichen, weil es sinnlos sei, über eine so heterogene Ansammlung unterschiedlicher Techniken mit einem einzigen Begriff zu diskutieren, wie es mit dem »Internet« geschehe.

31 Was die Geschichte des Buchdrucks angeht, stützt sich dieses Kapitel in erster Linie auf Giesecke 2006.

32 Zitiert in Popplow 1998.

33 Zitiert in Giesecke 2006, Seite 145.

34 Der Buchdruck im Blockverfahren wurde in China seit dem 8. Jahrhundert angewandt; der Druck mit beweglichen Lettern ab dem 11. Jahrhundert. – Misa 2003, Seite 20.

35 Selbstverständlich nicht nur Gutenbergs: Den Buchdruck zu erfinden, war ausgesprochene Teamarbeit.

36 Für die Lettern wählte Gutenberg nach langem Experimentieren eine Blei-Zinn-Antimon-Legierung.

37 Giesecke 1991, Seite 135.

38 Schilling 1999, Seite 490.

39 Grundsätzlich sind alle Auflagenzahlen wie auch Preisangaben aus jener Zeit mit Vorsicht zu genießen.

40   Ich danke Marcus Sandl für das Gespräch. Außerdem stütze ich
     mich auf Sandl 2012.

41   Natürlich kamen auch die schriftbegeisterten Protestanten
     nicht ohne mündliche Vermittlungsformen, Predigten und Ge-
     meinschaft aus.

42   Lyons 2010, Seite 27; Clanchy 1994, Seite 244; Keller 1990,
     Seite 171.

43   Seit Elizabeth Eisenstein ihr Hauptwerk 1979 publizierte, hat
     die Wissenschaftsgeschichte von der Sichtweise, wonach die
     »wissenschaftliche Revolution« der frühen Neuzeit die mo-
     derne Wissenschaft als etwas vollkommen Neues hervorge-
     bracht habe, weitgehend Abstand genommen; vor allem der
     Wissenschaftshistoriker Steven Shapin hat mit dem Begriff der
     »wissenschaftlichen Revolution« aufgeräumt.

44   Clanchy 1994, Seite 209. – Vermutlich waren die meisten der
     Dokumente, die im frühen Mittelalter im Umlauf waren, Fäl-
     schungen. Fälschen wurde nicht unbedingt als illegitim angese-
     hen: Man half der Wahrheit gewissermaßen nach, indem man
     Dokumente fälschte, die bezeugten, was man für wahr hielt.
     Aber das Vertrauen in Schrift haben sie nicht gefördert.

45   Jede Schriftkultur, schreibt der Anthropologe und Schrifthisto-
     riker Jack Goody (2010, Seiten 98f), kenne Phasen verstärkter
     Rückbesinnung auf ihre Vergangenheit. Unter religiösen Vor-
     aussetzungen führe eine solche Rückbesinnung eher zu Er-
     starrung, unter säkularen Voraussetzungen beschleunige sie
     gesellschaftlichen Wandel. Letzteres scheine ihm für die chine-
     sische Song-Zeit oder für die europäische Renaissance zu gel-
     ten. – Die Rückbesinnung der Renaissance auf die antike Klas-
     sik war eine säkulare, die der Reformation auf die Heilige
     Schrift als einzig gültige Autorität eine religiöse.

46   Schilling 1999, Seite 508.

47   Ebd., Seite 354.

48   Ich zitiere Papins Briefe nach der Edition von Gerland 1881.

49   Bredekamp 2012, Seite 65.

50 Brief vom April 1698.

51 Bereits 1698 hatte Thomas Savery, ein englischer Ingenieur,
    eine Dampfpumpe patentieren lassen und gebaut, die nach einem
    anderen Prinzip ohne bewegliche Teile funktionierte. Ihre Leis-
    tung war aber zu gering, als dass sie sich hätte durchsetzen kön-
    nen. – Auf Meldungen früherer Dampfmaschinen von außer-
    halb Europas gehe ich hier nicht ein; wenn es tatsächlich welche
    gab, so entfalteten sie keine große Wirkung.

52 So hat für Arnold Toynbee, den Vater des Begriffs »industrielle
    Revolution«, die Dampfmaschine, zusammen mit Adam Smiths
    Buch *Der Wohlstand der Nationen* von 1776, »die alte Welt
    zerstört und eine neue geschaffen«. Einflussreiche Ökonomen
    des 20. Jahrhunderts wie der Nobelpreisträger Simon Kuznets
    oder der Wachstumstheoretiker Walt Whitman Rostow folgten
    Toynbee in seiner Einschätzung. – Von Tunzelmann 1978, Sei-
    ten 1 bis 3.

53 Für die Technik der Dampfmaschinen stütze ich mich in erster
    Linie auf Paulinyi/Troitzsch 1991, Seiten 47 bis 60 sowie 353 bis
    359.

54 Newcomens Maschine war sehr ineffizient, weil der Zylinder
    dauernd aufgeheizt und wieder abgekühlt wurde. Watt vermied
    diesen Energieverlust, indem er den Kondensationsvorgang aus
    dem Zylinder in einen zweiten Behälter, den Kondensator, ver-
    lagerte. Die Kohlebergwerke, die die Dampfmaschinen haupt-
    sächlich einsetzten, waren daran nicht sonderlich interessiert:
    Kohle hatten sie ja genug!

55 Durch die Doppelwirkung stieg der Wirkungsgrad nicht etwa,
    sondern sank geringfügig. Trotzdem lohnte sich die Doppelwir-
    kung, weil nun eine einzige Maschine zu leisten vermochte,
    was zwei einfach wirkende Maschinen leisteten, so dass die In-
    vestitionskosten geringer ausfielen.

56 Meist werden als Ursprung der industriellen Revolution, die
    von der Textilproduktion Englands ausging, die 1760er Jahre
    angegeben. Allerdings stellt die jüngere Geschichtsforschung

die Vorstellung einer revolutionären Entwicklung mit einem klar lokalisierbaren und datierbaren »*take-off*« zunehmend in Frage.

57 Von Tunzelmann 1978.

58 Das von Landbesitzern dominierte britische Parlament sorgte mit den protektionistischen *Corn Laws* für Getreidepreise, die deutlich über den Preisen auf dem Kontinent lagen.

59 Radkau 2008, Seite 37.

60 Ebd., Seite 30.

61 Der Pflug gilt als eine der wichtigsten Agrartechniken. Mit seiner Fortentwicklung wird üblicherweise ein Großteil der Produktivitätssteigerungen der Landwirtschaft erklärt. Aber nicht nur ist der Pflug für tropische Böden ungeeignet, deren Erosion er fördert: Auch in Europa erzielten Bauern, die ihren Boden mit dem Spaten bearbeiteten, in vormoderner Zeit mehr Ertrag pro Fläche als solche, die den Pflug verwendeten! – Ich danke für den Hinweis Alexandra Sapoznik vom King's College, London.

62 Während vor allem das Militär die Atomtechnik vorantrieb, die Physik mit dem Verweis auf die angebliche Nützlichkeit der Atomtechnik hohe Forschungsausgaben rechtfertigte und die Maschinenindustrie sich Bauaufträge erhoffte, zeigte die Elektrizitätswirtschaft zunächst keinerlei Interesse an Atomkraftwerken – eine Haltung, die sich erst änderte, als sich zeigte, wie sehr die Staaten die Atomkraft zu subventionieren bereit waren. – Siehe zur Technikgeschichte der Atomkraft Radkau 1983 sowie Boos 1999.

63 Der Wiederaufbau Londons nach dem Großbrand von 1666 verschlang besonders viel Kohle zum Brennen der Ziegel.

64 Zitiert in Radkau 2008, Seite 33.

65 Paulinyi/Troitzsch 1991, Seite 364.

66 Wirz 1984.

67 Ironie der Geschichte: Zu Watts und Boultons Geldgebern gehörten Sklavenhändler.

68   Siehe dazu die sehr schöne Studie von Shapin/Schaffer 1985.

69   Inwieweit Newcomen die wissenschaftliche Literatur seiner
      Zeit kannte, ist unbekannt. Da er nicht französisch las, kann er
      Papins Schriften bis auf eine Zusammenfassung, die auf Eng-
      lisch erschien, nicht gekannt haben.

70   Zum Verhältnis zwischen Wissenschaft und Technik in der
      Entwicklung der Dampfmaschine siehe Wagenbreth et al.
      (2002), Seiten 338 bis 352.

71   Radkau 2008, Seite 177. – Radkau 2008 äußert sich ausführ-
      lich zum Verhältnis von Wissenschaft und Technik: Seiten 56
      bis 66 sowie 169 bis 183; siehe auch Nye 2006, Seiten 9 bis 12,
      Misa 2004, Seiten 261 bis 263 sowie Edgerton 2006, Seiten 184
      bis 205.

72   Smith 1981, Seite 325.

73   Siehe zur Karriere des Begriffs der »knowledge-based (bio) eco-
      nomy« Wallace 2010, insbesondere Seiten 19 bis 36.

74   Zitiert in Sennett 2008, Seiten 59 f.

75   Der Name kommt vermutlich daher, dass Esparsetten mit ih-
      rem hohen Gehalt an Tannin gegen Würmer und Durchfall
      helfen.

76   Allen 2001.

77   Eine an sich sehr gute Überblicksdarstellung über die Weltge-
      schichte der Landwirtschaft bieten Mazoyer/Roudart 2004. Sie
      berücksichtigen aber, was die »erste landwirtschaftliche Revo-
      lution der Neuzeit« angeht, die neueste agrarhistorische For-
      schung nicht und bleiben der »Standarderzählung« treu.

78   Laut Robert C. Allen lag die Produktivität von Weizen in Eng-
      land 1300 bei 12, 1800 bei 20 Scheffeln pro Acre (1 Acre =
      0,4 Hektar), wobei rund die Hälfte der Steigerung auf den
      Anbau von Klee und verwandten Pflanzen zurückzuführen sei.
      Mazoyer/Roudart sprechen von »mehr als einer Verdoppelung«
      in einer kürzeren Zeitspanne.

79   Liebig 1840, Seite 168.

80   Die Familie der Leguminosen umfasst auch Bäume, allerdings

keine in Europa heimischen: Akazien und die heute in Europa weit verbreitete, aber aus Nordamerika stammende Robinie. Die mehrjährigen Bäume eignen sich nicht für Fruchtfolgen, doch erhalten Akazien die Bodenfruchtbarkeit auch, indem sie neben anderen Kulturpflanzen statt in Abwechslung mit ihnen wachsen. In Afrika spielen Akazien seit alters her eine bedeutende Rolle zur Erneuerung der Bodenfruchtbarkeit (vgl. Kapitel »Erfahrung«). In Mittelamerika ist eine typische, mehr als 2000 Jahre alte Methode die Mischkultur von Bohnen (Leguminosen) mit Mais und Kürbis. – Bray 1995.

81   Die proteinreichen Leguminosen brauchen zum Wachstum selber viel Stickstoff. Bohnen und Erbsen verbrauchen mehr Stickstoff, als ihre Knöllchenbakterien zu synthetisieren vermögen; sie entziehen dem Boden also freie Stickstoffverbindungen und machen ihn zunächst stickstoff*ärmer*. Nur wenn die Überreste der Pflanzen und der Kot und Urin der Menschen und Tiere, die sie gegessen haben, wieder auf das Feld gelangen, reichert sich dort Stickstoff an. Klee, Esparsetten, Wicken und Luzerne dagegen fixieren mehr Stickstoff, als sie verbrauchen; sie vermögen den Boden unmittelbar zu düngen, beispielsweise als Untersaat in einem Getreidefeld.

82   Tatsächlich gab es unzählige Variationen von Fruchtfolgen; die Norfolk-Fruchtfolge war nur ein Idealtypus.

83   Bieleman 2010.

84   Die Verwendung des Begriffs »Flur« ist im Deutschen uneinheitlich. Im Englischen ist einheitlicher von *open fields* die Rede.

85   Die Abschaffung der Leibeigenschaft durch Zar Alexander II. verbesserte die Situation vieler Bauern keineswegs, da sie sich verschuldeten und in wirtschaftlicher Abhängigkeit unter Umständen sogar weniger Schutz genossen als in der alten Leibeigenschaft.

86   Den Begriff »Tragik der Allmende« (*tragedy of the commons*), der sich in der Ökonomie eingebürgert hat, prägte der Biologe

Garret Hardin (Hardin 1968). Ihm zufolge lohnt es sich für einen Nutzer eines Gemeinguts, dieses zu übernutzen, weil er allein vom zusätzlichen Nutzen profitiert, während der Schaden, den die Übernutzung verursacht, von allen Nutzern gemeinsam getragen wird. Hardins Überlegungen sind stichhaltig für Gemeingüter ohne funktionierende Regeln wie etwa die Fischgründe in den internationalen Gewässern; die Allmenden und Fluren entsprachen aber nicht Hardins Annahmen.

87   Einen Überblick über den Stand der Debatte bietet Landsteiner 2008. Für den Blickwechsel in Bezug auf die Agrarrevolution wichtig ist Robert C. Allen (namentlich 1992, 1999, 2001). Den Stickstoffkreislauf frühneuzeitlicher Landwirtschaft untersucht Allen 2008.

88   Ineichen 2006. – Zu den Einhegungen im deutschen Sprachraum allgemein siehe beispielsweise Zückert 2003.

89   Sapoznik 2013a.

90   »Kliometrie« bezeichnet die Versuche, die Vergangenheit quantitativ zu rekonstruieren.

91   Natürlich funktionierten die Gemeingüter unterschiedlich gut. Dabei waren Systeme besonders langlebig, die wenig Energie darauf verwendeten, fehlbare Mitglieder zu bestrafen, und statt dessen ihre Regelungen in häufigen Zusammenkünften immer wieder anpassten. Es scheint, dass die Mitwirkung eine Identifikation mit den gemeinschaftlichen Angelegenheiten zur Folge hatte, die stärker wirkte als Strafen. – De Moor 2013.

92   Jethro Tull, einer der Begründer der englischen Agrarwissenschaft, wollte beispielsweise zeigen, dass Düngung der Bodenfruchtbarkeit nicht nütze, sondern schade.

93   Ich danke Erich Landsteiner für die Hinweise auf die Nutzung der Sense in Osteuropa wie auf den Wein- und Ackerbau im Osten Österreichs.

94   Eine solche Entwicklungspolitik betreibt namentlich die Alliance for a Green Revolution in Africa (AGRA) unter dem Vorsitz des ehemaligen Uno-Generalsekretärs Kofi Annan, die

2006 von der Bill-und-Melinda-Gates- sowie der Rockefeller-Stiftung gegründet wurde. – Siehe dazu Clausing 2013.

95 Für eine Gesamtbilanz der Grünen Revolution siehe beispielsweise Perkins 1997. Perkins schreibt: »Wenn Erfolg eine Steigerung der gesamten Getreideproduktion meint, dann war die Grüne Revolution ein Erfolg. Wenn Erfolg meint, den Hunger zu beenden, dann war die Grüne Revolution ein Misserfolg.« (Seite 258).

96 The World Bank 2007, Seite 138.

97 Fauchet 1789, Seiten 226 f.

98 Die ersten Zeugnisse von Wagen und Karren tauchen um die Mitte des 4. Jahrtausends vor Christus in verschiedenen Weltgegenden auf: in Mittel- und Osteuropa, im Nordkaukasus, in Mesopotamien und im Industal. Bereits aus dem 5. Jahrtausend sind rotierende Töpferscheiben aus Indien nachgewiesen.

99 Ich stütze mich in diesem Kapitel vorwiegend auf Bulliet 1975; für die Frühgeschichte des Rades zudem auf Basalla 1988, Seiten 7 bis 11.

100 Landes 2000.

101 Gut möglich, dass der Einsatz von Wagen in religiösen Prozessionen gerade damit zu tun hatte, dass diese Technik als veraltet wahrgenommen wurde. David Edgerton (2006, Seite 11) weist darauf hin, dass »alte Techniken, oder vielmehr, was als alte Techniken wahrgenommen wird, in vielen Gesellschaften einen Platz in zeremoniellen Anlässen haben – vom Candlelight-Dinner zu Militärparaden in alten Uniformen bis zu den Pferden, die den Leichenwagen ziehen.«

102 Zur Geschichte des vormodernen Transports in Europa siehe Schiedt 2012.

103 So kann man beispielsweise in abgelegenen Gegenden des Kaukasus mit ihren schlechten Straßen heute noch Ochsenschlitten finden, die Waren ziehen – auch im Sommer.

104 David Edgerton (2006, Seite 116) verweist auf eine Parallele aus unserer Zeit: Die Flugzeugindustrie arbeitet zu drei Vierteln

für militärische Kunden; viel Forschungs- und Entwicklungsarbeit wurde militärisch finanziert. Eine rein kommerzielle Fliegerei, die nicht vom Militär profitieren könnte, hätte sich wohl kaum je über ein Nischendasein hinaus entwickeln können (vgl. Kapitel »Überschall«).

105 Bulliet 1975, Seite 90.

106 Ebd., Seiten 25 f.

107 Zitiert ebd., Seiten 229 f.

108 Ebd., Seite 217.

109 Für die Geschichte der Schubkarre in China stütze ich mich auf de Decker 2011.

110 Zitiert nach de Decker 2011.

111 In seinem monumentalen Werk *Science and Civilisation in China* (1954 bis 2008); zitiert nach de Decker 2011.

112 Dieses Kapitel beruht auf Hänggi 2002.

113 Haffter 1985, Seite 461.

114 Ebd., Seite 469.

115 Ebd., Seite 566.

116 Gerste 2004.

117 Zitiert in Rey 1993, Seite 173.

118 Davy 1800, Seite 553.

119 Rey 1993, Seite 181.

120 Porter 2000, Seite 365.

121 Ebd., Seiten 366 f.

122 Die beiden Zitate stammen aus Rey 1992, Seite 53 respektive Rey 1993, Seite 163.

123 Für die Geschichte des Schmerzes allgemein siehe die ausgezeichnete Monographie von Rey 1993.

124 Rey 1993, Seite 185. – Ich übergehe hier die viel weniger gut dokumentierte Geschichte des Schmerzes aus Patientensicht. Es existieren Berichte standhafter Gentlemen und tapferer Mütter, die eine Amputation oder einen Kaiserschnitt ohne viel Klagen über sich ergehen ließen; wie glaubhaft sie sind, steht auf einem anderen Blatt. Und gewiss begab sich ein vormoder-

ner Mensch mit einigem Gleichmut in die Hände und groben
Zangen eines Jahrmarktbarbiers, um sich ohne Schmerzlinderung einen Zahn ziehen zu lassen, wenn er sich davon das
Ende monate- oder jahrelanger Zahnschmerzen versprach. Man
sollte daraus aber nicht folgern, die Menschen hätten früher
weniger unter Schmerz gelitten als heute. Hingegen braucht es
sehr viel Vertrauen in einen Chirurgen, sich ihm und seinem
Messer anästhesiert, also vollkommen wehrlos und unbewusst,
auszuliefern. Was, wenn man den Schmerz doch spürte, aber
nicht einmal mehr in der Lage wäre, zu schreien? Solche Befürchtungen könnten ein Grund gewesen sein, weshalb die
Patientin, die Elias Haffter im April 1847 operierte, auf eine
Äthernarkose »keine Lust« verspürte.

125 Griesecke 2002. – Hickman versuchte sein Glück danach bei der
Académie Royale de Médecine in Paris. Diese setzte immerhin
eine Kommission ein, Hickmans Vorschläge zu prüfen; Dominique Larrey war ein Fürsprecher Hickmans. Doch auch die
Académie verweigerte Hickman die gewünschte Anerkennung
seiner Erfindung.

126 Ebd., Seite 6.

127 Für die Geschichte des Mesmerismus stütze ich mich auf die
hervorragende Studie Winter 1998.

128 Zum Fall O'Key siehe Winter 1998, Seiten 70 bis 108.

129 Winter 1998, Seiten 177 bis 180.

130 Jenni 1847, Seite 39.

131 Jenni 1847, Seite 53.

132 Pernick 1985.

133 *Correspondenzblatt für Schweizer Ärzte* (1897), Seiten 762 bis
764.

134 Meyer-Hoffmeister 1881, Seite 205.

135 Shubik 1971.

136 So spricht der Psychologe László Mérö (2003, Seite 20) von der
»Concorde-Falle« als einem Synonym für die Dollarauktion.

137 Horwitch 1982, Seite 1.

138 Für die Geschichte der Überschallflug-Programme stütze ich mich in erster Linie auf Conway 2005, außerdem auf Costello/ Hughes 1976 sowie auf Horwitch 1982.

139 Das Knowhow hatte Großbritannien teils selber aufgebaut, teils erobert. Die wichtigsten Elemente für den Bau von Überschallflugzeugen hatten die Deutschen entwickelt. Genauso wie Hitlers Chef-Raketenbauer Wernher von Braun nach Kriegsende zu einem der wichtigsten Ingenieure des US-amerikanischen Raumfahrtprogramms wurde, setzten deutsche Flugzeugkonstrukteure wie Dietrich Küchemann oder Walter Lippisch vom Flugzeugbauer Messerschmitt ihre Karrieren nach dem Krieg bei den einstigen Feinden Großbritannien respektive USA fort.

140 Da das Flugzeug schneller fliegt als die von ihm verursachten Schall- und Druckwellen, trifft es die vor ihm liegenden Luftmassen gewissermaßen »unvorbereitet«, wodurch andere Turbulenzen entstehen. Überschallflugzeuge brauchen nach hinten abgewinkelte (»gepfeilte«) Flügel, die sich aber für den langsamen Flug schlecht eignen. Eine Lösung dieses Problems fanden die Flugzeugkonstrukteure in dreiecksförmigen »Delta-Flügeln«.

141 Zitiert nach Conway 2005, Seite 12.

142 Schon der Name gab Anlass zu Zwietracht: »Concorde« bedeutet auf französisch »Eintracht«, das englische Wort dafür lautet »Concord« – ohne »e«. Es gewann die französische Schreibweise.

143 Boeing, Lockheed und North American Aviation sowie Curtiss-Wright, General Electric und Pratt & Whitney; die Aufträge für die Prototypen gingen schließlich an Boeing und General Electric.

144 Tatsächlich begrüßten viele Naturschützer sogar sowohl das Automobil wie die Atomkraft: Das Auto galt vielen als ein Mittel, die schöne Natur zu er-fahren und die Naturliebe zu fördern; von der Atomkraft erhoffte man, sie würde Wasserkraftwerke überflüssig machen.

145 Radkau 2011, passim.

146 Die US-Luft- und Raumfahrtbehörde Nasa startete später noch
     zwei Forschungsprogramme unter anderem mit dem Ziel,
     »umweltfreundliche« Überschallflugzeuge zu entwickeln. Das
     erste begann bereits im Januar 1972 (*Advanced SST Program*)
     und wurde 1981 gestoppt; das zweite startete 1989 und wurde
     1998 gestoppt; dazu ausführlich Conway 2005.

147 Horwitch 1982, Seite 328.

148 Über den Hang zur Größe, der der Atomtechnik innewohnt
     und einen ähnlichen Treiber technischer Entwicklung darstellt
     wie der Hang zur Geschwindigkeit, habe ich in meinem Buch
     Ausgepowert ausführlich geschrieben: Hänggi 2011, Seiten 133
     bis 162.

149 Bunte 1968.

150 Zitate nach Radkau 1983, Seite 218 und 222.

151 Auf dem Weg der Dollarauktion befindet sich heute die euro-
     päische Kernfusionsforschung. Die Kosten des Versuchsreak-
     tors ITER im französischen Cadarache haben sich seit Projekt-
     start im Jahr 2005 vervielfacht, und ob die Kernfusion jemals
     praxistauglich, geschweige denn wirtschaftlich wird, steht in
     den Sternen. Aber auszusteigen, sagte 2010 der Vorsitzende des
     Energieausschusses des EU-Parlaments, Herbert Reul, wäre
     »ein Offenbarungseid, dass Europa zu gar keinen großen Pro-
     jekten mehr fähig ist« (*NZZ am Sonntag*, 6. Juni 2010). Da be-
     findet sich Reul in der Argumentationseskalation der Dollar-
     auktion bereits in der fortgeschrittenen Phase.

152 Eine ähnliche Niederlage mussten die Gegner der Umwelt-
     schutzbewegung noch einmal einstecken, als die USA 1988 –
     unter der Präsidentschaft Ronald Reagans – überraschend dem
     Montreal-Protokoll zum Schutz der Ozonschicht beitraten.
     Das Protokoll war aus ihrer Sicht ein Sündenfall, weil es das
     erste internationale Abkommen war, das explizit das Vorsorge-
     prinzip anerkannte. Das Vorsorgeprinzip besagt, dass eine wahr-
     scheinliche Gefahr auch dann abgewendet werden soll, wenn

noch keine definitive Gewissheit über ihre Ursachen und ihr Ausmaß besteht.

153   Zur Geschichte des Büros für Technikfolgenabschätzung siehe Bimber 1996.

154   Mooney 2005.

155   Mirowski/Plehwe 2009.

156   »Neben den Rekordleistungen, die durch Überschallflüge erzielt wurden, ist vor allem der Fortschritt, der in der Luftfahrttechnologie durch die Entwicklung der Concorde und auch der Tu-144 erzielt wurde, so bedeutend, dass bis heute alle Flugzeughersteller hiervon profitieren«, heißt es etwa im deutschsprachigen Wikipedia-Eintrag zu Concorde. Belege für diese Behauptung führt er keine an (abgefragt am 6. Januar 2014).

157   Edgerton 2006, Seite 21.

158   Abgebildet in Henkel & Cie. (1976), Seite 51.

159   Silberzahn-Jandt 1991, Seite 35.

160   Ebd., Seite 42.

161   Sofern man über genug Wäsche verfügte. Möglichst selten große Wäsche zu halten, war im frühen 20. Jahrhundert ein Ausdruck von Wohlstand und sozialem Status.

162   Silberzahn-Jandt 1991, Seite 37.

163   Ebd., Seite 62.

164   Silberzahn-Jandt (1991) diskutiert die Frage, ob ein durchschnittlicher Haushalt heute mehr oder weniger Arbeit aufwendet als vor hundert Jahren, auf den Seiten 11 sowie 35 bis 42. Eine Studie, derzufolge der Arbeitsaufwand eines Durchschnittshaushalts der USA für das Waschen im 20. Jahrhundert von sieben auf nur noch eine Stunde pro Woche abgenommen habe, zitiert Lebergott (1993), Seite 51. Wenn aber US-amerikanische Haushalte durchschnittlich mehr als einmal täglich waschen, ist diese Zahl wenig realistisch. Mit der Entwicklung der Hausarbeits-Zeit befasst sich außerdem Schor 1991, Seiten 83 bis 106. Und bei Cowan 1983 sagt schon der Titel alles: »Mehr Arbeit für Mutter«.

165 Cowan 1983, Seiten 98f; siehe außerdem Hausen 1987.

166 *Rebound* heißt in der Energieökonomie der Effekt, dass eine
     Steigerung der Energieeffizienz unter dem Strich oft keine oder
     nur geringe Einsparungen, mitunter sogar Mehrverbrauch zur
     Folge hat. Das liegt daran, dass etwas, was weniger Energie ver-
     braucht, auch weniger kostet und mithin mehr nachgefragt
     wird (»direkter Rebound«), und dass Geld, das dank höherer
     Effizienz gespart wird, für anderes ausgegeben wird, was eben-
     falls Energie verbraucht (»indirekter Rebound«).

167 Ein eindrücklicher Aufsatz zur Härte der Wascharbeit ist Hau-
     sen 1987.

168 Zitiert in Henkel & Cie. (1976), Seite 55.

169 Silberzahn-Jandt 1991, Seite 55.

170 Ebd., Seite 32.

171 Shove 2003, Seiten 146 bis 153.

172 Silberzahn-Jandt 1991, Seiten 40 bis 42.

173 Dabei werden pro Waschgang durchschnittlich 3,4 Kilogramm
     Wäsche gewaschen. Shove 2003, Seite 131.

174 Ebd., Seite 150.

175 Das Inserat, das unter anderem im *Spiegel* erschien, zeigte
     Männer an einer Bartheke mit Schweinemasken, darunter den
     Text »Nur 10 % unserer Männer wechseln täglich ihre Unter-
     wäsche.« Silberzahn-Jandt 1991, Seiten 74 f.

176 So publiziert der Geograf und Ökonom Ellswoth Huntington
     1915 sein Buch *Civilization and Climate*, in dem er behauptet,
     die »europäische Rasse« sei aufgrund des europäischen Klimas
     die leistungsfähigste. Würde man das Klima steuern, könnte
     man überall das gute europäische Klima, ja sogar ein noch bes-
     seres schaffen und die Menschen zu ungeahntem Fortschritt
     befähigen. – Siehe dazu Shove 2003, Seite 27; Shove stützt sich
     ihrerseits auf Ackerman 2002.

177 Die ersten Normen für Raumtemperaturen hat die ASHRAE
     (American Society of Heating, Refrigerating and Air Conditio-
     ning Engineers) erlassen. Heute wird die Annahme, es gebe

eine konstante Idealtemperatur, auch innerhalb dieser Organisation kontrovers diskutiert. So zitiert das *ASHRAE Journal*
vom Oktober 2013 in einem kurzen Artikel den Physiologen
Michael Sawka, demzufolge Menschen, die sich sommers ausschließlich in klimatisierten Räumen bewegen, die Fähigkeit
zur Akklimatisation rasch verlören (ASHRAE 2013).

178 Ackerman 2002, Seite 123, zitiert nach Shove 2003, Seite 45.

179 Dass ein Waschmittel sauber wäscht, wird heute vorausgesetzt
und muss nicht mehr von der Werbung vermittelt werden. Das
dürfte ein Grund dafür sein, dass die weißbekittelten Männer
aus der Waschmittelwerbung verschwunden sind.

180 So war der Schritt vom Holz zur Kohle ein Schritt in die Geldwirtschaft: Der Energieträger Holz stammte meist aus der
Nachbarschaft; wer nicht selber Wald besaß, konnte es gegen
etwas anderes eintauschen. Kohle dagegen kam von weiter her
und wurde nur gegen Geld gehandelt.

181 Cowan 1983, Seite 65.

182 Silberzahn-Jandt 1991, Seite 31.

183 Unter allein lebenden Angestellten (im Englischen: *white col-
lar workers*, also »Weißkragenarbeiter«) in den Städten war
eine simple Technik der Wäschevermeidung weit verbreitet:
Wegwerf-Hemdenkragen aus Papier. – Slade 2006, Seite 13.

184 Ich habe selber als Kind in den 1970er Jahren noch im »Migros-
wagen« eingekauft, der einmal pro Woche in unser Viertel
kam, bis die Migros im Dorf einen Supermarkt eröffnete. Der
Schweizer Sozialreformer Gottlieb Duttweiler (1888 bis 1962)
gründete die Migros, den heute größten Detailhändler der
Schweiz, mit fahrbaren Läden. Erst 2007 hat die Migros ihren
letzten Verkaufswagen ausrangiert.

185 Cowan 1983, Seiten 71 bis 85.

186 Cowan 1983, Seite 104.

187 Babywindeln, die ja besonders schmutzig waren, lösten im Gegensatz zu Unterwäsche keine Schamgefühle aus und wurden
nicht versteckt. Es scheint, dass sich die »Unschuld« des Babys

auf seine Windeln übertrug; sein Schmutzigsein hatte noch nichts Unmoralisches.

188 Silberzahn-Jandt 1991, Seite 53.

189 Das Kochen allerdings war eine europäische Vorliebe: Für den amerikanischen Markt gebaute Waschmaschinen konnten meist nur bis 70 Grad waschen, europäische bis 95, und es gab für Hausfrauen, die ihre Wäsche wirklich gekocht haben wollten, auch eigens 100-Grad-Waschmaschinen.

190 Silberzahn-Jandt 1991, Seite 80.

191 Ruth Schwartz Cowan schreibt, gestützt auf Erhebungen: »In Haushalten, die besonders gut mit Geräten ausgestattet sind, leisten Männer besonders wenig Hausarbeit.«

192 Roosevelt 1901.

193 Fogel 1964.

194 Fogel 1964, Seite 207.

195 Es ist bemerkenswert, dass Fogel bei seinem zweiten großen Thema, der Sklaverei, eine andere Position einnahm: Fogel wies nach (und diese Sichtweise gilt heute als akzeptiert), dass die Sklaverei sich am Vorabend ihrer Abschaffung noch rentierte. Damit widersprach er gerade der ökonomistischen These, die Sklaverei sei abgeschafft worden, als sie ökonomisch am Ende gewesen sei.

196 Wolf 2007, Seiten 37 und 40.

197 J. Pierpont Morgan, der wichtigste Banker der USA jener Zeit, war ein großer Eisenbahnunternehmer; in Europa entstand beispielsweise die Schweizerische Creditanstalt, die heutige CS, zur Finanzierung der Gotthardbahn.

198 Radkau 2008, Seite 150.

199 Ein Untersuchungsbericht des US-Kongresses stellte 1887 fest, dass »ein großer Teil der 4 818 535 Dollar [der Southern Pacific] benutzt wurde, um die Gesetzgebung zu beeinflussen und den Erlass von Maßregeln zu verhindern, die gegen die Interessen der Eisenbahngesellschaft gerichtet zu sein schienen, und nicht zuletzt, um Wahlen zu beeinflussen.« – Wolf 2008, Seite 52.

200 Zwischen 1850 und 1871 erhielten die Eisenbahngesellschaften

850 000 Quadratkilometer Land geschenkt, 18 Prozent der Fläche der damaligen USA. – Wolf 2008, Seite 61.

201 Fogel 1966, Seite 655.

202 Easterbrook 1997.

203 Es war ein explizites Ziel der US-amerikanischen Sponsoren der Grünen Revolution, politische Alternativen wie Landreformen zu verhindern, da ihnen diese als sozialistisch galten. – Im Übrigen war die Grüne Revolution gerade dort besonders erfolgreich, wo sie nicht so umgesetzt wurde, wie ihre Planer es vorsahen, sondern wo die Bauern und Bäuerinnen sie mit ihrem Erfahrungswissen kombinierten und abwandelten und mithin alternative Entwicklungspfade nicht einfach verdrängt wurden. Siehe dazu Pacey 1990, Seiten 191 bis 194.

204 Die Grüne Revolution, in Verbindung mit dem Agrarfreihandel, hat die Nahrungsmittelpreise drastisch sinken lassen. Es ist anzunehmen, dass dieselbe Agrarproduktion bei höheren Preisen für mehr Menschen Nahrung böte, weil weniger Fleisch gegessen und weniger verschwendet würde.

205 Zu alternativen Entwicklungspfaden in der Technikgeschichte im Allgemeinen siehe unter anderem Basalla 1988.

206 Siehe zur kontrafaktischen Geschichte des Autoantriebs auch Hänggi 2011, Seiten 163 bis 165. – Gute Technikgeschichte des Automobils bieten Sachs 1984, Möser 2002, Merki 2002 sowie Dennis/Urry 2009.

207 Das erste Auto mit Verbrennungsmotor stellte Carl Benz 1885 vor. Das vermutlich erste Elektroauto baute zwar schon 1834 ein Schmied, kommerziell wurden Elektroautos aber erst in den späteren 1880er Jahren hergestellt. Autoähnliche Fahrzeuge mit Dampfantrieb gab es ebenfalls schon länger, aber erst mit der Umstellung von Kohle auf Petrol als Brennstoff zur Dampferzeugung wurden sie alltagstauglich. Diese Umstellung erfolgte um 1890. Dampfautos galten als besonders zuverlässig, waren aber schwer, weil sie Wasser mitführen mussten, und man musste sie zuerst aufheizen, ehe man losfahren konnte.

208 Um 1900 betrug die Reichweite eines Elektroautos mit einer Batterieladung rund 35, die eines Autos mit Verbrennungsmotor mit einer Tankfüllung rund 70 Kilometer.

209 Zitiert in: Motzet 2010, Seite 68.

210 Elektroautos galten als »Frauenautos«. Das lag auch an ihrer geringeren Reichweite: Es ziemte sich für eine Frau nicht, allein weit zu reisen. – Dass der Verbrennungsmotor Buben jeden Alters mehr zu faszinieren vermochte, dass er besser den Vorstellungen technischer Fortschrittlichkeit entsprach als der Elektromotor, zeigte sich schon daran, dass Autos mit Verbrennungsmotor die Autoausstellungen dominierten, als sie auf der Straße noch in der Minderzahl waren.

211 Das Zug- und Lasttier, das sowohl in der zeitgenössischen wie in der historischen Literatur den größten Platz einnimmt, war das Pferd, doch bildet das die Realität falsch ab. Neben Pferden waren zahlreiche weitere Tiere im Einsatz – Ochsen, Esel, Maultiere, große Hunde –; vielerorts war noch im 20. Jahrhundert die Kuh das häufigste Zugtier: Die Kuh leistete zwar weniger als ein Ochse, sie gab dafür Milch. Ein Zugtier, das nichts anderes kann als ziehen, konnten sich die wenigsten leisten. Pferde fügten sich bis ins 19. Jahrhundert »schlecht in die bestehenden Hofstrukturen ein«, beanspruchte doch die Futterbeschaffung für ein Pferd 100 bis 150 Arbeitstage pro Jahr: »Eine zunehmende Bedeutung des Pferdes als Zugtier ist erst für das 19. Jahrhundert nachzuweisen.« – Schiedt 2012, Seite 13.

212 Das »Sicherheits-Fahrrad« war ausdrücklich für Frauen, Geistliche und Alte entwickelt worden; es war unter Radsportlern zunächst verpönt. Erst als sich zeigte, dass man mit dem Niederrad schneller fahren konnte als mit dem Hochrad, gewann es breite Akzeptanz. – Siehe dazu Ebert 2010, Seiten 110 bis 115, sowie Nye 2006, Seite 51.

213 Wolf 2007, Seiten 126 bis 130.

214 »Auf dem damaligen Motorisierungsniveau war der Bau von Autobahnen nahezu sinnlos«, schreibt Joachim Radkau (2008,

Seite 324). In Deutschland »bezog der Reichsverband der Automobilindustrie um 1930 gegen alle Autobahnbaupläne Position«.

215 In Westeuropa verkaufte Neuwagen leisten derzeit im Durchschnitt rund 150 PS.

216 Nye 2006, Seiten 219 f.

217 Der kulturwissenschaftlichen Reflexion ist die Dysfunktionalität der modernen Verkehrsmittel längst aufgefallen. So heißt es in *Vom Menschen. Handbuch historische Anthropologie* unter »Straße«: »Gegenwärtig wird immer deutlicher, daß die Weiterentwicklung des motorisierten Straßenverkehrs in eine ›Sackgasse‹ führt (…) Sie [die Straße] führt zu einem Verlust des Öffentlichen, indem sie den öffentlichen Raum der Städte belagert, ausfüllt und entwertet. (…) Der Straßenverkehr unterdrückt den Verkehr und die Kommunikation unter Menschen, indem sich der Einzelreisende in seiner Fuhrkabine isoliert (…) Alles in allem erscheint die Straße und deren Ausbreitung als Selbstzweck« (Sting 1997). Und im selben Band unter »Mobilität«: »Der Name Automobil (…) suggeriert Autonomie und Selbstbewegung, wo sich in Wirklichkeit eine motorisierte Prothese zwischen den Menschen und seine Umwelt geschoben hat.« (Piper 1997).

218 Diehl 1911, Seite 127.

219 Hofstetter publizierte ihr erstes Buch, *Brot*, unter dem Pseudonym Gertrud Stauffacher. So heißt eine Figur aus Friedrich Schillers *Wilhelm Tell*; Hofstetter macht also eine Anleihe bei der konservativ-patriotischen Mythologie.

220 Schmid/Henggeler 1979 (10. Auflage 2012). Insgesamt sind vom Handbuch 35 000 deutsche Exemplare verkauft worden; dazu kommen Übersetzungen in andere Sprachen.

221 Die Vertreter der biologisch-dynamischen Landwirtschaft konnten auch schon auf eine längere Tradition des Experimentierens zurückblicken; allerdings genügten ihre Experimente nicht wissenschaftlichem Anspruch.

222 Schmid selber hält keine Tiere mehr, doch weiden die Rinder eines benachbarten Biobetriebs auf seinen Feldern.

223 In der Schweiz erforschte der Verein Kulinarisches Erbe der Schweiz von 2004 bis 2009 traditionelle Nahrungsmittel, ihre Herstellung, Eigenschaften und Geschichte. Das Forschungsprojekt wurde von Bund und Kantonen finanziert. Siehe www.kulinarischeserbe.ch.

224 So befasst sich ein FiBL-Forschungsprojekt mit traditionellen Methoden der Tierheilkunde; ein anderes erforscht die entwurmende Wirkung der tanninhaltigen Esparsette – auch das ist altes, aber in Vergessenheit geratenes Wissen: Esparsette heißt wegen seiner entwurmenden Wirkung auf Französisch *sainfoin* – »gesundes Heu«.

225 Altieri/Koohafkan 2013.

226 IAASTD 2009, Seite 211 und 212 der deutschen Ausgabe. – Das Kürzel IAASTD steht für »International Assessment of Agricultural Knowledge, Science and Technology for Development« (Internationales Gutachten landwirtschaftlichen [Erfahrungs-] Wissens, landwirtschaftlicher Wissenschaft und Technik für die Entwicklung). Das K für »Knowledge« (Erfahrungswissen) fehlt in der Abkürzung – man hatte das Kürzel bereits festgelegt, als man realisierte, dass neben Wissenschaft und Technik auch das Erfahrungswissen explizit einbezogen werden sollte.

227 Knowledge and Learning Center 1998, Seite i.

228 Tougiani et al. 2009 (ich danke Peter Clausing für den Hinweis).

229 Zur Geschichte der Agroforstwirtschaft (wie der Landwirtschaft insgesamt) in Afrika siehe Imfeld 2008, insbesondere Seiten 73 bis 74, 102 bis 105 und 137 bis 147.

230 Tougiani et al. konnten noch keine Ertragszahlen vorweisen; diese Zahlen stammen ebenso wie die Angaben zum Mineraliengehalt der Böden mit Akazien aus Garrity et al. 2010, Seite 207.

231 Garrity et al. 2007 (ich danke Peter Clausing für den Hinweis).

232 Dugger 2007.

233 Hertsgaard 2010.

234 So zählte man in den USA im 19. Jahrhundert mehr als 7000 Apfelsorten, heute werden weniger als 1000 davon noch angebaut und nur wenige Sorten gelangen in die Supermärkte. Bangladesch kannte einst über 7000 Reissorten, moderne Hochleistungssorten haben die meisten verdrängt. In Sri Lanka sind von 2000 traditionellen Reissorten 100 übrig geblieben. Dabei »leisten« die Hochleistungssorten nur dann mehr als die traditionellen, wenn sie intensiv bewässert und gedüngt werden, und wegen einseitiger Beanspruchung des Bodens sinkt der Ertrag dieser Sorten mit der Zeit. – Thrupp 2000.

235 IAASTD 2009, deutsche Ausgabe Seiten 217 bis 218.

236 Flora 1992.

237 Der Regenwurm galt bis ins späte 19. Jahrhundert allgemein als Schädling. Charles Darwin war mit seiner Studie *Die Bildung der Ackererde durch die Tätigkeit der Würmer* (1881) einer der ersten, die seine wahre Bedeutung erkannten.

238 Den Bodenlebewesen widmet sich zurzeit das Nationale Forschungsprogramm 68 in der Schweiz; www.nfp68.ch/D/projekte/bodenbiologie.

239 Im Juli 2012 musste das Icarda seinen Hauptsitz in Aleppo wegen des Bürgerkriegs aufgeben. Von sämtlichen Proben in der Genbank existierten aber Duplikate im Ausland, schreibt das Icarda.

240 Hänggi 2004.

241 Heringer et al. 2013.

242 Viele weitere Beispiele zeitgenössischer Architekten und Architekten, die »vom Vernakulären lernen«, stellt Frey 2010 vor.

243 Caminada 2003. Sein Büchlein zur Stiva da Morts leitet Caminada mit den Worten ein: »Fünf Schläge, knapp und trocken – und dann klingen sie zur Melodie, die Kirchenglocken von Vrin. Jeden Morgen um fünf kündigen sie mit ihrem Geläut den neuen Tag an. (…) Dieser rituelle Ablauf wiederholt sich

jeden Tag./Das ist Kultur. Der Mensch hat sie hervorgebracht, um die Realität der Schöpfung zu ertragen.«

244 Ich zitiere Brands Artikel vom Dezember 1972 nach Brand 1974.

245 Die drei »Androiden« befinden sich heute im Musée d'Art et d'Histoire in Neuenburg. – Siehe auch Chapuis (o. J.).

246 »Ans Wunderbare grenzt jedoch eine Grotte, die zahlreiche Einbuchtungen und Sitznischen aufweist; diese Anlage übertrifft nun alles, was wir je zu sehen bekamen. Sie ist mit einem Material völlig eingefaßt und ausgekleidet, das, wie es heißt, von bestimmten Bergen eigens hergeschafft und so befestigt wurde, daß die Nägel unsichtbar bleiben. Indem man das Wasser der Grotte in Bewegung versetzt, erzeugt man nicht nur Musik und harmonische Klänge, sondern bewirkt auch, daß sich die vielen Statuen zu regen beginnen und alle erdenklichen Handlungen ausführn, während die ebenso zahlreichen künstlichen Tiere ihre Schnäbel und Schnauzen zum Trinken ins Naß tauchen – und dergleichen mehr. Um so die ganze Grotte zu fluten, bedarf es nur eines einzigen Griffs. Gleichzeitig wird den Gästen aus allen Sitzen Wasser in den Hintern gespritzt. Flieht man dann und flitzt die Treppen zum Schloß hinauf, wird man jede zweite Stufe erneut von tausend Wasserstrahlen besprüht, so daß man völlig eingeweicht im Zimmer oben ankommt – ein Vergnügen, das nicht jedermanns Sache ist.« Montaigne 2014, Seiten 150 bis 151.

247 Ramelli 1976.

248 Im arabischen Raum war Heron schon viel länger bekannt. Kalif Harun al-Rashid schenkte Karl dem Großen um 800 eine von Heron inspirierte Wasseruhr, die zu den vollen Stunden eiserne Kügelchen in eine klingende Schale fallen ließ, während Reiter aus verschlossenen Fenstern erschienen und wieder verschwanden.

249 Beispielsweise Ktesibios von Alexandrien oder Philon von Byzanz, beide 3. Jahrhundert v. Chr.

250 Zur Geschichte der Automaten siehe Heckmann 1982.

251 Smith 1972.

252 Huizinga 1987, Seite 7.

253 Eine unbestrittene Definition des Spiels existiert nicht, und Huizinga ist mittlerweile in einigen Punkten überholt – unter anderem durch den Ethnologen Gregory Bateson, den Stewart Brand bewunderte. Für unsere Zwecke genügt es, wenn wir von Handlungen sprechen, die nicht das Nützliche oder Notwendige, sondern das Angenehme, Unterhaltsame oder Schöne anstreben. Siehe Gebauer 1997.

254 Brand 1990, Seite 82.

255 Bredekamp 2007. – Umgekehrt publizierte Robert Hooke 1665 in seinem Buch *Micrographia* eine Zeichnung eines Fliegenauges, die Schattierungen aufwies, wie man sie mit den damaligen Mikroskopen gar nicht erkennen konnte. Hier hatte Kunstwissen – das Wissen, wie das Fliegenauge aussähe, wenn man es sehen könnte – den Zeichner befähigt, die Wirklichkeit so präzis abzubilden. Zitiert in Sennett 2008, Seite 269.

256 Sennett 2008, Seiten 347 bis 349 respektive (zu Loos) 338 bis 346.

257 Schiller 1793, Neunter Brief.

258 Brunner 2012.

259 Brand 1974, Seite 87.

260 Basalla 1988, Seite 78; Basalla äußert sich allgemein zum Verhältnis von Spiel und Technik im Kapitel »Fantasy, Play and Technology«, Seiten 66 bis 78.

261 Negroponte 1995. Die Zeitschrift *Wired*, in der Negropontes Text erschien, wurde unter anderem von Stewart Brand gegründet.

262 Eine hervorragende ideologiehistorische Einordnung der Bewegung um Stewart Brand leistet Turner 2006; ebenso Morozov 2013.

263 Rifkin 2011.

264 Über den *Emancipation Day Run* von 1896 findet sich in der

Literatur wenig Verlässliches. Über den chaotischen Verlauf
äußert sich Richardson 1977, Seite 16.

265 Auch zu den *Locomotive Acts* findet sich in Literatur und Internet mehr Mythologisches denn Historisches. Zu den My-
thologen zählt Lay 1994. Siehe außerdem Richardson 1977, Seiten 13 f., sowie Bagwell/Lyth 2002. Die Gesetzestexte selber
finden sich nur teilweise in der Internet-Gesetzessammlung
des Vereinigten Königreichs (www.legislation.gov.uk).

266 So schreibt Maxwell G. Lay – ein bücherschreibender Straßen-
bauingenieur, kein Verkehrshistoriker: »In keinem anderen
Land der Welt gab es vergleichbare Einschränkungen. Sie haben die britische Automobilentwicklung während jener Zeit
wesentlich beeinträchtigt.« Lay schreibt weiter: »Während der
Rest der industrialisierten Welt – durch keinen *Red Flag Act*
behindert – sich mehr mit Autos beschäftigte, hatte die Fahr-
radproduktion in Coventry ihre Blütezeit«, was er offenbar als
Zeichen für die britische Rückständigkeit versteht (Lay 1994,
Seiten 159 und 162). – Die Aussage über den »Rest der industrialisierten Welt« ist nicht korrekt: Ähnliche Gesetze gab es
beispielsweise in mehreren Bundesstaaten, Counties und Städten der USA.

267 So etwa in der 2009 neu gestalteten Auto-Dauerausstellung des
Schweizerischen Verkehrshauses in Luzern.

268 Die Zahl der vierrädrigen Pferdewagen in Großbritannien ver-
vierfachte sich zwischen 1830 und 1870 von 30 000 auf 120 000,
die Zahl der zweirädrigen Pferdewagen stieg im gleichen Zeit-
raum gar von 40 000 auf 250 000, während die Bevölkerung
lediglich um ein Sechstel zunahm. Seinen Höhepunkt erreichte
der Bestand an Transportpferden in Großbritannien erst in den
1920er Jahren!

269 Richardson 1977, Seite 16.

270 Bagwell/Lyth 2002, Seite 91.

271 Richardson 1977, Seite 13.

272 Herbert Austin, der spätere Mitgründer der Wolsley Motors,

der damals mit Schafschergeräten handelte, wollte in den Jahren um 1896 bereits ein Auto bauen, nach einem Vorbild des französischen Autobauers Léon Bollée. Er scheiterte, weil das British Motor Syndicate die Patentrechte besaß. Bollée war einer der Fahrer, die in den Quellen als Sieger des *Emancipation Day Run* genannt werden.

273 Flink 1988, Seite 21.

274 Von Treitschke 1879.

275 Wirtschaftsbeirat 2010, Seite 4.

276 Radkau 2008, Seiten 159 sowie 233 f.

277 Committee on Recent Economic Changes 1929.

278 *The Economist* 2013.

279 1895 berichtete ein beeindruckter Korrespondent der britischen Zeitschrift *Engineer* vom Autorennen Paris – Rouen, die Fahrzeuge könnten »so schnell fahren wie ein gewöhnlicher Radfahrer zu reisen wagt«. Zitiert in Bagwell/Lyth 2002, Seite 88.

280 Einen ähnlichen Erklärungsbedarf empfand später auch die nationalistische Technikbetrachtung Deutschlands: Das Land der Motoren- und Autoerfinder Otto, Daimler und Benz, Mutterland der Autobahn und heute Autoland par excellence, wies in der Zwischenkriegszeit eine geringere Autodichte auf als Frankreich! Auch diese »Anomalie« erklärt ein populärer Mythos: Die angeblich autofeindliche Politik der Weimarer Republik habe den Fortschritt ausgebremst. – Radkau 2008, Seite 322.

281 *The Guardian* 2010.

282 Zur Feindschaft gegen das Auto siehe Glarner et al. 2002, Ladd 2008 und Norton 2008.

283 Sachs 1984, Seiten 31 bis 34.

284 Weitere Bahnlinien, etwa nach Chiavenna oder nach Landeck, waren geplant, wurden aber durch den Ersten Weltkrieg verzögert und dann nach Aufhebung des Autoverbots nicht mehr verwirklicht.

285 Radkau 2008, Seite 324.

286 Die techniksoziologische Literatur spricht von einer »Ko-Evo-
     lution« verschiedener Systeme. Elizabeth Shove etwa unter-
     scheidet drei Dimensionen, die sich abhängig voneinander
     entwickeln: »symbolische und materielle Qualitäten soziotech-
     nischer Geräte und Objekte«, »Gewohnheiten, Praktiken und
     Erwartungen von Nutzern und Konsumenten« sowie »sozio-
     technische Systeme, kollektive Konventionen und Arrange-
     ments«. – Shove 2003, Seiten 46 bis 49.

287 Norton 2007, Seite 333.

288 Zitiert in Frisch 1979, Seite 2.

289 Umgekehrt beschimpften Fußgänger unvorsichtige Automobi-
     listen als »Joyrider« (Spaßfahrer). Während aber »Joyrider«
     ein neuer Begriff für ein neues Phänomen war, zielte »Jaywal-
     ker« auf eine Umdeutung dessen, was seit jeher normal war.

290 Norton 2007; siehe auch Norton 2008. – Eine »love affair« der
     Amerikaner mit dem Auto beschreibt beispielsweise John B.
     Rae, laut Norton der »Doyen der Automobilhistoriker in den
     USA«.

291 Slade 2006, Seite 134.

292 Zitiert in Schmidt 2010, Seite 195.

293 Zitiert in Sietmann 1988.

294 2012 tötete der Straßenverkehr nach Angaben der Weltgesund-
     heitsorganisation WHO 1,24 Millionen Menschen. Zusammen
     mit den Menschen, die an den Umweltfolgen des Autoverkehrs
     sterben, dürfte dieser nach Schätzung des Verkehrswissen-
     schaftlers Hermann Knoflacher jährlich gar 3 Millionen Tote
     fordern. – Knoflacher 2009, Seite 165.

295 Hänggi 2005.

296 Hollywood-Schauspielerin Angelina Jolie ist diesen Weg 2013
     schlagzeilenwirksam gegangen, als sie sich ihre gesunden
     Brüste amputieren ließ, weil sie eine Genvariante trägt, die bei
     fünfzig bis achtzig Prozent ihrer Trägerinnen Brustkrebs aus-
     lösen soll.

297 Fortun 2008.

298 Ebd., Seite 50. – Tatsächlich zahlte Roche an DeCode insgesamt
nicht 200, sondern 74 Millionen Dollar: 56 Millionen für opera-
tive Kosten und nur 18 Millionen »Meilenstein«-Zahlungen;
ebd., Seite 254.

299 Ebd., Seiten 10 respektive 43.

300 Árnasson et al. 2000.

301 Fortun 2008, Seite 135.

302 2009 wurde Genentech für fast 50 Milliarden Dollar von Roche
gekauft.

303 Siehe dazu Mirowski 2011, insbesondere Seiten 198 bis 205.

304 Das Patent erlangt hatte die Cetus Corporation; sie verkaufte
das Patent für 300 Millionen Dollar an Roche.

305 Zu Weissmann siehe Bürgi 2011, Seiten 172 bis 176.

306 Das Gericht ließ den Inhabern von Patenten auf Gene aber eine
Hintertür offen: Sogenannte komplementäre DNA, eine Art
Abguss der DNA, die im Labor hergestellt wird und bei der
Vervielfältigung von Genen wichtig ist, bleibt patentierbar. Als
Folge des Gerichtsentscheids stieg denn auch der Aktienkurs
von Myriad Genetics, deren Patente auf die »Brustkrebsgene«
BRCA1 und BRCA2 im Entscheid für nichtig erklärt worden
waren.

307 Mirowski 2011, Seiten 206 f.

308 Fortun 2008, Seite 186.

309 Ebd., Seite 34.

310 Der bestimmte Artikel erweckt einen falschen Eindruck: *Das*
menschliche Genom gibt es nicht, es gibt so viele unterschiedliche menschliche Genome, wie es Menschen gibt.

311 Watson 1992, Seite 184; Gilbert 1992, Seite 96. Gilberts Aufsatz
trägt im englischen Original den Titel »Eine Vision des Grals« –
ganz unironisch. Ob sich Gilbert bewusst war, dass er mit seinem »Hier ist ein Mensch!« Pontius Pilatus zitiert, der mit diesen Worten Jesus dem Volk vorführt (Joh 19, 5)?

312 Lewontin 1992. – Manche Stimmen waren gar der Ansicht, dass
selbst soziale Probleme wie Armut und Obdachlosigkeit auf der

genetischen Ebene bekämpft werden könnten. So sagte Daniel Koshland, Biochemiker und damaliger Chefredakteur der einflussreichen Wissenschaftszeitschrift *Science* an einer Konferenz im Oktober 1989 auf die Frage, ob man das Geld statt für die Sequenzierung des Humangenoms nicht besser »den Obdachlosen gäbe«: »Wer so fragt, ist sich nicht bewusst, dass die Obdachlosen eine Beeinträchtigung haben. (...) Tatsächlich wird keine Gruppe stärker von den Anwendungen der Humangenetik profitieren.« Nur *wie* die Obdachlosen profitieren sollten, sagte Koshland nicht, wie die Wissenschaftshistorikerin Evelyn Fox Keller (1992, Seite 282) anmerkt.

313   Außerdem sollte sich zeigen, dass sich Celera bei der Erstellung seiner Version der Genomsequenz großzügig bei den Daten des Humangenomprojekts bedient hatte. – Bostanci 2011, Seite 176.

314   Zur Geschichte der Sprachmetaphorik siehe Kay 2002.

315   Rheinberger/Müller-Wille 2009, Seiten 89 und 92.

316   Mirowski 2011, Seite 206.

317   Dabei wird die EU respektive die European Research Community nur einen Teil des Geldes – wie viel, ist noch nicht bekannt – beisteuern. Der Rest des Geldes muss aus öffentlichen Quellen der beteiligten Staaten und über private Drittmittel aufgebracht werden.

318   Shen 2013.

319   European Commission 2013.

320   Beispielsweise in politischen Strategiepapieren wie dem sogenannten Köln-Paper der Europäischen Kommission *Unterwegs zur wissensbasierten Bio-Ökonomie* (European Commission 2007). – Den Begriff der »knowledge-based economy« hat die OECD 1996 geprägt; siehe zur Karriere des Begriffs Wallace 2010.

321   Laut einer Studie des Beratungsunternehmens Ernst & Young aus dem Jahr 2006, zitiert in Wallace 2010, 115 f. Siehe auch Mirowski 2011, Seiten 203 f.

322 Hylton 2012.

323 National Bioethics Advisory Commission 2000, Seite 77.

324 Kraus 1915.

325 Sennett 2008, Seite 24.

326 Die Steuerung des Verbrauchs elektrischer Energie ist technisch möglich, auch wenn Datenschutz- und Sicherheitspro-
bleme noch ungelöst sind. Das Railcab-Konzept hat die Universität Paderborn entwickelt. Esperanzas Wohnhaus habe ich dem
Haus 2226 nachempfunden, einem Bürohaus im vorarlbergi-
schen Lustenau von Baumschlager Eberle (2013). An Anlagen,
die CO_2 aus der Umgebungsluft abscheiden können, arbeiten
unter anderem Teams an der Universität Calgary und der New
Yorker Columbia University, an der Anbindung von CO_2 an
Mineralien die ETH Zürich. Und wie sich die Wiederverwer-
tung von Materialien in der Produktentwicklung von Anfang
an einplanen lässt, beschreiben Michael Braungart und William McDonough (2003) unter dem Stichwort »Cradle to
Cradle«.

327 Das Wort »Roboter« hat der Schriftsteller Karel Čapek geprägt.
Sein Theaterstück *R. U. R.* ist eine Dystopie, in der künstliche,
als billige Arbeitskräfte erschaffene Menschen – die »Roboter« – die Menschheit vernichten.

328 Rede Schmidts an der *Zeitgeist 2012*-Konferenz, zitiert in Morozov 2013, Seite 1.

329 Popper 1945; Hayek 1960.

330 Man kann argumentieren, die Pinochet-Diktatur sei keine Umsetzung, sondern eine Pervertierung von Hayeks *Verfassung
der Freiheit* gewesen, die in keiner Weise den hohen Ansprü-
chen Hayeks an Rechtsstaatlichkeit genügte. Aber Mitstreiter
Hayeks wie Milton Friedman sowie Hayeks und Friedmans
Schüler waren Pinochets wichtigste Berater oder wurden seine
Minister, und noch heute rechtfertigen neoliberale Autoren
wie der Historiker Niall Ferguson (2009, Seiten 194 f.) Pinochets Putsch und Diktatur.

331 Bloch 1959, Seite 775.

332 Jonas 1978, Seite 337.

333 Ebd., Seite 7.

334 Das spricht bei heutigem Wissensstand meines Erachtens gegen gentechnisch veränderte Organismen, die in der Umwelt
überlebens- und vermehrungsfähig sind. Selbst wenn die wissenschaftlichen Erkenntnisse eindeutig zeigen sollten (sie tun
es nicht), dass solche Organismen mehr Nutzen als Schaden
mit sich brächten, sind solche Kosten-Nutzen-Rechnungen
doch nur vorläufige Wahrheiten. Würden sie revidiert, wären
die Organismen nicht mehr rückholbar. Dasselbe gilt für Techniken, die langlebige Gifte, radioaktive Abfälle oder Treibhaus-
gase produzieren, die Zusammensetzung der Atmosphäre oder
der Meere verändern oder Arten zum Aussterben bringen.

335 Daly 1990, Seite 40.

336 In diesem Punkt folge ich Hans Jonas nicht, wenn er von einem
»Triumph des *homo faber* (…) in der inneren Verfassung des
homo sapiens, von dem er einst ein dienender Teil zu sein
pflegte«, spricht (Jonas 1978, Seite 31): Ich bezweifle, dass es ein
solches Einst gegeben hat.

337 Einen Überblick über den Wissensstand bieten Seidl/Zahrnt
2010.

338 Neue Informations- und Kommunikationswerkzeuge mögen
der demokratischen Mitwirkung vielleicht neue Möglichkeiten eröffnen, doch sollte man nicht glauben, diese Werkzeuge
brächten eine demokratischere Gesellschaft automatisch mit
sich. Siehe dazu Helbing/Hagner 2013, insbesondere Seiten 254
bis 264.

339 Noch in einem anderen »innovativen« Bereich hat sich das
Marketing eingeschlichen: Zu den Sponsoren der von Präsident
Obama lancierten neurowissenschaftlichen BRAIN Initiative
gehören Unternehmen wie Procter & Gamble, Chevron und
Merck. Ihr Interesse an der Forschung heißt (unheimlicher
Fachterminus!): »Neuromarketing«. Siehe Fong 2013.

340 Solche alternativen Geschichten sammelt die Stiftung Futur-
     zwei, www.futurzwei.org; siehe auch Welzer/Rammler 2012.

341 Die neoklassische Ökonomie spricht gerne von »Marktver-
     sagen«, wenn externe Effekte nicht berücksichtigt werden. So
     nennt Nicholas Stern in seinem Bericht von 2006 den Klima-
     wandel »das größte Versagen des Marktes, das die Welt je gese-
     hen hat« (Stern et al. 2006, Seite ix). Aber dass Marktakteure
     bemüht sind, Kosten zu externalisieren, ist kein Marktversa-
     gen, sondern normales Marktfunktionieren.

342 Es ging um ein fünfjähriges Anbauverbot für gentechnisch ver-
     änderte Pflanzen. Das Verbot wurde angenommen und seither
     zweimal verlängert.

343 European Commission Directorate General 1997, Seiten 24 f.

344 Zur Ideologiegeschichte des »Marktplatzes der Ideen« siehe
     Mirowski 2011.

345 Vgl. zur Rolle der Demokratie in der Wissenschaft Hagner 2012.

346 Wissenschaftlicher Beirat 2009.

347 Laut Beckers et al. (2007, Seiten 34 f.) liegen die Durchschnitts-
     geschwindigkeiten von Privatautos bei 22 Stundenkilometern
     in München, 18 in Rom, 16 in London, 7 in Tokio.

348 Wie das konkret aussehen könnte, beschreibt ausführlich Hop-
     kins 2008; ähnlich, aber viel knapper P. M. 2008. Sowohl Hop-
     kins, der Begründer der *Transition-Town*-Bewegung, wie der
     Zürcher Schriftsteller P. M. schreiben nicht nur, sondern enga-
     gieren sich in konkreten Projekten in Gemeinden oder Bauge-
     nossenschaften, um ihre Ideen umzusetzen.

349 David Nye (2006, Seiten 195 f.) hat bemerkt, dass das Imax-Kino
     am Eingang des Grand-Canyon-Nationalparks, das einen fil-
     mischen Rundflug durch den Canyon anbietet, mehr Eintritte
     verzeichnet als der Nationalpark selbst, weil die filmische Ab-
     bildung den Touristinnen und Touristen offenbar eine bessere
     »Authentizität« anbiete als der – mühselige – Abstieg in die
     Schlucht. Dafür müsste man nicht nach Arizona reisen.

350 www.desipower.com.

351 www.nestown.org. Der Bau der ersten Nestown-Stadt, Bura-
     nest, begann 2010.
352 http://www.viacampesina.org.
353 Sennett 2008, Seite 19.
354 Sennett 2012, Seite 267.
355 Sennett 2008, Seite 235 (Hervorhebung im Original).
356 Ebd., Seite 103; siehe auch Sennett 2012, Seiten 268 bis 274.
357 Burckhardt/Frisch/Kutter 1955, Seite 3.

Literaturverzeichnis

Marsha E. Ackerman (2002): *Cool Comfort. America's Romance with Air Conditioning*, Washington D.C.

Robert C. Allen (1992): *Enclosure and the Yeoman*, Oxford.

Robert C. Allen (1999): »Tracking the Agricultural Revolution in England«, in: *Economic History Review*, Band 52, Seiten 209 bis 235.

Robert C. Allen (2001): »Community and Market in England: Open Fields and Enclosures Revisited«, in: Masahiko Aoki und Yujiro Hayami (Hg.): *Communities and Markets in Economic Development*, Oxford, Seiten 42 bis 69.

Robert C. Allen (2008): »The Nitrogen Hypothesis and the English Agricultural Revolution: A Biological Analysis«, in: *The Journal of Economic History*, Band 68, Seiten 182 bis 201.

Miguel A. Altieri und Parviz Koohafkan (2013): »Strengthening Resilience of Farming Systems: A Prerequisite for Sustainable Agricultural Production«, in: United Nations Conference on Trade and Development UNCTAD (Hg.) (2013): *Wake Up Before It Is Too Late. Trade and Environment Review 2013*, Genf, Seiten 56 bis 59; unctad.org/en/PublicationsLibrary/ditcted2012d3_en.pdf.

Einar Árnasson, Hlynur Sigurgislason und Eirikur Benedikz (2000): »Genetic Homogeneity of Icelanders: Fact or Fiction?«, in: *Nature Genetics* 25, Seiten 373 bis 374.

ASHRAE (2013): »›Inner Temps‹ Hard to Adjust«, in: *ASHRAE Journal*, Oktober, Seite 6.

Philipp Bagwell und Peter Lyth (2002): *Transport in Britain. From Canal Lock to Gridlock*, London, Seite 91.

George Basalla (1988): *The Evolution of Technology*, Cambridge, Mass.

Thorsten Beckers et al. (2007): *Effiziente Verkehrspolitik für den Straßensektor in Ballungsräumen. Kapazitätsauslastung, Umweltschutz, Finanzierung*, Berlin.

Jan Bieleman (2010): *Five Centuries of Farming. A Short History of Dutch Agriculture 1500–2000*, Wageningen.

Bruce Bimber (1996): *The Politics of Expertise in Congress. The Rise and Fall of the Office of Technology Assessment*, New York.

Hans Christoph Binswanger (2006): *Die Wachstumsspirale. Geld, Energie und Imagination in der Dynamik des Marktprozesses*, Marburg.

Ernst Bloch (1959): *Das Prinzip Hoffnung*, Frankfurt am Main.

Susan Boos (1999): *Strahlende Schweiz. Handbuch zur Atomwirtschaft*, Zürich.

Adam Bostanci (2011): »Sequencing Human Genomes«, in: Jean-Paul Gaudillière und Hans-Jörg Rheinberger (Hg.): *From Molecular Genetics to Genomics. The Mapping Cultures of Twentieth-Century Genetics*, London/New York.

Stewart Brand (1974, Original 1972): »Fanatic Life and Symbolic Death Among the Computer Bums«, in: Ders.: *II Cybernetic Frontiers*, New York, Seiten 39 bis 79.

Stewart Brand (1990): *Media Lab. Computer, Kommunikation und neue Medien: die Erfindung der Zukunft am MIT*, Reinbek.

Michael Braungart und William McDonough (2003): *Einfach intelligent produzieren. Cradle to cradle: Die Natur zeigt, wie wir die Dinge besser machen können*, Berlin.

Francesca Bray (1995): »Modelle für die Landwirtschaft: Misch- kontra Monokulturen«, in: *Spektrum der Wissenschaft*, Nr. 4 (April), Seiten 74 bis 80.

Horst Bredekamp (2007): *Galilei der Künstler. Der Mond, die Sonne, die Hand*, Berlin.

Horst Bredekamp (2012): *Leibniz und die Revolution der Gartenkunst. Herrenhausen, Versailles und die Philosophie der Blätter*, Berlin.

Bernd Brunner (2012): »Mit der Bombe zum Mond«, in: *Zeit Geschichte*, Nr. 3.

Richard W. Bulliet (1975): *The Camel and the Wheel*, Cambridge, Mass.

Eibert H. Bunte (1968): *Die atomare Herausforderung. Wir stehen vor der Wahl: Fortschritt oder Untergang*, Zürich.

Lucius Burckhardt, Max Frisch und Markus Kutter (1955): *achtung: die Schweiz. Ein Gespräch über unsere Lage und ein Vorschlag zur Tat*, Basel.

Michael Bürgi (2011): *Pharmaforschung im 20. Jahrhundert. Arbeit an der Grenze zwischen Hochschule und Industrie*, Zürich.

Gion Caminada (Hg.) (2003): *Stiva da Morts. Vom Nutzen der Architektur*, Zürich.

Alfred Chapuis (ohne Jahresangabe): *Les automates des Jaquet-Droz*, Neuenburg.

Michael Clanchy (1994): *From Memory to Written Record. England 1066–1307*, Oxford.

Peter Clausing (2013): *Bill Gates in Afrika*, in: Agrardebatte.de, 19. August.

Committee on Recent Economic Changes of the President's Conference on Unemployment (1929): *Recent Economic Changes in the United States*, Washington DC, 1. Mai.

Erik M. Conway (2005): *High-Speed Dreams. Nasa and the Technopolitics of Supersonic Transportation, 1945–1999*, Baltimore.

Correspondenzblatt für Schweizer Ärzte (1897): Nekrolog Dr. Walder, Seiten 762–764.

John Costello und Terry Hughes (1976): *Concorde. The International Race for a Supersonic Passenger Transport*, London.

Ruth Schwartz Cowan (1983): *More Work for Mother. The Ironies of Household Technology from the Open Hearth to the Microwave*, New York.

Herman E. Daly (1990): »Sustainable Development: From Concept and Theory to Operational Principles«, in: *Population and Development Review*, Vol. 16, Suppl., Seiten 25 bis 43.

Humphrey Davy (1800): *Researches, Chemical and Philosophical, Chiefly Concerning Nitrous Oxide or Dephlogisticated Nitrous Air and its Respiration*, London.

Kris de Decker (2011): »How to Downsize a Transport Network: the Chinese Wheelbarrow«, in: *Low-tech Magazine* vom 29. Dezember.

Martina de Moor (2013): »Participation versus punishment. The relationship between institutional longevity and sanctioning in the early modern times (case studies from the East of the Netherlands)«. Paper for the RuralHistory2013 Conference in Berne; www.ruralhistory2013.org/papers/3.4.3._DeMoor.pdf.

Kingsley Dennis und John Urry (2009): *After the Car*, Cambridge, UK.

Karl Diehl (1911): *Feinde und Freunde des Obstbaues*, Stuttgart.

Celia W. Dugger (2007): »Ending Hunger, Simply by Ignoring the Experts«, in: *The New York Times*, 1. Dezember 2007.

Gregg Easterbrook (1997): »Forgotten Benefactor of Humanity«, in: *The Atlantic Monthly*, Januar.

Anne-Katrin Ebert (2010): *Radelnde Nationen. Die Geschichte des Fahrrads in Deutschland und den Niederlanden bis 1940*, Frankfurt am Main.

The Economist (2013): »The Great Innovation Debate«, in: *The Economist*, 12. Januar 2013.

David Edgerton (2006): *The Shock of the Old. Technology and Global History Since 1900*, London.

David Edgerton (1999): »From Innovation to Use: ten eclectic theses on the historiography of technology«, in: *History and Technology*, Band 16, Seiten 1 bis 26.

Elizabeth L. Eisenstein (1997): *Die Druckerpresse. Kulturrevolutionen im frühen modernen Europa*, Wien (Original 1979).

European Commission (2007): *En route to the knowledge-based bioeconomy (Köln Paper)*, 30. Mai; www.bio-economy.net/reports/files/koln_paper.pdf

European Commission (2011): »Horizon 2020: Commission proposes €80 billion investment in research and innovation, to boost growth and jobs«, Memo/11/848, Pressemitteilung vom 30. November.

European Commission (2013): »Graphene and Human Brain Project win largest research excellence award in history, as battle for sustained science funding continues«, Pressemitteilung vom 28. Januar.

European Commission Directorate General XII Science, Research and Development (1997): *Eurobarometer 46.1: The Europeans and Modern Biotechnology*; http://ec.europa.eu/public_opinion/archives/ebs/ebs_108_ en.pdf.

James Fallows (2013): »The 50 Greatest Breakthroughs Since the Wheel«, in: *The Atlantic*, November.

Claude Fauchet (1789): *De la religion nationale*, Paris.

Niall Ferguson (2009): *Der Aufstieg des Geldes. Die Währung der Geschichte*, Berlin.

James J. Flink (1988): *The Automobil Age*, Cambridge, Mass.

Cornelia Butler Flora (1992): »Reconstructing Agriculture: The Case for Local Knowledge«, in: *Rural Sociology*, 57, Nr. 1, Seiten 92 bis 97.

Robert Fogel (1964): *Railroads and American Economic Growth*, Baltimore.

Robert Fogel (1966): »The New Economic History: Its Findings and Methods«, in: *Economic History Review* XIX, Seiten 642 bis 663.

Benjamin Fong (2013): »Bursting the Neuro-Utopian Bubble«, in: *The New York Times*, 11. August.

Mike Fortun (2008): *Promising Genomics. Iceland and deCODE Genetics in a World of Speculation*, Berkeley 2008.

Pierre Frey (2010): *Learning from Vernacular. Pour une nouvelle architecture vernaculaire*, Arles.

Max Frisch (1959): *Tagebuch 1946 – 1949*, Frankfurt am Main.

Toni Frisch (1979): *Der Fußgänger im Straßenverkehr*, Zürich.

Dennis Philip Garrity et al. (2010): »Evergreen Agriculture: a Robust Approach to Sustainable Food Security in Africa«, in: *Food Security*, 2, Seiten 197 bis 214.

Gunter Gebauer (1997): »Spiel«, in: Wulf (1997), Seiten 1038 bis 1048.

Ernst Gerland (1881): *Leibnizens und Huygens' Briefwechsel mit Papin, nebst der Biografie Papin's und einigen Briefen und Actenstücken,* Berlin.

Ronald D. Gerste (2004): »Langer Weg zur schmerzlosen Operation. Der 16. Oktober 1846 als Geburtsstunde der Anästhesie«, in: *Neue Zürcher Zeitung,* 5. Mai.

Michael Giesecke (2006): *Der Buchdruck in der frühen Neuzeit. Eine historische Fallstudie über die Durchsetzung neuer Informations- und Kommunikationstechnologien,* Frankfurt am Main (Erstausgabe 1991).

Walter Gilbert (1992): »A Vision of the Grail« (in der deutschen Ausgabe: »Das Genom – eine Zukunftsvision««, in: Kevles und Hood (Hg.), Seiten 83 bis 97.

Hans Ulrich Glarner et al. (2002): *Autolust. Ein Buch über die Emotionen des Autofahrens,* Baden.

Jack Goody (2010): *The Eurasian Miracle,* Cambridge, UK.

Birgit Griesecke (2002): »Rausch als Versuch. Unerzählerisches in der Vorgeschichte der Anästhesie«, in: Jürgen Trinks: *Möglichkeiten und Grenzen der Narration,* Wien.

The Guardian (2010): »Speed camera switch off plans spark safety warnings«, in: *The Guardian,* 25. Juli.

Michael Hagner (2012): »Wissenschaft und Demokratie oder: Wie demokratisch soll die Wissenschaft sein?« (Einleitung), in: Ders. (Hg.): *Wissenschaft und Demokratie,* Berlin, Seiten 9 bis 50.

Michael Hagner und Dirk Helbing (2013): »Technologiegetriebene Gesellschaft oder sozial orientierte Technologie? Ein Gespräch«, in: Heinrich Geiselberger und Tobias Moorstedt (Hg.): *Big Data. Das neue Versprechen der Allwissenheit,* Berlin, Seiten 238 bis 272.

Elias Haffter (1985): *Tagebuch 1844–1853,* herausgegeben von Carl Haffter Hermann Lei, Band I: 1844–1848, Frauenfeld.

Marcel Hänggi (2002): *Die Einführung der Anästhesie in der*

Schweiz (1847), Zürich. Unveröffentlicht, aber online greifbar; www.mhaenggi.ch/_pdf/Anaesthesie.pdf.

Marcel Hänggi (2004): »TrockengärtnerInnen«, in: *WOZ Die Wochenzeitung*, 19. November.

Marcel Hänggi (2005): »Mit einem Hammer in einem dunklen Raum«, in: *WOZ Die Wochenzeitung*, 8. September.

Marcel Hänggi (2011): *Ausgepowert. Das Ende des Ölzeitalters als Chance*, Zürich.

Garret Hardin (1968): »The Tragedy of the Commons«, in: *Science*, Band 162, Seiten 1343 bis 1348.

Karin Hausen (1987): »Große Wäsche. Technischer Fortschritt und sozialer Wandel in Deutschland vom 18. bis ins 20. Jahrhundert«, in: *Geschichte und Gesellschaft*, 13, Seiten 273 bis 303.

Friedrich August von Hayek (1960): *The Constitution of Liberty*, London.

Friedrich August von Hayek (1973): »Die Anmassung von Wissen«, in: *Ordo Jahrbuch für die Ordnung von Wirtschaft und Gesellschaft*, Band 26, Seiten 12 bis 21.

Herbert Heckmann (1982): *Die andere Schöpfung. Geschichte der frühen Automaten in Wirklichkeit und Dichtung*, Frankfurt am Main.

Henkel & Cie GmbH (1976): *100 Jahre Henkel. 1876–1976*, Düsseldorf.

Anna Heringer et al. (2013): *In Search of a Process. Laufen Manifesto for a Human Design Culture*; laufenmanifesto.org.

Mark Hertsgaard, »Sawadogos Leidenschaft für Bäume«, in: *Le Monde diplomatique* (deutsche Augabe), August 2010.

Caspar Hirschi (2012): »Das Gerede von der Wissensgesellschaft«, in: *Frankfurter Allgemeine Zeitung*, 1. August, Seite N5.

Mina Hofstetter (1942): *Neues Bauerntum, altes Bauernwissen. Naturgesetzlicher Landbau – Erlebtes und Erfahrungen*, Zürich.

Mina Hofstetter (1964): *Naturgesetzlicher Gartenbau. Notizen und Kurzberichte aus einem Kurs über biologischen Gartenbau*, St. Gallen.

Rob Hopkins (2008): *Energiewende – das Handbuch. Anleitung für zukunftsfähige Lebensweisen*, Frankfurt am Main (englisch unter dem zutreffenderen Titel *The Transition Handbook. From Oil Dependency to Local Resilience*).

Mel Horwitch (1982): *Clipped Wings. The American SST Conflict*, Cambridge, Mass.

Johan Huizinga (1987, Original 1938): *Homo ludens*, Reinbek.

Wil S. Hylton (2012): »Craig Venter's Bugs Might Save the World«, in: *The New York Times Magazine*, 30. Mai.

Al Imfeld (2009): *Elefanten in der Sahara. Agrargeschichten aus Afrika*, Zürich.

Andreas Ineichen (2006): *Innovative Bauern: Einhegungen, Bewässerung und Waldteilungen im Kanton Luzern im 16. und 17. Jahrhundert*, Luzern.

International Assessment of Agricultural Knowledge, Science and Technology for Development IAASTD (2009): *Synthesis Report*, Washington, D. C. (deutsch: *Weltagrarbericht. Synthesebericht*, herausgegeben von Stephan Albrecht und Albert Engel, Hamburg 2009)

Johann Jakob Jenni (1847): *Erfahrungen über die Wirkungen der eingeathmeten Schwefelätherdämpfe im menschlichen Organismus*, Zürich.

Hans Jonas (1978): *Das Prinzip Verantwortung. Versuch einer Ethik für die technologische Zivilisation*, Frankfurt am Main.

Lily E. Kay (2002): *Das Buch des Lebens. Wer schrieb den genetischen Code?*, München.

Evelyn Fox Keller (1992): »Nature, Nurture, and the Human Genome Project« (in der deutschen Ausgabe: Erbanlage, Umwelt und das Genomprojekt«), in: Kevles und Hood, Seiten 281 bis 299.

Hagen Keller (1990): »Die Entwicklung der europäischen Schriftkultur im Spiegel der mittelalterlichen Überlieferung. Beobachtungen und Überlegungen«, in: Paul Leidinger (Hg.): *Geschichte und Geschichtsbewusstsein*, Münster 1990, Seiten 171 bis 204.

Daniel J. Kevles und Leroy Hood (Hg.) (1992): *The Code of Codes*.

Scientific and Social Issues of the Human Genome Project, Cambridge, Mass. (deutsche Ausgabe: *Der Supercode. Die genetische Karte des Menschen*, Frankfurt am Main 1995).

Hermann Knoflacher (2009): *Virus Auto. Geschichte einer Zerstörung*, Wien.

Knowledge and Learning Center, Africa Region, The World Bank (1998): *Indigenous Knowledge for Development. A Framework for Action*; www.worldbank.org/afr/ik/ikrept.pdf.

Reinhard Koselleck (1975): »Fortschritt«, in: Otto Brunner/Werner Conze/Reinhard Koselleck: *Geschichtliche Grundbegriffe*, Band 2, Seiten 351 bis 423.

Karl Kraus (1968): *Aphorismen*; zitiert nach gutenberg.spiegel.de/buch/4692/1.

Brian Ladd (2008): *Autophobia. Love and Hate in the Automotive Age*, Chicago.

David Landes (2000): *Wohlstand und Armut der Nationen. Warum die einen reich und die anderen arm sind*, Berlin.

Erich Landsteiner (2008): »Landwirtschaft und wirtschaftliche Entwicklung 1500–1800. Eine Agrarrevolution in der Frühen Neuzeit?«, in: Markus Cerman et al.: *Agrarrevolutionen. Verhältnisse in der Landwirtschaft vom Neolithikum zur Globalisierung*, Innsbruck/Wien/Bozen, Seiten 173 bis 205.

Bruno Latour (1995): *Wir sind nie modern gewesen. Versuch einer symmetrischen Anthropologie*, Berlin.

Maxwell G. Lay: *Die Geschichte der Straße. Vom Trampelpfad zur Autobahn*, Frankfurt am Main 1994.

Stanley Lebergott (1993): *Pursuing Happiness. American Consumers in the Twentieth Century*, Princeton.

Richard C. Lewontin (1992): »The Dream of the Human Genome«, in: *The New York Review of Books*, 28. Mai; Reprint in Ders. (1993): *Biology as Ideology. The Doctrine of DNA*, New York, Seiten 59 bis 127.

Justus Liebig (1840): *Die organische Chemie in ihrer Anwendung auf Agricultur und Physiologie*, Braunschweig.

Martyn Lyons (2010): *History of Reading and Writing in the Western World*, New York.

Marcel Mazoyer und Laurence Roudart (2004): *Agricultures du monde. Du néolithique à nos jours*, Paris.

Christoph Maria Merki (2002): *Der holprige Siegeszug des Automobils, 1895–1930. Zur Motorisierung des Strassenverkehrs in Frankreich, Deutschland und der Schweiz*, Wien.

Lászlo Mérö (2003): *Die Logik der Unvernunft. Spieltheorie und die Psychologie des Handelns*, Reinbek.

Conrad Meyer-Hoffmeister (1881): *Bilder aus meinem Leben*, Typoskript Zentralbibliothek Zürich.

Philip Mirowski und Dieter Plehwe (2009): *The Road from Mont Pèlerin. The Making of the Neoliberal Thought Collective*, Cambridge, Mass.

Philip Mirowski (2011): *Science-Mart. Privatising American Science*, Cambridge, Mass.

Thomas J. Misa (2003): *Leonardo to the Internet. Technology and Culture from the Renaissance to the Present*, Baltimore.

Michel de Montaigne (2014): *Tagebuch der Reise nach Italien über die Schweiz und Deutschland von 1580 bis 1581, übersetzt und mit einem Essay versehen von Hans Stilett*, Berlin.

Chris Mooney (2005): *The Republican War on Science*, New York.

Evgeny Morozov (2013): *To Save Everything Click Here. The Folly of Technological Solutionism*, Boston (deutsch: *Smarte neue Welt. Digitale Technik und die Freiheit des Menschen*, München 2013).

Kurt Möser (2002): *Geschichte des Autos*, Frankfurt am Main 2002.

Kurt Möser (2011): *Grauzonen der Technikgeschichte*, Karlsruhe.

Marcel Motzet (2010): »Von der Pferde- zur Benzinkutsche«, in: Lukas Märki (Hrsg.): *Mit Vollgas ins 20. Jahrhundert. Eine Geschichte über die Auto-Mobilmachung im Schweizer Mittelland*, Büren, Seiten 64 bis 69.

Janken Myrdal (2008): »Women and Cows. Ownership and Work in Medieval Sweden«, in: *Ethnologia Scandinavica*, Seiten 61 bis 80.

National Bioethics Advisory Commission (2000): *41st Meeting*, Band II, Silver Spring.

Nicholas Negroponte (1995): »Being Digital. A Book (P)Review«, in: *Wired*, Februar.

Peter Norton (2007): »Street Rivals. Jaywalking and the Invention of the Motor Age Street«, in: *Technology and Culture* 48, Seiten 331 bis 359.

Peter Norton (2008): *Fighting Traffic. The Dawn of the Motor Age in the American City*, Cambridge, Mass.

David E. Nye (2006), *Technology Matters. Questions to Live With*, Cambridge, Mass.

P. M. (2008): *Neustart Schweiz. So geht es weiter*, Solothurn.

Arnold Pacey (1990): *Technology in World Civilization. A Thousand-Year History*, Oxford.

Akos Paulinyi und Ulrich Troitzsch (1991): *Propyläen Technikgeschichte Band III. Mechanisiserung und Maschinisierung. 1600 bis 1840*, Berlin.

John H. Perkins (1997): *Geopolitics and the Green Revolution. Wheat, Genes, and the Cold War*, New York.

Martin S. Pernick (1985): *A Calculus of Suffering. Pain, Professionalism, and Anaesthesia in Nineteenth-Century America*, New York.

Ernst Piper (1997): »Mobilität«, in: Wulf (Hg.), Seiten 198 bis 202.

Karl Popper (1945): *The Open Society and Its Enemies*, London.

Marcus Popplow (1998): *Neu, nützlich und erfindungsreich. Die Idealisierung von Technik in der frühen Neuzeit*, Münster.

Roy Porter (2000): *Die Kunst des Heilens. Eine medizinische Geschichte der Menschheit von der Antike bis heute*, Heidelberg/Berlin.

Joachim Radkau (1983): *Aufstieg und Krise der deutschen Atomwirtschaft 1945 – 1975*, Reinbek.

Joachim Radkau (2008): *Technik in Deutschland. Vom 18. Jahrhundert bis heute*, Frankfurt am Main.

Joachim Radkau (2012): *Die Ära der Ökologie. Eine Weltgeschichte*, München.

Agostino Ramelli (1976, Original 1588): *The Various and Ingenious Machines of Agostino Ramelli. A Classic Sixteenth-Century Illustrated Treatise on Technology*, herausgegeben von Eugene S. Ferguson und Martha Teach Gnudi, New York.

Roseline Rey (1992): »Le corps et la douleur au temps de la révolution«, in: Arlette Lafay: *La douleur. Approches pluridisciplinaires*, Paris

Roselyne Rey (1993): *Histoire de la douleur*, Paris.

Hans-Jörg Rheinberger und Staffan Müller-Wille (2009): *Das Gen im Zeitalter der Postgenomik. Eine wissenschaftshistorische Bestandesaufnahme*, Frankfurt am Main.

Kenneth Richardson: *The British Motor Industry 1896–1939*, London 1977.

Jeremy Rifkin (2011): *Die dritte industrielle Revolution. Die Zukunft der Wirtschaft nach dem Atomzeitalter*, Frankfurt am Main.

Theodore Roosevelt (1901): *First State of the Union Address*, zitiert nach en.wikisource.org.

Wolfgang Sachs (1984): *Die Liebe zum Automobil. Ein Rückblick in die Geschichte unserer Wünsche*, Reinbek.

Marcus Sandl (2012): »Sinn und Präsenz in der frühen Reformation«, in: Johanna Haberer (Hg.): *Medialität, Unmittelbarkeit, Präsenz. Die Nähe des Heils im Verständnis der Reformation*, Tübingen, Seiten 68 bis 85.

Alexandra Sapoznik (2013a): »The Productivity of Peasant Agriculture: Oakington, Cambridgeshire, 1360–1399«, in: *Economic History Review*, Band 66, Nr. 2, Seiten 518 bis 544.

Alexandra Sapoznik (2013b): »Aspects of peasant arable productivity in late mediaeval England«, Presentation at the RuralHistory2013 Conference in Berne; www.ruralhistory2013.org.

Hans-Ulrich Schiedt (2012): »Langsamverkehr vor dem 20. Jahrhundert«, in: *Wege und Geschichte – Les chemins et l'histoire – Strade e storia* Nr. 2/2012, Seiten 12 bis 18.

Friedrich Schiller (1793): *Über die ästhetische Erziehung des Men-*

schen, in einer Reihe von Briefen, zitiert nach gutenberg.spiegel.de.

Heinz Schilling (1999): *Die neue Zeit. Vom Christenheitseuropa zum Europa der Staaten. 1250 bis 1750,* Berlin.

Otto Schmid und Silvia Henggeler (1979): *Biologischer Pflanzenschutz im Garten,* Aarau (10. Auflage 2012, Stuttgart).

Eric Schmidt (2012): »The World Around Us«, Rede an der Zeitgeist-2012-Konferenz, verfügbar auf www.youtube.com, zitiert in Morozov 2013, Seite 1.

Markus Schmidt (2010): »Eingebaute Vorfahrt«, in: Klaus Gietinger: *Totalschaden. Das Autohasserbuch,* München, Seiten 177 bis 204.

Juliet Schor (1991): *The Overworked American. The Unexpected Decline of Leisure,* New York.

Joseph Alois Schumpeter (1939): *Business Cycles. A theoretical, historical and statistical analysis of the Capitalist process,* New York (deutsch: *Konjunkturzyklen. Eine theoretische, historische und statistische Analyse des kapitalistischen Prozesses,* Göttingen 2961).

Irmi Seidl und Angelika Zahrnt (Hg.) (2010): *Postwachstumsgesellschaft,* Marburg.

Richard Sennett (2008): *Handwerk,* Berlin.

Richard Sennett (2012): *Zusammenarbeit. Was unsere Gesellschaft zusammenhält,* München.

Steven Shapin (1998): *Die wissenschaftliche Revolution,* Frankfurt am Main.

Steven Shapin und Simon Schaffer (1985): *Leviathan and the Air-Pump. Hobbes, Boyle, and the Experimental Life,* Princeton.

Helen Shen (2013): »Neurotechnology: BRAIN storm«, in: *Nature* 503, 6. November.

Elizabeth Shove (2003): *Comfort, Cleanliness and Convenience. The Social Organization of Normality,* Oxford.

Martin Shubik (1971): »The Dollar Auction Game: A Paradox in Noncooperative Behavior and Escalation«, in: *The Journal of Conflict Resolution* 15, Nr. 1, Seiten 109 bis 111.

Cyril Stanley Smith (1981): *Search for Structure: Selected Essays on Science, Art and History,* Cambridge, Mass.

Rolf Peter Sieferle (1984): *Fortschrittsfeinde? Opposition gegen Technik und Industrie von der Romantik bis zur Gegenwart,* München.

Richard Sietmann (1988): »Versuch und Irtum als der Weisheit letzter Schluss?«, in: *VDI-Nachrichten* Nr. 1, Seite 4.

Gudrun Silberzahn-Jandt (1991): *Wasch-Maschine. Zum Wandel von Frauenarbeit im Haushalt,* Marburg.

Giles Slade (2006): *Made to Break. Technology and Obsolescence in America,* Cambridge, Mass.

Norman Smith (1972): »The Roman Dams of Subiaco«, in: *Technology and Culture,* 11, Seiten 58 bis 68.

Robert M. Solow (1956): »A Contribution to the Theory of Economic Growth«, in: *Quarterly Journal of Economics,* Band 70, Nr. 1, Seiten 65 bis 94.

Robert M. Solow (1957): »Technical Change and the Aggregate Production Function«, in: *Review of Economics and Statistics,* Band 39, Nr. 3, Seiten 312 bis 320.

Gertrud Stauffacher [Mina Hofstetter] (1927): *Brot. Die monopolfreie Lösung der Getreidefrage durch die Frau,* Bern.

Nicholas Stern et al. (2006): *Stern Review on the Economics of Climate Change,* Cambridge, UK.

Stephan Sting (1997): »Straße«, in: Wulf (Hg.), Seiten 202 bis 210.

Allan Irving Teger (1980): *Too Much Invested to Quit,* New York.

Lori Ann Thrupp (2000): »Linking Agricultural Biodiversity and Food Security: the Valuable Role of Agrobiodiversity for Sustainable Agriculture«, in: *International Affairs,* Band 76, Nr. 2 (April), Seiten 283 bis 297.

Abasse Tougiani, Chaibou Guero und Tony Rinaudo (2009): »Community Mobilisation for Improved Livelihoods Through Tree Crop Management in Niger«, in: *GeoJournal,* 74, Seiten 377 bis 389.

Heinrich von Treitschke (1879): »Unsere Ansichten«, in: *Preußische Jahrbücher* 44, Seiten 559 bis 576.

Fred Turner (2006): *From counterculture to cyberculture. Stewart Brand, the Whole Earth Network, and the Rise of Digital Utopianism*, Chicago.

G. N. von Tunzelman (1978): *Steam power and British industrialization to 1860*, Oxford.

Otfried Wagenbreth et al. (2002): *Die Geschichte der Dampfmaschine. Historische Entwicklung, Industriegeschichte, technische Denkmale*, Münster.

Helen Wallace: (2010): *Bioscience for Life? Who decides what research is done in health and agriculture?*, herausgegeben von GeneWatch UK, Buxton; www.biosafety-info.net/file_dir/8041057604be3c795838fa.pdf.

James D. Watson (1992): »A Personal View of the Project« (in der deutschen Ausgabe: »Eine persönliche Sicht des Genomprojekts«), in: Kevles und Hood, Seiten 164 bis 173.

Harald Welzer und Stephan Rammler (Hg.) (2012): *Der Futurzwei Zukunftsalmanach 2013. Geschichten vom guten Umgang mit der Welt*, Frankfurt am Main.

Alison Winter (1998): *Mesmerized, Powers of Mind in Victorian Britain*, Chicago.

Wirtschaftsbeirat Bayern (2010): »Positionspapier zum ›Kommunikativen Umgang mit der Grünen Gentechnik‹«, München; www.wbu-bayern.de/pdf/positionen/0630_gruenegentechnik-positionspapier.pdf.

Albert Wirz (1984): *Sklaverei und kapitalistisches Weltsystem*, Frankfurt am Main.

Wissenschaftlicher Beirat der Bundesregierung Globale Umweltveränderungen (2009): *Kassensturz für den Weltklimavertrag. Der Budgetansatz*, Berlin; www.wbgu.de/sondergutachten/sg-2009-budgetansatz.

Winfried Wolf (2007): *Verkehr Umwelt Klima. Die Globalisierung des Tempowahns*, Wien.

The World Bank (2007): *World Development Report 2008*, Washington D. C.

Christoph Wulf (Hg.) (1997): *Vom Menschen. Handbuch historische Anthropologie*, Weinheim

Hartmut Zückert (2003): *Allmende und Allmendaufhebung: Vergleichende Studien zum Spätmittelalter bis zu den Agrarreformen des 18./19. Jahrhunderts*, Stuttgart.

Dank

Mir bleibt, den vielen Menschen zu danken, die mich beim Schreiben unterstützt haben. Das sind zuallererst Harald Welzer und Klaus Wiegandt von der Stiftung Forum für Verantwortung. Für seine Mitarbeit in der Konzeptarbeit danke ich Roland Fischer, für kritische Lektüre des Texts Roman Schürmann und meiner Frau Sarah Caspers.

Für Gespräche, die mir halfen, meine Gedanken zu entwickeln und zu prüfen, danke ich David Gugerli, Michael Hagner, Caspar Hirschi, Erich Landsteiner, Peter Moser, Beatrix Rubin, Marcus Sandl und Otto Schmid.

Die *Neue Zürcher Zeitung* und ihre damalige Redakteurin Hanna Wick haben mir die Chance gegeben, die Technikgeschichten meines Buchs in Form einer Kolumne ein erstes Mal zu testen.

Meine Arbeit haben neben der herausgebenden Stiftung Forum für Verantwortung unterstützt: mein Heimatkanton Solothurn, Rownak Bose, Angelika und Otmar Bucher Waldis, Peter de Haan, Undine Gellner, Oliver Graf, Thomas Kesselring, Tom Schaich, Leo Scherer, Franziska Teuscher, Mara Züst, die Waldhauser + Hermann AG, die reformierten Kirchgemeinden Zürich-Neumünster und Zürich-Hottingen und viele weitere.

Und ich danke Andy für viele Gratiskaffee.